세상에서 가장 쉬운 문해력 수업

**세상에서 가장 쉬운
문해력 수업** 초등 저학년편

초판 1쇄 발행일 2025년 10월 1일

지은이   최나야·이상은·조혜정·박유미·이은혜·유화진
펴낸이   유성권

편집장   윤경선
책임편집 김효선   편집   조아윤   홍보   윤소담 박채원
디자인   디자인 LUCKY BEAR(표지) 박정실(내지)
마케팅   김선우 강성 최성환 박혜민 김현지
제작   장재균   물류   김성훈 고창규

펴낸곳   ㈜이퍼블릭
출판등록 1970년 7월 28일, 제1-170호
주소   서울시 양천구 목동서로 211 범문빌딩 (07995)
대표전화 02-2653-5131   팩스 02-2653-2455
메일   loginbook@epublic.co.kr
블로그   blog.naver.com/epubliclogin
홈페이지 www.loginbook.com
인스타그램 @book_login

- 이 책은 저작권법으로 보호받는 저작물이므로 무단 전재와 복제를 금지하며,
  이 책 내용의 전부 또는 일부를 이용하려면 반드시 저작권자와 ㈜이퍼블릭의
  서면 동의를 받아야 합니다.
- 잘못된 책은 구입처에서 교환해 드립니다.
- 책값과 ISBN은 뒤표지에 있습니다.

로그인 은 (주)이퍼블릭의 어학·자녀교육·실용 브랜드입니다.

※ 이 책에 사용된 표지 이미지의 저작권은 모두 해당 책의 저작자와 출판사에 있으며,
  저작권자의 허락을 받아 수록했습니다. 단, 일부 도서는 미처 원 저작자의 양해를 구
  하지 못하고 수록한 경우가 있습니다. 해당 저작물의 저작권 소유주께서는 (주)이퍼
  블릭 단행본팀 앞으로 연락주시면 감사하겠습니다.

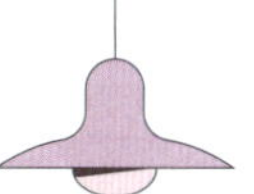

읽고 쓰고 말하고 생각하는 힘을 기르는
책 읽기의 비밀

세상에서 가장 쉬운 문해력 수업

초등
저학년편

로그인

우리 아이, 어떻게 하면 책과 더 친해질 수 있을까요?

초등학교에 입학한 아이가 책을 읽기는 하는데 내용을 제대로 이해하고 있는지 걱정되나요? 문해력은 하루아침에 완성되는 것이 아닙니다. 초등학교 저학년 시기는 단순히 글자를 배워 읽기 연습을 하는 시기가 아니라, 이해력과 표현력을 확장하는 중요한 단계입니다. 그래서 책을 읽을 때도 단계적이고 체계적인 접근을 통해 아이의 사고력과 문해력을 차근차근 키워나가야 합니다.

『세상에서 가장 쉬운 문해력 수업: 초등 저학년편』은 초등학교에 입학한 아이들이 책을 읽고, 생각하고, 질문하고, 표현하며 책과 친해지는 방법을 궁금해하는 부모님, 선생님, 그리고 아이들을 위한 책입니다. 많은 부모님이 아이에게 좋은 책을 사주면서도 정작 어떻게 읽는 것이 좋은지, 어떤 질문을 해야 하는지, 책을 읽은 후 어떤 활동을 함께할 수 있는지에 대해서는 막막해합니다. 아이가 책에 점점 흥미를 보이지 않는다고 걱정하고 다그치면서 단순히 책을 많이 읽히는 것에만 신경 쓰다 보면 정작 깊이 있는 문해력은 성장하지 않습니다.

이 책은 그런 고민을 해결해 드리려고 만들었습니다. 서울대 아동 언어·인지 연구실에서 초등학교 1학년부터 3학년까지 학년마다 필요한 10권의 도서를 공들여 엄선하였습니다. 그리고 책마다 3가지 엄마표 문해 활동과 1가지 확장활동을 구성하여 총 120개의 다양한 활동을 제시했습니다. 또한 각 책과 연관된 도서 5권을 추가로 소개하여 총 150권의 책에 대해 추가 문해 활동을 제안했습니다. 여러분은 이 책에서 총 180권의 도서와 270가지의 문해 활동을 만나볼 수 있습니다.

이 책에 담긴 부모 지도안을 따라가며 아이와 대화하고 함께 워크북을 완성하다 보면 아이의 문해력이 쑥쑥 자라는 것을 보게 될 것입니다. 아이는 단순히 글자를 읽는 것을 넘어 생각하고, 느끼고, 표현하는 진정한 독서의 재미를 알게 될 것입니다. 무엇보다 책을 통해 세상을 바라보는 다양한 관점을 배우고, 자기 생각을 자신감 있게 표현할 수 있는 아이로 성장해 나갈 것입니다. 아이들이 책에서 재미를 느껴 스스로 책을 찾아 읽는 애독자로 성장하기를 기대해 봅니다.

2025년 가을, 저자 일동

STEP 1
책 고르기

- 책과 워크북의 난이도에 따라 학년별로 구분해 순서대로 배치했습니다. 우리 아이의 학년과 읽기 수준, 흥미를 고려하여 책을 선택해 주세요.
- 책에서 제시하는 순서를 꼭 지킬 필요는 없어요. 아이의 흥미와 관심사를 반영해서 활용하세요.

> **Tip!** 가까운 도서관에서 직접 책을 찾아 내용을 읽어 보며 고르는 것도 좋습니다.

STEP 2
책 읽기

- 아이와 활동을 시작하기 전에 책을 먼저 읽어 보는 것을 권합니다. 그리고 본 책에 제시된 지도 내용을 읽어 보세요.
- 책을 읽을 때 어떻게 상호작용을 하면 좋을지는 〈이렇게 읽어요〉를 참고하여 실천해 보세요. 〈생각을 키우는 질문〉에 있는 질문도 활용하세요.

> **Tip!** 책을 읽을 때 아이의 반응에 귀 기울이며 즐거운 분위기에서 책을 읽으세요.

STEP 3
문해 활동 함께하기

- 본 책에는 책마다 3가지 엄마표 문해 활동이 소개되어 있습니다. 아이와 같이해 보세요.
- 아이와 함께 본 책에 있는 활동 방법을 읽고, 워크북에 답을 작성해 보세요.
- 아이가 흥미를 느끼는 활동부터 진행해 보세요.

> **Tip!** 문해 활동을 진행하고 나서 본 책에 제시된 예시 답안에 관해서도 이야기 나눠 보세요.

STEP 4
확장 활동으로 생각 넓히기

- 소개된 책마다 확장활동이 포함되어 있어요. 확장활동을 하며 책의 내용을 다양한 주제와 연결해 보세요.
- 책마다 제시된 연관도서도 찾아 읽어 보세요.

> **Tip!** 아이와 할 수 있는 창의적인 다른 확장활동을 생각해 보세요.

본 책 구성

본 책은 크게 책을 활용하는 방법과 워크북에 대한 소개로 나뉩니다. 책을 활용하는 방법을 소개하는 부분은 〈책 소개〉, 〈이렇게 읽어요〉, 〈생각을 키우는 질문〉으로 구성되어 있습니다. 워크북에 대한 소개는 책마다 해 보기 좋은 문해 활동 3가지와 확장활동 1가지를 아이와 함께해 볼 때 어떻게 제시하면 좋을지를 구체적인 발화와 예시로 알려드립니다.

· 책 소개 ·

선정된 책의 내용을 간략히 소개합니다.
서울대 아동 언어·인지 연구실에서 왜 이 책을 선정했는지 책 소개부터 함께 살펴보세요.

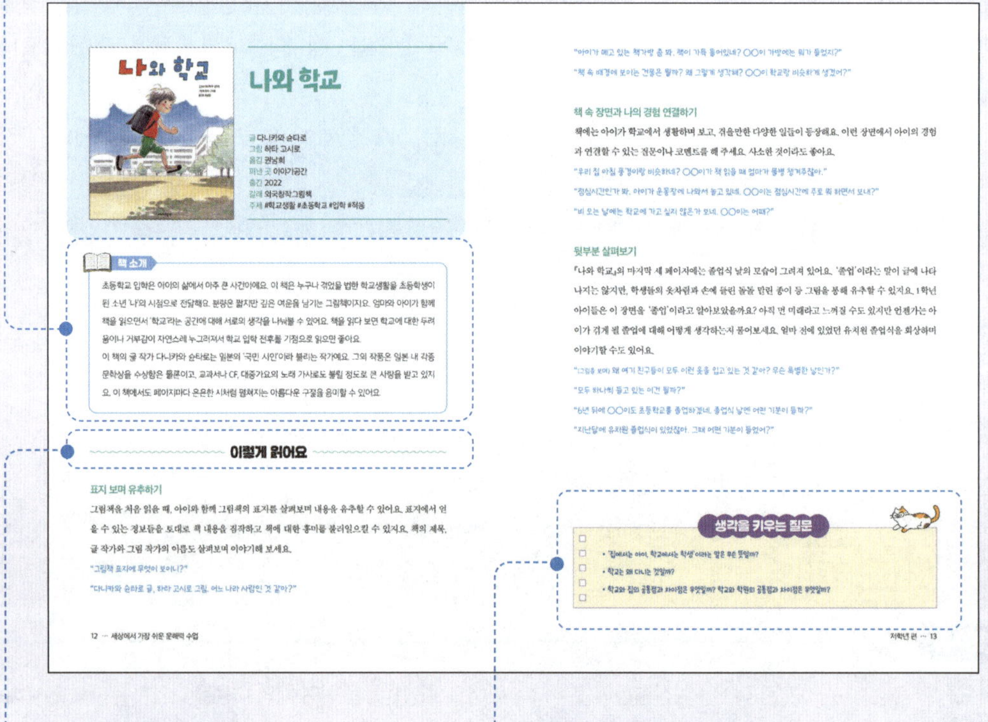

· 이렇게 읽어요 ·

책마다 아이와 함께 상호작용을 할 수 있는 방법을 다뤄요. 미리 책을 읽어 본 뒤 이 부분을 읽어 보세요.

· 생각을 키우는 질문 ·

정답이 정해져 있는 수렴적인 질문보다 아이가 스스로 생각해 보고 대답할 수 있는 확산적인 질문을 해 주세요. 책을 읽으며 아이의 생각을 키울 수 있는 구체적인 질문들을 함께 담았습니다. 질문을 던지고 아이의 생각에 귀 기울여 주세요.

문해활동: 책을 읽고 간단히 하기 좋은 활동 3가지를 구성하였어요. 아이와 함께 활동지를 하나씩 채워나가다 보면 긍정적인 문해 성향이 만들어질 거예요.

확장활동: 책의 내용을 다양한 주제와 연결해 보는 활동을 1가지 더 추가 구성하였어요.

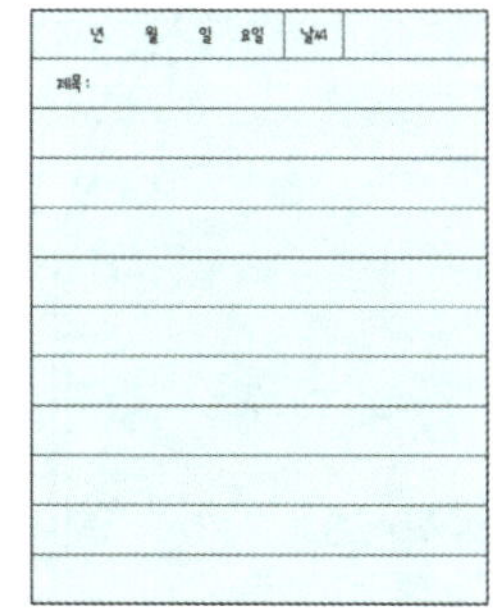

존 미다스의 일기 쓰기

내가 주인공이 되었다고 상상하고 일기를 써 봐요.

- 『미다스의 초콜릿』은 주인공인 존 미다스가 하루 동안 겪은 일을 담고 있어요. 너무나 놀랍고 큼직한 사건들의 연속이어서 하루 동안 일어난 일이라는 점이 새삼 놀라워요. 파란만장했던 하루를 마무리하며 존 미다스는 어떤 일기를 쓸까요? 그날 하루 있었던 일들을 되돌아보며 느낀 감정들과 앞으로의 다짐이 담겨있지 않을까요?

- 간단한 줄거리 요약, 주인공의 심경 파악과 핵심 교훈에 대한 통찰이 필요해요. 일기장에 바로 적기 전에 먼저 브레인스토밍을 하면 좋아요. 어떤 내용을 포함하면 좋을지 미리 구상하고 시작하면 글쓰기가 쉬워져요.

- 초등학교 2학년부터 학교에서도 일기 쓰기 교육을 본격적으로 다뤄요. 아직 글쓰기가 익숙하지 않은 만큼 시작을 막막해한다면 먼저 간단히 사건을 정리하는 것부터 시작할 수 있도록 해 주세요.

년	월	일	요일	날씨	
제목 :					

확장활동 +++

미다스 왕 이야기와 비교하기

이 책의 모티프가 된 그리스 로마 신화의 미다스 왕 이야기와 비교하며 읽어 봐요.

- 이 책은 제목에서도 알 수 있듯이 만지는 모든 것이 황금으로 변했던 미다스 왕 신화를 기반으로 해요. 존 미다스가 사랑하는 엄마를 초콜릿으로 변하게 만든 것처럼 미다스 왕은 딸을 황금으로 변하게 했지요. 원작 이야기를 읽어 보며 『미다스의 초콜릿』과 어떤 점이 비슷하고 어떤 점은 다른지 이야기해요.

- 미다스 왕 신화는 그리스 로마 신화 관련 책에서도 찾아볼 수 있어요. 따로 찾아보는 것이 어려우면 인터넷 검색(예 위키피디아)으로도 손쉽게 접할 수 있어요. 한 가지 주의할 점은 어린이 독자를 대상으로 쓰인 글은 아니기에 다소 어려운 어휘와 표현이 많아요. 함께 읽는 어른이 조금 쉬운 말로 바꾸어 읽어 주면 좋아요.

- 이야기를 읽고 난 후, 벤 다이어그램을 이용해서 공통점과 차이점을 정리해요.

주제별로 함께 살펴보면 좋은 책을 5권씩 추가로 담았습니다. 여기서 소개하는 책들은 책장 한편에 비치해 두고 함께 읽어 보면 좋아요. 소개한 책들 사이에서 찾을 수 있는 공통점과 차이점을 발견해 볼 수 있어요. 도화지와 색연필을 준비해 우리 아이만의 워크북 활동을 새롭게 구상해 보는 것도 좋은 경험이 될 수 있어요.

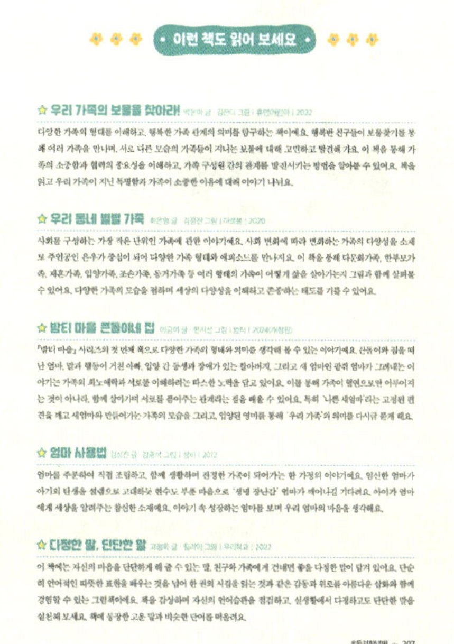

✿ ✿ ✿ • 이런 책도 읽어 보세요 • ✿ ✿ ✿

☆ 우리 가족의 보물을 찾아라! 박현아 글 | 김안나 그림 | 휴먼어린이 | 2022

다양한 가족의 형태를 이해하고, 행복한 가족 관계의 의미를 탐구하는 책이에요. 행복반 친구들이 보물찾기를 통해 여러 가족을 만나며, 서로 다른 모습의 가족들이 지니는 보물에 대해 고민하고 발견해 가요. 이 책을 통해 가족의 소중함과 협력의 중요성을 이해하고, 가족 구성원 간의 관계를 발전시키는 방법을 알아볼 수 있어요. 책을 읽고 우리 가족이 지닌 특별함과 가족이 소중한 이유에 대해 이야기 나눠요.

☆ 우리 동네 별별 가족 허은영 글 | 김정진 그림 | 다르볼 | 2020

사회를 구성하는 가장 작은 단위인 가족에 관한 이야기예요. 사회 변화에 따라 변화하는 가족의 다양성을 소재로 주인공인 은우가 중심이 돼어 다양한 가족 형태와 에피소드를 만나지요. 이 책을 통해 다문화가족, 한부모가족, 재혼가족, 입양가족, 조손가족, 동거가족 등 여러 형태의 가족이 어떻게 삶을 살아가는지 그림과 함께 살펴볼 수 있어요. 다양한 가족의 모습을 접하며 세상의 다양성을 이해하고 존중하는 태도를 기를 수 있어요.

☆ 밤티 마을 큰돌이네 집 이금이 글 | 한지선 그림 | 밤티 | 2024(개정판)

『밤티 마을』 시리즈의 첫 번째 책으로 다양한 가족의 형태와 의미를 생각해 볼 수 있는 이야기예요. 큰돌이와 집을 떠난 엄마, 말과 행동이 거친 아빠, 입양 간 동생과 장애가 있는 할아버지, 그리고 새 엄마인 팥쥐 엄마가 그려내는 이야기는 가족의 희노애락과 서로를 이해하려는 따스한 노력을 담고 있어요. 이를 통해 가족이 혈연으로만 이루어지는 것이 아니라, 함께 살아가며 서로를 품어주는 관계라는 점을 배울 수 있어요. 특히 '나쁜 새엄마'라는 고정된 편견을 깨고 새엄마와 만들어가는 가족의 모습을 그리고, 입양된 영미를 통해 '우리 가족'의 의미를 다시금 묻게 해요.

☆ 엄마 사용법 김성진 글 | 김충석 그림 | 창비 | 2012

엄마를 주문하여 직접 조립하고, 함께 생활하며 진정한 가족이 되어가는 한 가정의 이야기예요. 임신한 엄마가 아기의 탄생을 설렘으로 고대하듯 현수도 부푼 마음으로 '생녕 장난감' 엄마가 깨어나길 기다려요. 아이가 엄마에게 세상을 알려주는 참신한 소재예요. 이야기 속 성장하는 엄마를 보며 우리 엄마의 마음을 생각해요.

☆ 다정한 말, 단단한 말 고정욱 글 | 윤다야 그림 | 우리학교 | 2022

이 책에는 자신의 마음을 단단하게 해 줄 수 있는 말, 친구와 가족에게 건네면 좋을 다정한 말이 담겨 있어요. 단순히 언어적인 따뜻한 표현을 배우는 것을 넘어 한 권의 시집을 읽는 것과 같은 감동과 위로를 아름다운 삽화와 함께 경험할 수 있는 그림책이에요. 책을 감상하며 자신의 언어습관을 점검하고, 실생활에서 다정하고도 단단한 말을 실천해 보세요. 책에 등장한 고운 말과 비슷한 단어를 떠올려요.

차 례

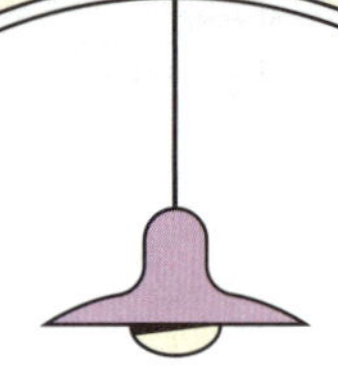

· 1장 ·
1학년을 위한 문해 활동

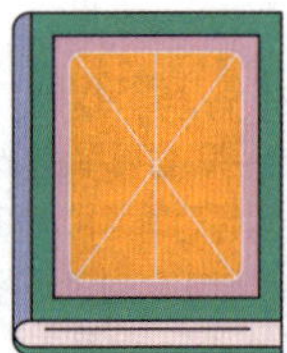

1학년을 위한 문해 활동

나와 학교

글 다니카와 슌타로
그림 하타 고시로
옮김 권남희
펴낸 곳 이야기공간
출간 2022
갈래 외국문학(창작그림책)
주제 #학교생활 #초등학교 #입학 #적응

 **책 소개**

초등학교 입학은 아이의 삶에서 아주 큰 사건이에요. 이 책은 누구나 겪었을 법한 학교생활을 초등학생이 된 소년 '나'의 시점으로 전달해요. 분량은 짧지만 깊은 여운을 남기는 그림책이지요. 엄마와 아이가 함께 책을 읽으면서 '학교'라는 공간에 대해 서로의 생각을 나눠볼 수 있어요. 책을 읽다 보면 학교에 대한 두려움이나 거부감이 자연스레 누그러져서 학교 입학 전후를 기점으로 읽으면 좋아요.

이 책의 글 작가 다니카와 슌타로는 일본의 '국민 시인'이라 불리는 작가예요. 그의 작품은 일본 내 각종 문학상을 수상함은 물론이고, 교과서나 CF, 대중가요의 노래 가사로도 불릴 정도로 큰 사랑을 받고 있지요. 이 책에서도 페이지마다 은은한 시처럼 펼쳐지는 아름다운 구절을 음미할 수 있어요.

이렇게 읽어요

표지 보며 유추하기

그림책을 처음 읽을 때, 아이와 함께 그림책의 표지를 살펴보며 내용을 유추할 수 있어요. 표지에서 얻을 수 있는 정보들을 토대로 책 내용을 짐작하고 책에 대한 흥미를 불러일으킬 수 있지요. 책의 제목, 글 작가와 그림 작가의 이름도 살펴보며 이야기해 보세요.

"그림책 표지에 무엇이 보이니?"

"다니카와 슌타로 글, 하타 고시로 그림. 어느 나라 사람인 것 같아?"

"아이가 메고 있는 책가방 좀 봐. 책이 가득 들어있네? ○○이 가방에는 뭐가 들었지?"

"책 속 배경에 보이는 건물은 뭘까? 왜 그렇게 생각해? ○○이 학교랑 비슷하게 생겼어?"

책 속 장면과 나의 경험 연결하기

책에는 아이가 학교에서 생활하며 보고, 겪을만한 다양한 일들이 등장해요. 이런 장면에서 아이의 경험과 연결할 수 있는 질문이나 코멘트를 해 주세요. 사소한 것이라도 좋아요.

"우리 집 아침 풍경이랑 비슷하네? ○○이가 책 읽을 때 엄마가 물병 챙겨주잖아."

"점심시간인가 봐. 아이가 운동장에 나와서 놀고 있네. ○○이는 점심시간에 주로 뭐 하면서 보내?"

"비 오는 날에는 학교에 가고 싶지 않은가 보네. ○○이는 어때?"

뒷부분 살펴보기

『나와 학교』의 마지막 세 페이지에는 졸업식 날의 모습이 그려져 있어요. '졸업'이라는 말이 글에 나타나지는 않지만, 학생들의 옷차림과 손에 들린 돌돌 말린 종이 등 그림을 통해 유추할 수 있지요. 1학년 아이들은 이 장면을 '졸업'이라고 알아보았을까요? 아직 먼 미래라고 느껴질 수도 있지만 언젠가는 아이가 겪게 될 졸업에 대해 어떻게 생각하는지 물어보세요. 얼마 전에 있었던 유치원 졸업식을 회상하며 이야기할 수도 있어요.

"(그림을 보며) 왜 여기 친구들이 모두 이런 옷을 입고 있는 것 같아? 무슨 특별한 날인가?"

"모두 하나씩 들고 있는 이건 뭘까?"

"6년 뒤에 ○○이도 초등학교를 졸업하겠네. 졸업식 날엔 어떤 기분이 들까?"

"지난달에 유치원 졸업식이 있었잖아. 그때 어떤 기분이 들었어?"

생각을 키우는 질문

- '집에서는 아이, 학교에서는 학생'이라는 말은 무슨 뜻일까?
- 학교는 왜 다니는 것일까?
- 학교와 집의 공통점과 차이점은 무엇일까? 학교와 학원의 공통점과 차이점은 무엇일까?

내 학교 알아보기

주인공이 다니는 학교와 내가 다니는 학교를 비교하며 현재 학교에 대해 생각해 봐요.

- 빈칸이 있는 마인드맵이에요. 질문에 답하면서 모든 내용을 다 적지 않아도 괜찮아요. 자신이 다니는 학교에 대해 여러 각도에서 생각하고 말로 표현해 보는 거로도 충분해요. 1학년 초반에 이 활동이 이루어지면 쓰기 활동이 익숙하지 않을 수 있기 때문이에요. 여기서는 학교와 관련된 키워드에 대해 생각하면서 정보를 조직하는 경험이 더 중요해요. '밤에 본 학교', '졸업할 때의 기분'과 같은 것들은 1학년 아이가 생각하지 않는 것들이지요. 이 기회를 통해 학교에 대해 솔직하고도 창의적인 대답을 들어볼 수 있을 거예요.

- 아이가 마인드맵을 채워 나갈 수 있도록 다음과 같이 질문해 주세요.
  - 우리 학교 이름은 무엇인가요?
  - 나는 몇 학년, 몇 반, 몇 번인가요?
  - 담임선생님 성함은 무엇인가요? 어떤 분이지요?
  - 쉬는 시간(점심시간)에 주로 무엇을 하나요?
  - 내가 좋아하는 친구는 누구인가요?
  - 내가 싫어하는 친구가 있나요? 있다면 누구인가요?
  - 학교에 가고 싶지 않은 적이 있나요? 왜 그런 기분이 들었나요?
  - 밤에 학교 근처를 지나가 본 적이 있나요? 어떤 느낌이었나요?
  - 학교를 졸업할 때는 어떤 기분이 들까요?

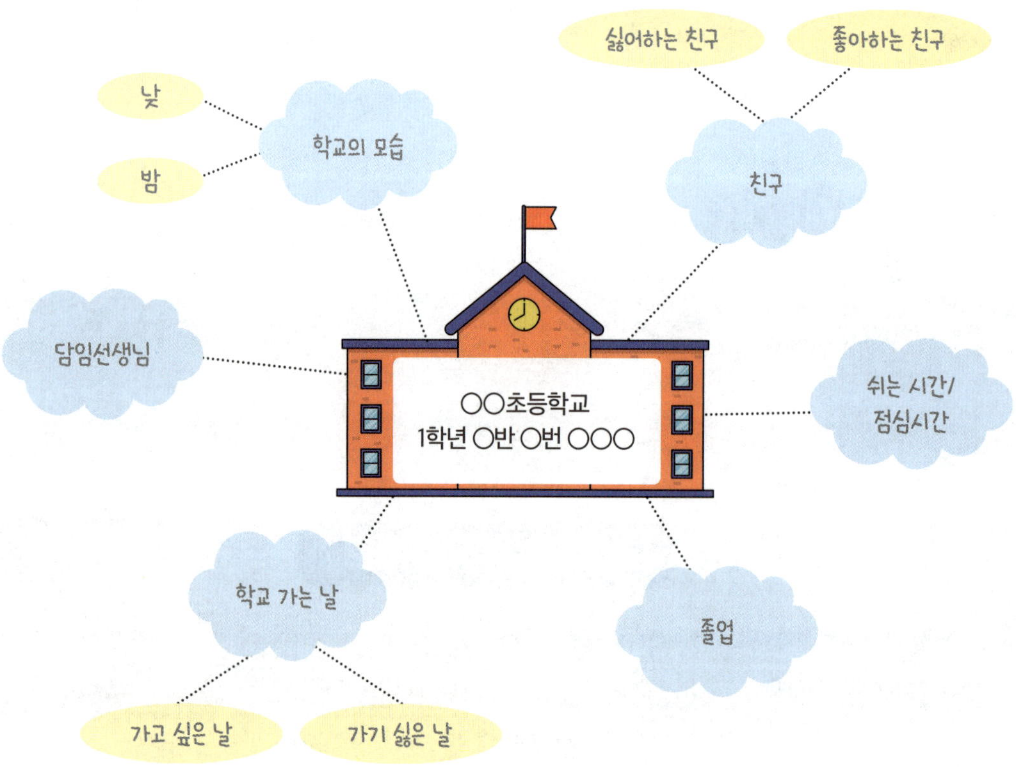

우리의 학교 알아보기

아이가 다니는 학교와 부모님이 다녔던 학교는 어떤 점이 비슷하고 다른지 알아봐요.

- 엄마가 어린 시절 다녔던 학교와 지금 아이가 다니는 학교는 비슷하면서도 달라요. 어떤 점이 같고, 다를까요? 아이와 함께 이야기 나누다 보면 서로 공감하는 부분도 있고, 다른 점을 발견하고 이해하게 되는 부분도 있을 거예요. 한 주제에 대해 서로의 경험을 이야기하다 보면 문해력 향상뿐만 아니라 부모 세대와 자녀 세대 간의 공감대를 찾고 서로 다름을 인정하는 값진 경험도 할 수 있어요. 생각을 함께 나누는 행위는 관계를 더 돈독하게 만드는 소중한 열쇠니까요.

  "엄마는 1학년 때 한 반에 50명 정도 같이 있었어. ○○이네 반에는 지금 몇 명이 함께 공부해?"
  "엄마 학교에는 운동장이 엄청 넓었어. ○○이네는 어떻지?"
  "엄마는 '즐거운 생활'이라는 과목이 제일 좋았어. ○○이는 어떤 과목이 좋아?"
  "엄마는 어릴 때 도시락을 싸서 다녔는데. ○○이네는 어떻지? 급식은 몇 교시 마치고 먹어?"

- 자연스럽게 대화를 나누며 드러나는 공통점과 차이점을 벤 다이어그램에 적어요. 담임선생님, 친구들, 교실, 운동장, 교과목 등 학교와 관련된 다양한 소재들을 꺼내어 이야기 나눌 수 있어요. 벤 다이어그램을 완성하면 공통점과 차이점을 다시 한번 되짚어요. 이를 통해 비교하기, 대조하며 말하기를 연습할 수 있어요.

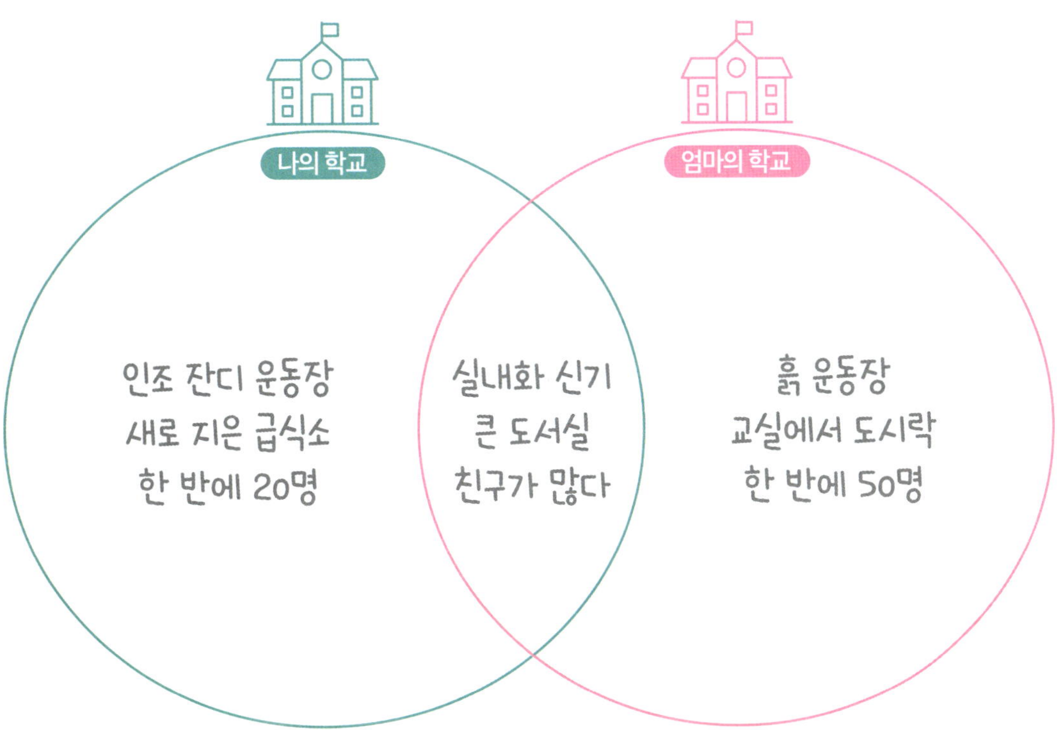

학교의 1년 생활 알기

1년 동안 학교에서는 어떤 일이 있는지 연간 계획표를 살펴보며 짐작해 봐요.

- 학교에서는 1년 동안 여러 가지 행사가 열려요. 많은 학교에서 학년 초에 연간 계획표를 나누어주기도 하지요. 학교에서 받은 연간 계획표를 보고 1년 동안의 일정을 살펴보면서 어떤 행사가 있는지, 어떨 것 같은지 이야기 나누며 직접 작성해 보세요.

  "3월에는 입학식이 있었지. 그날 어떤 기분이 들었어?"

  "곧 있으면 운동회가 열리는구나! 운동회는 어떨 것 같아?"

  "여름 방학식은 언제야? ○○이가 한번 찾아볼래?"

  "와, 방학 중에도 독서캠프가 열리는구나!"

  "○○이는 학교 행사 중에 어떤 행사가 가장 기대돼?"

○○초등학교 ○○○○학년도 1학기

3월	4월	5월	6월	7월	8월
입학식		운동회		여름 방학식	

○○초등학교 ○○○○학년도 2학기

9월	10월	11월	12월	1월	2월
		개교 기념일	겨울 방학식		

'우리 교실 찾아가기' 보드게임

학교에서 궁금한 장소 10곳을 선정하여 어떤 곳인지 알아보며 게임으로 익혀 봐요.

- 학교에는 운동장, 보건실 등 다양한 공간이 있어요. 이런 장소들의 명칭과 기능을 아는 것은 1학년 학생들이 학교 생활에 적응하는 데에 도움이 돼요. 장소를 골라 보드게임 판을 만들어 보세요.

  "시청각실은 언제 가는 곳일까?"
  "교무실은 무엇을 하는 곳일까?"

- 보드게임 판에 각 장소와 관련된 미션이나 함정도 만들어 적어요. 예를 들어 '보건실' 칸에는 '복도에서 뛰다가 넘어져서 무릎에 피가 났어요. 한 번 쉬어 가세요' 같은 지시를 써두는 거지요.

  "보건실에서는 아픈 아이들을 치료해 주니까 다친 아이가 가겠네. 여기 걸리면 치료받아야 하니까 차례를 한 번 쉬는 거 어때?"
  "도서관에서는 어떤 일이 있을 수 있을까? 책을 반납해야 한다고 해 볼까?"

- 보드게임 판이 완성되면 순서를 정하고 게임을 진행해요. 주사위를 던져 나온 수만큼 이동하고, 가장 먼저 '우리 교실'에 도착하는 사람이 이기는 거예요.

- **활동 순서**
  ❶ 말이 될 작은 지우개 두 개, 게임판을 그릴 종이와 연필을 준비해요.
  ❷ 종이 위에 연결된 네모 칸을 스무 칸 이상 그려 넣어요(예시 참조). 칸의 개수는 더 많아도 좋아요.
  ❸ 첫 번째 칸에는 '교문'이라고 적고, 마지막 칸에는 '우리 교실'이라고 적어요.
  ❹ 나머지 칸 중 10개의 칸을 골라 내가 적고 싶은 학교의 장소를 하나씩 적어요. 어떤 장소가 있는지 잘 모르면 학교 홈페이지를 참고해 보세요. 각각의 장소들은 무엇을 하는 곳인지, 우리 교실을 기준으로 어디에 위치하는지 등도 함께 이야기해요.

음악실
보건실
복도에서 뛰다가 넘어졌어요. 한 번 쉬었다 가세요.
강당
급식실
밥을 먹었더니 힘이 나요! 두 칸 앞으로!
시청각실
과학실
교무실
우리 교실 찾아가기
교문에서 시작해서 학교 곳곳을 거쳐 우리 교실을 찾아가 보아요!
교장실
행정실
운동장
도서관
오늘까지 반납해야 할 책을 집에 두고 왔어요 다시 교문으로!
교문
출발!
우리 교실
도착!

☆ 슬기로운 1학년 학교생활 유경선 글 · 권송이 그림 | 사계절 | 2024

학교생활 전반에 대한 다양한 지식을 담은 실용서 형식의 도서예요. 초등학교 입학을 앞두었거나 입학한 지 얼마 되지 않은 1학년 학생들에게 다양한 학교 상황에서 어떻게 대처하면 좋을지 그림과 함께 친절하게 설명해요. 학교에서 일어날 수 있는 여러 가지 상황에 대해 어떻게 대처하면 좋을지 미리 알고 있는 것만으로도 아이들은 불안한 마음을 한결 덜 수 있어요. 부모님과 함께 한 꼭지씩 소리 내어 읽으며 학교와 관련된 용어도 함께 익혀요.

☆ 미라의 처음 학교 가는 날 스티나 클린트베리 글 · 다비드 헨손 그림 | 정재원 옮김 | 책과콩나무 | 2024

갓 초등학교에 입학한 아이의 심리 변화를 아이의 키 변화에 빗대어 보여주는 그림책이에요. 초등학교 입학을 앞두고 자신만만한 모습을 보이던 주인공 미라는 학교생활 속에서 여러 일을 겪으며 키가 점점 작아지고 말아요. 미라의 모습은 낯선 환경 속에서 위축되는 1학년 아이들의 모습을 대변하지요. 초등학교 입학 전후의 아이들과 함께 읽으며 어떤 기분이 드는지, 마음이 작아지거나 커지는 다른 상황은 무엇이 있는지 이야기 나눠요.

☆ 다다다 다른 별 학교 윤진현 글 · 그림 | 천개의바람 | 2018

책 속의 모든 아이, 심지어 선생님까지 모두 다른 별에서 왔어요. 작가는 아기자기하고 상상력 넘치는 일러스트를 통해 남과 다른 내 모습은 '틀림'이 아닌 '특별함'이 될 수 있다는 사실을 드러내요. 나에 대한 자신감은 다른 친구에 대해서도 있는 모습 그대로 존중하는 토대가 되지요. 내가 만약 '다다다 다른 별 학교'에 다닌다면 어느 별에서 왔다고 소개할 수 있을지 각자의 개성을 발견하고, 그 모습을 그림으로 그려요.

☆ 틀려도 괜찮아 마키타 신지 글 · 하세가와 토모코 그림 | 유문조 옮김 | 토토북 | 2006

많은 아이가 교실에서 틀린 답을 하는 것에 두려움을 가지고 있는 것 같아요. 하지만 교실은 틀리면서 배우고 성장하는 공간이죠. 이 책은 누구나 틀릴 수 있고, 그것이 부끄러운 일이 아니라는 것을 알려줘요. 항상 정답을 말해야 한다는 고정관념에서 벗어나 틀린 답을 일부러 말해 보는 시간을 가져보세요. 정답보다는 답을 찾아가는 과정이 더 재미있고 중요하다는 걸 느낄 수 있어요.

☆ 살아 있다는 건 다니카와 슌타로 글 · 오카모토 요시로 그림 | 권남희 옮김 | 비룡소 | 2020

『나와 학교』의 글 작가 다니카와 슌타로의 시 '살다'를 그림동화로 쓴 책이에요. 작가는 산다는 것은 어떤 거창한 것이 아니라 목이 마르거나 재채기하는 것 같은 일상적인 일이라고 말해요. 이를 통해 어른은 위로를, 아이는 삶의 길잡이를 얻을 수 있어요. 삶이란 과연 무엇인지, 무엇에 비유할 수 있는지 아이의 생각을 들어보세요.

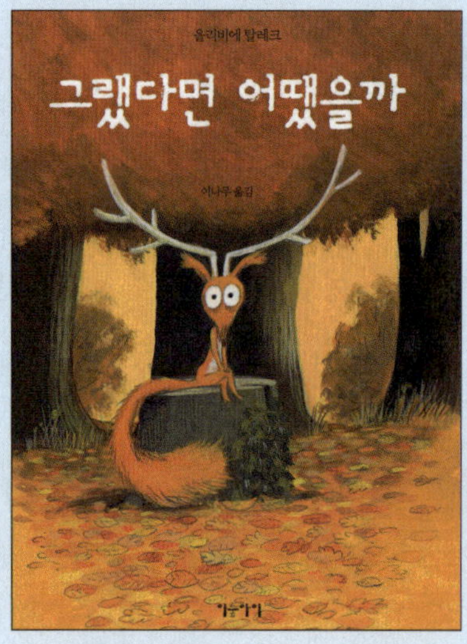

그랬다면 어땠을까

글·그림 올리비에 탈레크
옮김 이나무
펴낸 곳 이숲아이
출간 2022
갈래 외국문학(창작그림책)
주제 #다람쥐 #부러움 #자존감 #타산지석

 **책 소개**

'남의 떡이 더 커 보인다'라는 속담을 귀엽고 유쾌한 이야기로 풀어낸 동화책이에요. 세계적인 베스트셀러 작가 올리비에 탈레크가 선보이는 다람쥐의 세 번째 모험은 독자에게 자기 자신을 소중히 여기는 지혜를 전달해요. 주인공 다람쥐는 단단한 이빨로 나뭇가지를 자르는 비버, 멋진 뿔을 자랑하는 사슴, 날카로운 바늘로 몸을 지키는 고슴도치 등 숲속 동물들의 삶을 부러워하며 자신이 가진 것이 초라하다고 느껴요. 다른 동물로 태어났다면 더 행복했을 거라는 생각에 아쉬워하던 다람쥐는 시간이 지날수록 남의 삶이 결코 완벽하지 않음을 깨닫게 되지요. 이야기 곳곳에는 각 동물의 숨겨진 고충과 다람쥐만의 특별함이 드러나며, 공감과 따뜻한 메시지를 던져요.

이 책은 아이들이 자신이 가진 것의 가치를 깨닫고 스스로에 대한 긍정적인 태도를 가질 수 있도록 돕는 이야기를 생동감 있는 그림과 함께 풀어냈어요.

이렇게 읽어요

원제목과 번역된 제목 비교하여 내용 유추하기

이 책의 원제는 『J'aurais voulu』로, 직역하면 "나는 ~을 원했어"라는 의미를 담고 있어요. 구체적으로 '무엇을 원했지만 이루어지지 않은 상황'을 표현할 때 사용하는 표현이지요. 원제목과 번역본 제목을 비교해 보며 어떤 내용일지 예측해요.

"『그랬다면 어땠을까』라는 제목을 들었을 때 이 책이 어떤 내용인 것 같아?"

"이 책의 원래 제목은 '무엇을 원했지만 이루어지지 않은 상황'을 표현하는 "나는 ~을 원했어"라고 해. 이 말을 들으니 어떤 내용인 것 같아?"

"원제목과 번역된 제목을 비교해 보니 어떤 느낌이 드니?"

내가 가장 되고 싶은 동물 말해 보기

이 책의 주인공은 다람쥐이고, 다양한 동물 친구들이 등장해요. 내가 알고 있는 동물 중 가장 되고 싶은 동물을 하나 골라보고, 왜 그 동물이 되고 싶은지 이야기해 보세요. 그 동물의 특징, 습관, 또는 사는 환경 등을 생각하며 이유를 설명하면 더 재미있을 거예요.

"○○이가 가장 되고 싶은 동물은 뭐야? 그 동물이 가진 특별한 능력은 뭐라고 생각해?"

"그 동물로 하루를 살아본다면 가장 해 보고 싶은 일은 뭐야?"

이모티콘으로 느낀 점 표현하기

책을 읽으면서 다양한 이모티콘을 사용해 자신의 느낀 점을 표현해 보세요. 이모티콘을 활용해 그때그때 생각과 감정을 표시하는 것은 이야기에 몰입하고 감정을 표현하는 데 도움을 줘요. 제시된 이모티콘 외에도 다양한 이모티콘을 자유롭게 사용한다면 더 즐겁고 창의적으로 책을 즐길 수 있을 거예요.

다람쥐의 행동이 맞다고 생각되는 부분: 🙆

다람쥐의 행동에 동의하지 않는 부분: 🙅‍♂️

궁금한 부분: 🙋‍♂️

마음에 드는 부분: 😍

재미있었던 부분: 👍

나중에 더 생각해 보고 싶은 부분: 💭

생각을 키우는 질문

- [ ] 지금 네가 다람쥐라면 어떤 동물을 가장 부러워할 것 같아? 왜 그렇게 느껴질까?
- [ ] 왜 우리는 항상 남의 삶이 더 좋아 보일까?
- [ ] 다람쥐는 결국 어떤 동물이 될 것 같아?

책의 교훈과 어울리는 주제 찾기

책을 읽으며 느낀 교훈과 가장 어울리는 주제를 선택하고 이유를 적어 봐요.

- 이 책은 행동과 감정에 관한 중요한 내용을 다루고 있어요. 책이 전달하는 메시지와 가장 잘 맞는 주제를 찾고, 그 이유를 설명하는 과정은 아이의 비판적 사고력과 자기 성찰을 키우는 데 도움이 돼요.

- 책의 메시지를 아이와 먼저 이야기 나누며 서로의 생각을 공유해요. 그리고 다음 예시에서 책의 메시지와 가장 잘 맞는 주제를 선택하거나 새로운 주제가 있다면 적어요. 마지막으로 왜 그 주제가 책의 메시지와 잘 맞는지 생각해 보고 이유를 적어요.

예시

- 다름을 인정하기
- 매사에 용기를 가지고 당당해지기
- 나와 다른 친구의 상황에 공감하기
- 정직하고 신뢰 쌓기
- 자기 자신을 있는 그대로 받아들이기

동물의 장단점 비교하기

책에 등장하는 동물들의 장점과 단점을 찾아 표를 완성해 봐요.

- 주인공 다람쥐는 다른 동물들이 가진 장점을 부러워하며 그들의 삶을 상상해요. 아이와 함께 책을 천천히 다시 읽으면서 동물들이 가진 특징을 알아봐요.

  "다람쥐가 처음에 가장 부러워했던 동물은 누구였지? 왜 비버가 되고 싶었을까?"

- 아이에게 장점이나 단점의 의미를 한번 생각해 보게 하는 것도 좋아요.

  "장점은 무엇을 의미할까? 장점은 좋거나 잘하거나 긍정적인 것을 말하는 거야. 반대로 단점은 잘못되고 부족한 점, 그리고 앞으로 더 잘 될 수 있도록 노력해야 하는 부분일 수도 있어."

- 각 동물의 장단점을 적어 표를 완성해요. 표를 완성한 후, 각 동물의 장단점을 비교해 보며 이야기 나눠요. 아이는 다람쥐의 시각에서 동물들을 살펴보고, 미처 보지 못한 책의 내용을 새롭게 이해하고 발견할 수 있을 거예요.

  "각 동물의 장단점을 비교해 보니 어떤 동물의 삶이 가장 힘들어 보이니?"

장단점 / 동물 이름	😄 장점	😔 단점
비버	이빨로 나무를 자르고, 등으로 나뭇가지를 옮긴다. 모두 함께 일한다.	실제 비버의 삶은 엄청나게 고단하다. 발이 늘 물에 젖어 있다.

내가 생각하는 나의 장점 쓰기

내가 생각하는 나의 장점을 찾고 그 이유를 적어 봐요.

- 책에서 다람쥐가 다른 동물들의 장점을 부러워했지만 결국 자신의 가치를 깨달았던 것처럼, 아이도 자신만의 장점을 발견할 수 있도록 도와주세요.

- 아이가 스스로 자신의 장점을 떠올리기 어려워할 수도 있으니 다양한 질문을 던지며 생각을 이끌어 주세요.
  "○○는 어떤 점이 특별하다고 생각하니?"
  "○○가 친구들보다 더 잘하거나 자신 있는 것이 뭐야? 왜 그렇게 생각해?"
  "자랑스럽게 생각했던 순간이 있다면 언제였어?"
  "만약 ○○가 특별한 능력으로 친구를 도와준 적 있다면 어떤 상황이었니?"

- 단순히 장점을 나열하는 것에 그치지 않고, 구체적인 경험과 함께 설명할 수 있도록 유도해요. 적은 내용을 함께 읽으며 격려해 주세요.

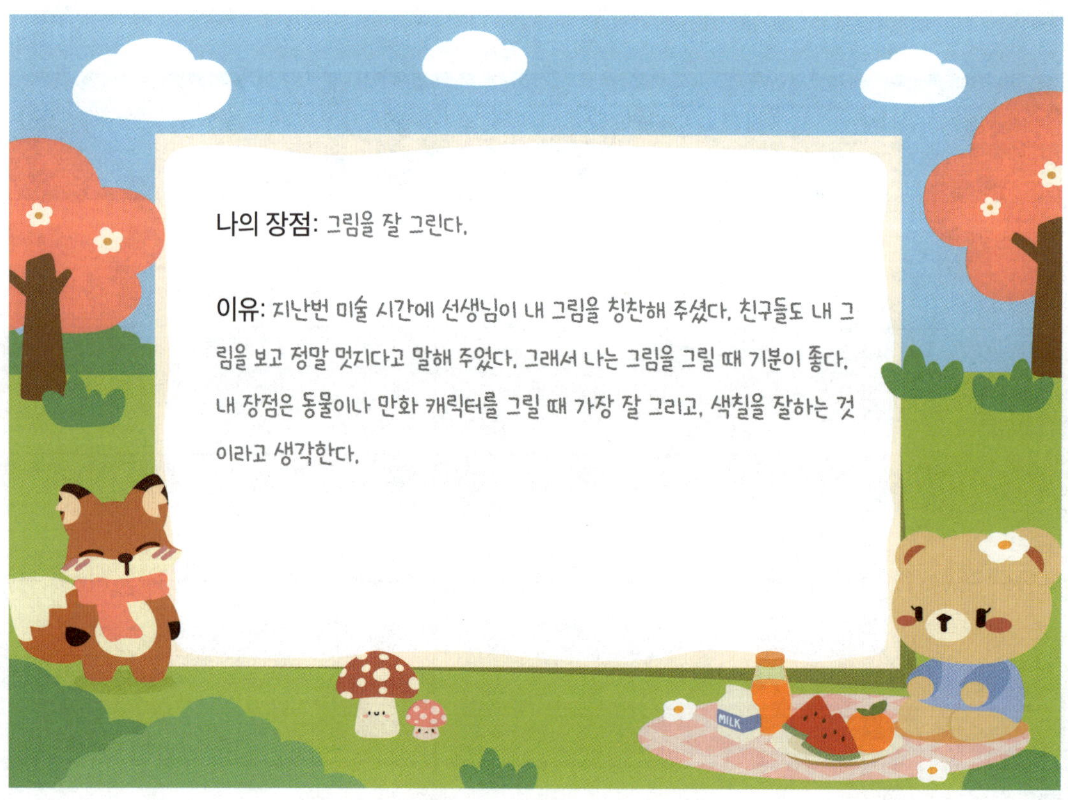

막대 인형으로 역할극 하기

등장 동물을 막대 인형으로 만들어 책 내용을 상황극으로 표현해 봐요.

- 아이의 창의력과 표현력을 키우고, 책의 내용을 더 깊이 이해하는 데 도움을 주는 활동이에요. 역할극을 통해 아이는 등장인물의 감정과 상황을 몸소 체험하며 공감 능력을 키울 수 있어요. 전체 내용을 상황극으로 표현해도 좋고, 일부만 상황극으로 해 봐도 좋아요.

- 등장하는 동물을 그리거나 이미지를 복사하여 오린 뒤, 아이스크림 막대에 풀이나 테이프로 고정해요.

☆ 이건 내 나무야 올리비아 탈레크 글·그림 | 이나무 옮김 | 이숲아이 | 2020

욕심 많고 소유욕이 강한 다람쥐가 자신만의 나무를 지키기 위해 담을 쌓지만, 결국 그 담이 자신을 가두는 아이러니한 상황을 통해 소유와 나눔의 중요성을 유쾌하면서도 교훈적으로 전달하는 그림책이에요. 같은 작가 올리비에 탈레크의 작품으로, 이야기를 원인과 결과에 따라 분석해 보면 책을 잘 이해할 수 있어요.

☆ 조금 많이 올리비아 탈레크 글·그림 | 이나무 옮김 | 이숲아이 | 2021

『그랬다면 어땠을까』의 작가 올리비에 탈레크의 같은 시리즈 작품으로, 다람쥐의 이야기를 통해 자연과 마음의 자원을 아끼고 소중히 여겨야 함을 일깨워주는 그림책이에요. 다람쥐의 모습을 통해 우리가 일상에서 무심코 낭비하는 것들을 돌아보게 하지요. 책을 읽고 나무를 보호하는 다양한 방법을 아이와 찾아보세요.

☆ 작은 조각 페체티노 레오 리오니 글·그림 | 이상희 옮김 | 보림 | 2023

스스로 누군가의 작은 조각으로만 여겼던 페체티노가 긴 여정을 통해 자기만의 가치와 정체성을 깨닫게 되는 이야기예요. 자존감과 존재의 의미를 일깨우며 모든 존재가 독립적으로 소중하다는 메시지를 전해요. 다양한 색지나 종이로 자신만의 특별한 조각을 만들고, 그 조각이 자신을 어떻게 표현하는지 이야기 나눠요.

☆ 내가 만약 나비라면 미스 반 하우트 글·그림 | 김희정 옮김 | 보림 | 2022

서로 다른 친구들의 장점을 부러워하지만 결국 자신만의 특별함을 깨닫게 되는 이야기예요. 알록달록한 콜라주 기법과 리듬감 있는 구성은 자아와 자존감의 중요성을 아이들이 쉽게 이해할 수 있도록 도와요. 작가가 책 뒤에 QR코드를 통해 공유한 활동지를 아이와 함께해 보세요.

☆ 슈퍼 거북 유설화 글·그림 | 책읽는곰 | 2018(뮤지컬 리커버판)

우화 '토끼와 거북이'를 바탕으로 한 책으로, 경주에서 토끼를 이긴 거북이 꾸물이가 성공과 기대에 부응하느라 자신을 잃어가는 과정을 통해 '나답게 사는 것'의 의미를 생각하게 해요. 출판사 홈페이지에 들어가면 독후활동지를 제공하니 독후활동지를 아이와 함께 작성하며 책의 내용을 더 깊이 이해하고 확장해요.

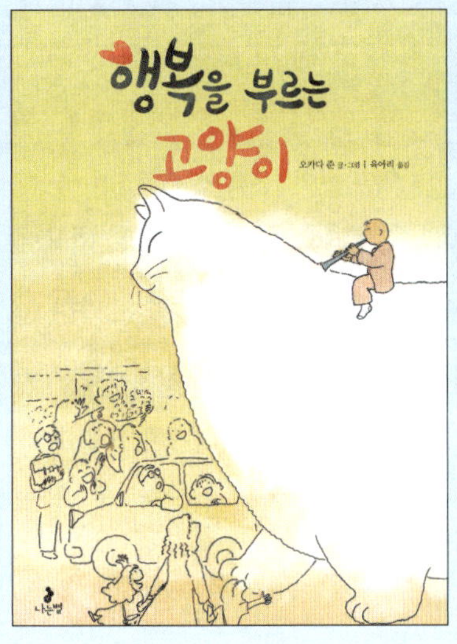

행복을 부르는 고양이

글·그림 오카다 준
옮김 육아리
펴낸 곳 나는별
출간 2020
갈래 외국문학(판타지그림책)
주제 #예상치 못한 만남 #행복 #꿈 #연주 #읽기 방향의 반전

 **책 소개**

어느 날 주인공은 예상치 못한 손님으로 고양이를 만나요. 고양이는 음식이 아닌, 주인공의 클라리넷 연주를 먹고 몸집이 커져요. 고양이의 몸집이 너무나 커진 나머지 집이 모두 부서져 내릴 정도이지요. 그런 고양이와 함께 낯선 곳으로 여행을 떠난 주인공은 자신이 클라리넷을 연주하며 여행하는 삶을 꿈꿨다는 것을 깨닫게 돼요. 고양이도 좋아하는 클라리넷 연주를 들으며 살게 되었기 때문에 둘은 서로에게 행복을 안겨주는 존재예요. 일상에서 새로운 손님과 의미 있는 관계가 되고 그 속에서 행복을 찾는 모습을 통해 우연히 맺어진 관계 안에서 행복을 찾을 수 있음을 보여주는 이야기지요.

이 책의 주요한 특징은 일반적인 읽기 방향과 반대로 되어 있다는 점이에요. 이는 일본 문화권 책의 특징이며, 번역서에서도 작가의 의도를 반영하기 위해 형식을 그대로 따랐다고 해요. 행복을 소재로 하여 기분 좋게 읽을 수 있으면서도 책의 문법을 생각해 볼 수 있게 해 줘요.

이렇게 읽어요

인물 표정 읽기

그림책 표지를 양쪽으로 펼쳐 한눈에 그림을 보면, 사람들의 놀라는 표정을 확인할 수 있어요. 거대한 고양이를 본 사람들의 표정을 보며 어떤 감정을 느끼고 있는지 추측하며 이야기 나눠요.

"거대한 고양이를 둘러싼 사람들의 표정 좀 봐. 사람들이 어떤 감정을 느끼고 있을까?"

"만약에 ○○이가 저 장소에 있다면 어땠을 것 같아?"

클라리넷 연주 들어보기

표지에는 주인공이 거대한 고양이의 등에 타올라 클라리넷을 연주하는 모습이 그려져 있어요. 내용에서도 주인공이 클라리넷을 연주하는 모습이 거의 절반을 차지하고 있지요. 클라리넷 악기를 보거나 연주를 들어본 경험이 있는지 이야기 나눠요. 클라리넷 연주를 들어본 경험이 없다면 인터넷에서 클라리넷 연주를 검색하여 감상해요.

"클라리넷 악기를 본 적 있어?"

"입으로 부는 악기에는 또 어떤 것이 있을까?"

"클라리넷 소리가 어떤지 연주 한번 같이 들어 볼까?"

좋아하는 일 말해 보기

주인공은 클라리넷을 불기 시작하면 모든 것을 잊고 푹 빠진다고 말했어요. 다른 것을 잊을 만큼 푹 빠져서 하는 일이 있나요? 그 정도는 아니더라도 좋아하고, 하고 싶은 놀이를 떠올려 보고 대화해요. 악기 중에 연주해 보고 싶은 악기가 있는지 질문해도 좋아요.

"주인공이 클라리넷을 연주할 때 푹 빠졌던 것처럼 ○○이도 좋아하는 일이나 놀이가 있어? 있다면 어떤 거야?"

"클라리넷 연주처럼 ○○이도 연주해 보고 싶은 악기가 있어?"

생각을 키우는 질문

- ☐ • ○○이와 함께 있는 것이 너무 행복해서 몸집이 커지는 고양이가 있다면 어떨 것 같아?
- ☐ • ○○이가 세상에서 가장 행복했을 때는 언제였어? 혹은 가장 행복할 때가 앞으로 생긴다면 어떤 때일 것 같아?

앞 장면 상상하기

고양이를 만나기 전 주인공의 아침-점심-저녁을 상상해 봐요.

- 결말 이후에 어떤 내용이 이어질지 상상해 본 경험은 한 번쯤 있을 거예요. 이번에는 뒷이야기가 아닌 앞 이야기를 상상해서 만들어 보세요. 이야기는 주인공이 고양이를 만나며 시작되지만, 고양이를 만나기 전 주인공의 일상은 어땠을까요? 글로 적어도 좋고, 그림으로 표현해도 좋아요.

- 책에는 이야기 전에 주인공이 어떤 삶을 살았는지 보여 주지 않기 때문에 다양하게 상상해 볼 수 있어요. 상상한 내용을 공유하며 각자의 생각을 존중하고 듣는 연습을 해 봐요.

- 아이가 구체적으로 생각해 볼 수 있도록 시간의 변화에 따라 주인공의 모습을 상상하는 틀을 제시해 주세요. 주인공의 아침, 점심, 저녁의 모습은 어떨지, 어디에서 무엇을 하고 있을지 질문하며 상상할 기회를 만들어요. 상상과 관련된 그림이 책 속에 있다면, 페이지를 펼쳐 그 그림을 보며 이야기 나눠요. 책 속 그림을 매개로 이야기하다 보면 대화가 더 풍부해져요.

  "주인공이 고양이를 만나기 전의 일상은 어땠을까? 구체적으로는 이 전날 아침에 주인공은 어디에서 무엇을 하고 있었을까?"
  "그렇게 추측하게 해준 그림이 있어? 있다면 어떤 그림이야?"

주인공에게 고양이란?

고양이는 주인공에게 어떤 존재로 표현할 수 있을지 다양한 단어로 표현해 봐요.

- 이 책은 주인공과 고양이의 관계를 중점적으로 다루면서 서로의 삶이 변화되는 모습을 잘 그려내고 있어요. 우연한 만남에서 시작된 고양이와 주인공의 관계는 점점 두터워지면서 주인공에 대한 고양이의 역할이 다양해져요(손님, 청중, 쿠션 등). 서로가 서로에게 딱 한 가지 말로 표현되기 어렵듯이 책 속 등장인물도 마찬가지예요. 이 활동을 통해 다양하게 표현할 수 있는 관계를 생각해 볼 수 있어요.

  "주인공이 느끼기에 고양이는 어떤 존재였을까? 딱 한 마디로 표현한다면 어떻게 표현할 수 있을까?"

- 한 마디로 정의하기 어렵다면 고양이가 주인공에게 어떤 존재인지 긴 글로 풀어 설명해도 좋아요.

  예 예상치 못한 손님, 주인공의 클라리넷 연주를 감상하는 청중, 주인공의 베개/소파/의자/포근한 쿠션/이동 수단, 하늘을 나는 존재, 여행을 좋아하는 존재, 비 오는 날 우산, 클라리넷 연주장, 주인공과 함께 있는 것이 가장 행복한 존재, 주인공을 기다리는 존재, 주인공이 준 음식을 배불리 먹는 존재 등

주인공에게 고양이란

_______________________ 다.

내가 가장 듣고 싶은 소리

좋아하는 노래나 악기 혹은 듣고 싶은 말을 고양이 속에 가득 채워 봐요.

- 책의 내용을 자신에게도 적용하면 어떨까요? 단순히 책 속에만 국한된 내용이라고 생각하지 않고 나의 경험이나 생각과도 연관 지으면 책의 내용과 감상을 더 깊게 즐길 수 있어요.

- 고양이는 클라리넷 소리를 듣자 행복해하며 몸집이 커졌어요. 고양이의 몸집을 키운 것처럼 나를 행복하게 하는 소리는 어떤 것이 있을까요? 아이가 평소에 듣고 싶은 소리는 무엇인지 질문해 주세요. 그 소리를 적으며 아이가 원하고 좋아하는 것이 무엇인지 알고, 공감해 주는 기회로 삼아 보세요.

  "○○이는 평소에 듣고 싶은 말이나 소리가 있어? 있다면 어떤 거야?"
  "듣고 싶은 말을 행복한 고양이의 몸집 안에 써 볼까?"

책 읽는 방법 비교하기

좋아하는 그림책과 이 책이 무엇이 다른지 비교해 봐요.

- 이 책의 원작은 일본에서 쓰였어요. 일본에서는 우리나라와 동일하게 가로로 글을 쓰고 왼쪽에서 오른쪽으로 글을 읽기도 하지만, 세로쓰기하고 오른쪽에서 왼쪽으로 읽는 경우도 있어요. 이 책은 지은이가 처음 의도한 방향을 존중하기 위해 왼쪽에서 오른쪽으로 책장을 넘기며 읽도록 만들어졌어요.

- 평소에 당연하게 생각했던 책을 읽는 방향에 대해 나라마다 다를 수 있다는 점을 이야기 나눠요. 일본 말고 다른 나라 중에서도 오른쪽에서 왼쪽으로 읽는 나라가 있을지 검색해 보고, 해당 나라의 공통점을 생각해요.

- 활동 순서

  ❶ 평소 좋아하는 그림책 한 권을 골라 가져와요.

  ❷ 『행복을 부르는 고양이』와 가져온 책을 놓고 읽기 방향을 비교해요.

  ❸ 왜 읽기 방향이 다를 것 같은지 추측하고, 그 내용을 적어요.

  ❹ 읽기 방향이 다른 이유에 대해 인터넷 검색을 통해 찾아보고, 그 내용을 기록해요.

읽기 방향이 다른 이유

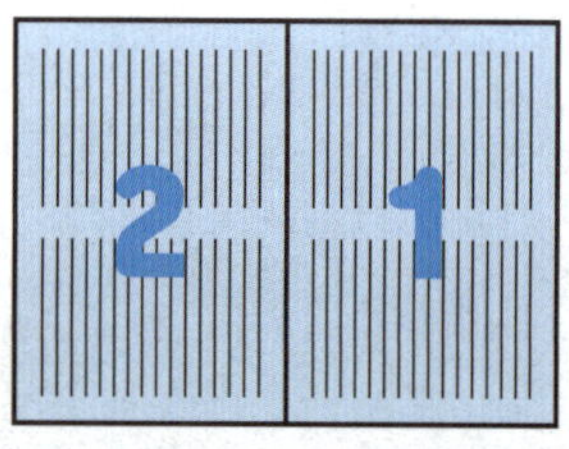

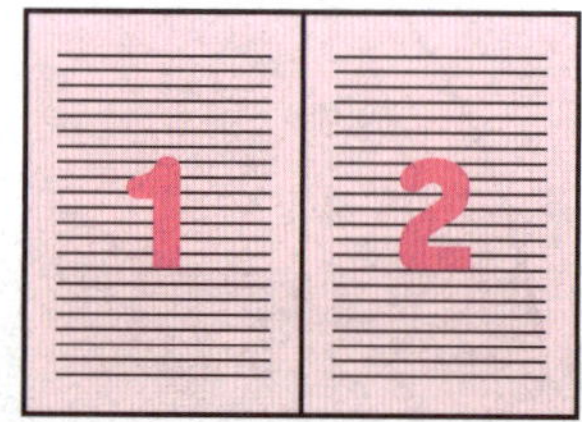

추측: 옛날부터 나라마다 선호가 달라서

실제: 일본에서 세로쓰기를 많이 해서 세로쓰기에 편한 읽기 방향으로 굳어짐

☆ 소원이 이루어지는 길모퉁이 오카다 준 글 · 다나카 로쿠다이 그림 | 김미영 옮김 | 시공주니어 | 2018

할아버지가 손자에게 어렸을 적 겪었던 일화를 들려주는 내용으로 구성되었어요. 할아버지의 이야기를 믿기 어려워하면서도 자연스럽게 할아버지의 말에 빠져드는 것을 볼 때 아이에게 어떤 생각이 드는지 질문하며 읽어요.

☆ 스티커 별 오카다 준 글 · 윤정주 그림 | 이경옥 옮김 | 보림 | 2018

주인공 마코네 교실에는 스티커가 가득해요. 선생님이 시험에서 백 점을 맞은 학생에게 별 모양 스티커를 주기 때문이지요. 이 스티커 별을 둘러싸고 교실에서 어떤 상황이 벌어지게 될까요? 그 속에서 아이들의 우정과 자존감을 다루고 있는 책이에요. 아이와 함께 스티커의 장단점을 이야기해요.

☆ 여행은 제비 항공 모토야스 게이지 글 · 그림 | 윤수정 옮김 | 책읽는곰 | 2018

비행길에 오르는 여정은 설레기 마련이지요. 제비의 등에 실려 떠나는 여행 이야기를 읽으며 기대감을 함께 느껴보세요. 일상에서 벗어나 행복을 찾는 모습이 『행복을 부르는 고양이』와 닮았어요. 여행 과정 중 어떤 모습이 가장 실감 나게 표현되었는지도 이야기 나눠요.

☆ 어느 멋진 여행 팻 지틀로 밀러 글 · 엘리자 휠러 그림 | 임경선 옮김 | 위즈덤하우스 | 2021

주인공 토끼는 넓은 세상을 배우기 위해 여행을 떠나요. 여행은 설렘도 있지만 마냥 쉽지만은 않은 여정이죠. 『행복을 부르는 고양이』에서 주인공의 클라리넷 연주를 사랑하는 고양이와 함께했기에 여행이 행복했던 것처럼, 이 책에서도 토끼의 멋진 용기의 여정을 확인해 볼 수 있어요. 아이가 생각하는 최고의 여행을 물어보고 육하원칙(누가, 언제, 어디서, 무엇을, 어떻게, 왜)에 따라 이야기 나눠요.

☆ 구름빵 백희나 글 · 그림 | 한솔수북 | 2019

구름빵을 먹고 하늘을 나는 아이들의 모습을 그리는 백희나 작가의 작품이에요. 하늘로 떠오른다는 비현실적인 요소를 사랑스럽게 그려내고 있다는 점이 『행복을 부르는 고양이』와 닮았어요. 만약 구름빵을 먹고 하늘을 날 수 있다면 어디로 날아가고 싶은지 질문을 던지며 상상의 나래를 펼쳐요.

가을이네 장 담그기

글 이규희
그림 신민재
펴낸 곳 책읽는곰
출간 2008
갈래 한국문학(창작그림책)
주제 #가을 #된장 #고추장 #장 담그기 #전통문화 #전통장

 **책 소개**

장이 만들어지는 과정을 아이의 눈으로 바라본 이 책은 늦가을 콩을 거둬들이는 일부터 시작해요. 전통 장은 가을이네 식구들이 들인 정성과 노력, 시간의 결정체라고 볼 수 있지요. 그런 만큼 가을이는 장과 그 장을 써서 만든 우리 음식을 허투루 대하지 않아요. 이 책을 읽는 아이들 역시 가을이처럼 장을 담그는 과정을 지켜보며 '장'에 관심을 가지게 될 거예요. 4학년 교과서에 나오는 이야기지만, 저학년 아이도 충분히 즐겁게 읽을 수 있어요.

이 책의 작가는 장 담그는 과정을 재미나게 풀어내고자 했어요. 책을 읽으면서 다채로운 형용사를 써서 맛과 소리, 냄새를 실감 나게 표현했지요. 의성어와 의태어를 적절히 구사해 글에 리듬감이 있어 다양한 형용사, 의성어, 의태어를 읽으면 마치 가을이네 가족과 함께 장을 만드는 장소에 있는 것 같은 느낌을 줘요. 자칫 지루할 수 있는 내용을 재미있는 이야기로 풀어냈어요.

이렇게 읽어요

표지 보며 내용 유추하기

그림책을 처음 읽을 때 아이와 함께 표지를 살펴보며 내용을 유추해 볼 수 있어요. 책의 제목과 표지를 살펴보며 내용을 미리 유추하면 책을 읽을 때 재미있고 쉽게 이해할 수 있어요.

"그림책 표지에 무엇이 보이니?"

전통 조리 기구 이름과 특징 살펴보기

이 그림책에서는 전통 조리 기구가 많이 소개되고 있어요(키, 도리채, 가마솥, 절구, 항아리 등). 그림책을 읽으면서 낯선 조리 기구를 찾아보고, 어떤 쓰임을 가졌는지 이야기 나누면 아이가 전통문화에 관심을 가질 수 있어요. 우리의 음식과 전통에 대해서도 이해할 수 있는 책이지요. 책에서 소개된 전통 조리 기구를 민속촌이나 할머니 댁에서 본 경험이 있다면 아이와 함께 경험을 나눠보세요.

"(그림을 살펴보며) 그림에서 도리채는 어디 있을까?"

"도리채는 어떤 모양을 하고 있니?"

"아빠는 왜 도리채를 철썩철썩 내리칠까?"

"도리채를 내리치면 어떻게 될까? 왜 우리 조상들은 도리채를 사용했을까?"

뒷부분 살펴보기

『가을이네 장 담그기』처럼 이야기와 함께 정보를 전달하는 책 뒷부분에는 이야기에서 미처 전달하지 못한 추가 내용을 설명할 수도 있어요. 이 책도 '장'의 특징과 역사를 배울 수 있는 '가을이 할머니가 들려주는 장 이야기'가 있지요. 아이와 함께 뒷부분을 읽으며 장의 특징과 역사에 대해 이야기해 봐요. 그리고 왜 뒷부분에 이러한 설명을 추가로 넣었는지 살펴보는 것도 책 내용을 깊게 이해할 수 있게 도와줘요.

생각을 키우는 질문

- [ ] • 우리나라 사람들에게 장을 담근다는 것은 어떤 의미일까? 왜 옛날 사람들에게는 장 담그는 일이 중요했을까?
- [ ] • ○○가 생각하는 전통 음식에는 장 말고 또 뭐가 있을까? 우리가 매일 먹는 식탁에는 어떤 전통 음식이 있을까?
- [ ] • 앞으로 우리의 전통문화와 전통 먹거리를 지키기 위해 우리는 무엇을 해야 할까?

책의 재미있는 부분 소개하기

책을 다시 읽으면서 가장 재미있었던 부분을 골라 봐요.

- 책에서 아이가 가장 좋았던 부분을 고르는 활동이에요. 그림책이라 마음에 드는 일러스트를 고르는 경우가 많아요. 문장일 경우 읽어 보도록 해 주세요. 왜 그 장면 또는 문장이 인상적이었는지 함께 대화하면 좋아요.

- 책을 처음부터 자세히 읽으면서 재미있는 부분을 아이와 함께 찾아봐요. 생소했던 부분, 낯설었던 부분도 찾아보면서 대화해요.

  "어떤 장면이 가장 재미있었어?"

  "이 장면의 어떤 점이 마음에 들었니?"

  "이 장면에서 그림은 무엇을 보여주니?"

모르는 단어 사전 찾아보기

사전에서 뜻을 찾아 쓰고, 동의어와 반대어도 찾아 기록하며, 그 단어를 써서 문장을 완성해 봐요.

- 아이들은 일상에서 자주 접하는 단어는 자연스럽게 습득하지만, 학년이 올라갈수록 더 많고 어려운 단어들을 만나게 돼요. 독서는 어휘력을 키울 수 있는 가장 효율적인 방법이에요.

- 책에서 모르는 단어가 나왔을 때 글의 맥락을 활용해 의미를 추측해서 읽는 것도 좋지만, 때로는 사전을 이용하여 단어의 정확한 뜻을 찾아봐야 해요. 단순히 단어의 의미만 찾는 것이 아니라, 단어와 같은 의미를 가진 동의어, 반대되는 의미를 가진 반대어까지 찾으면서 한꺼번에 다양한 단어를 알게 되고, 단어에 대해 생각하는 방법도 알 수 있어요.

- 단어의 정의를 기록하고 짧은 예문까지 만든다면 단어의 의미를 더 잘 이해하고 기억할 수 있어요. 사전은 중학생이 되어서도 학습할 수 있지만, 1학년 2학기부터 사전과 친해지면 사전에 대한 거부감을 줄일 수 있어요.

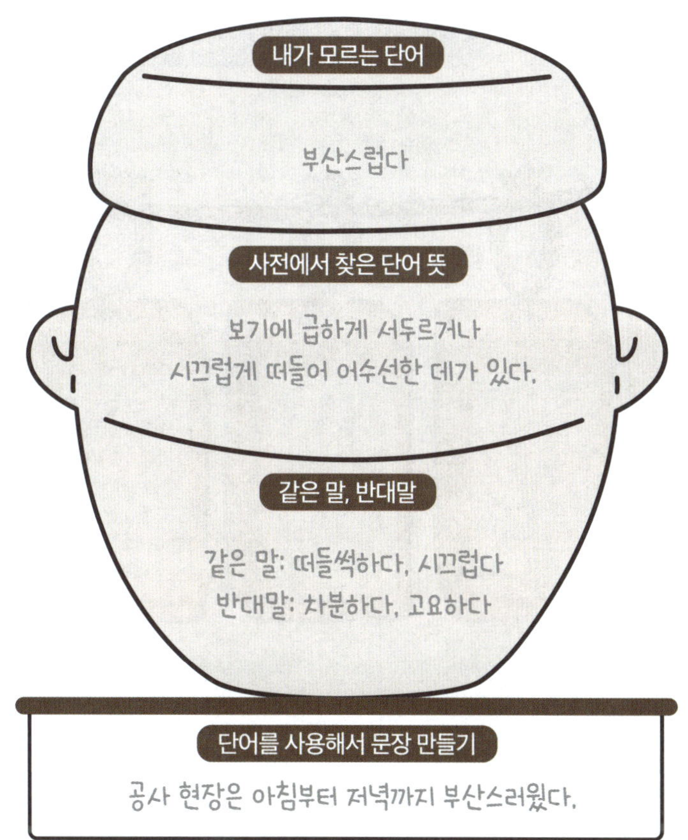

전통 장 만드는 법 작성하기

된장은 어떤 순서로 만드는지 순서대로 써 봐요.

- '그다음엔 어떤 일이?'라는 도식은 이야기에 나타난 주요 사건을 차례대로 정리하여 이야기 전체 흐름을 파악할 수 있도록 도와줘요. 이 도식으로 연습하면 이야기 속에서 중요한 사건을 구분해 내고 그것을 차례대로 배열할 수 있게 될 거예요. 다섯 개 정도의 주요 사건을 골라 시간 순서에 따라 배열하며 적절한 단어로 작성해 보세요. 주어와 동사를 기본으로 하는 문장이 필요하면 더 구체적인 정보(어디에서, 누구와 무엇을, 왜 등)를 담아서 쓰면 돼요.

"책에서 된장을 만드는 방법을 알려줬네. 된장을 어떻게 만드는지 우리 한번 책을 다시 읽으며 정리해 볼까?"

"제일 먼저 된장을 만드는 데 필요한 일은 무엇일까?"

"그다음에는 무엇을 해야 할까?"

"메주를 만든 다음에는 무엇을 했지?"

"왜 잘 말린 고추와 대추도 항아리에 넣었을까?"

그다음엔 어떤 일이?

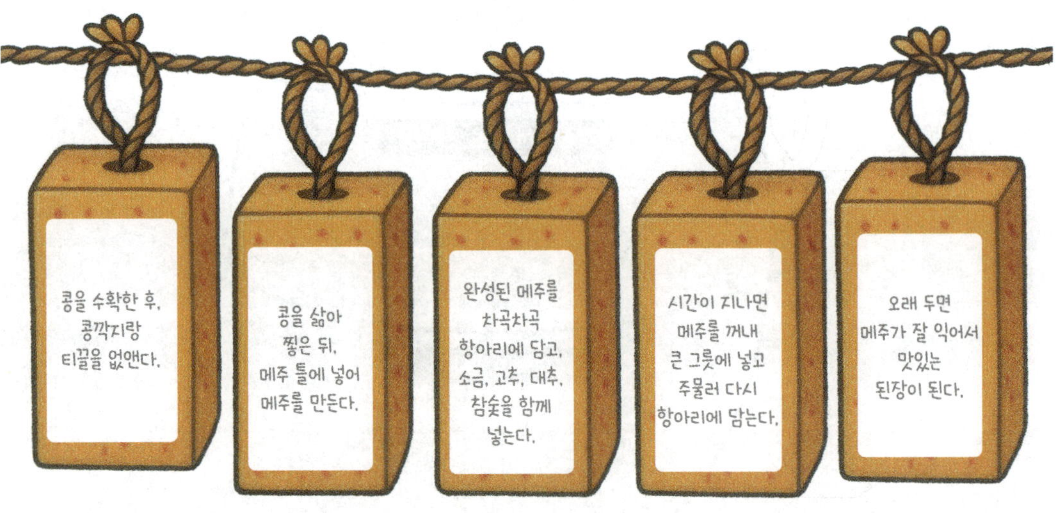

작가의 다른 책과 비교해 보기

글 작가와 그림 작가의 다른 책을 읽어 보고 같은 점과 다른 점을 찾아 이야기해 봐요.

- 글 작가와 그림 작가는 각자 다른 작가와 함께『우리 집 김장을 부탁해』(그림 작가)와『김장하는 날은 우리 동네 잔칫날!』(글 작가)이라는 '김장'에 관한 그림책을 썼어요. 두 작가의 다른 책을 읽어 보며 상호텍스트성(Intertextuality)을 찾아보는 활동이에요. 책이나 이야기 사이에 서로 연결되는 것을 상호텍스트성이라고 하는데, 아이는 그림책 작가와 글 작가의 그림책에서 공통점과 차이점을 살펴보면서 우리나라 전통문화인 김치 담그기를 이해하고, 두 작가 표현 간의 유사점과 차이점을 발견하게 되지요. 상호텍스트성을 발견하면서 책을 더욱 재미있고 풍부하게 이해할 수 있어요.

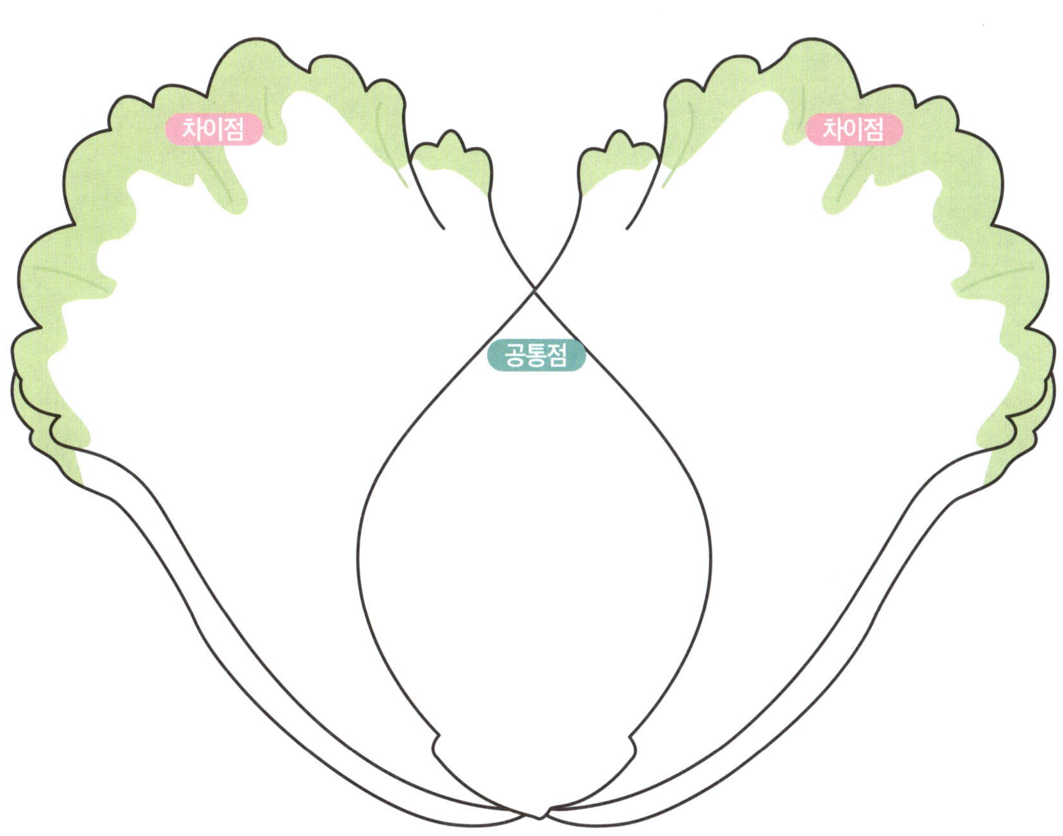

☆ 우리 학교 장독대 고은정 글·안경자 그림 | 철수와영희 | 2017

학교에서 간장과 된장을 담는 과정을 설명하고 있는 학습 동화예요. 학교에서 간장과 된장을 담는다면 어떤 점에 유의해야 하는지 살펴봐요. 만약 우리 집에서 간장과 된장을 담는다면 어떤 점이 어려울지, 어떤 점에 유의해야 하는지도 아이와 함께 이야기 나눠보세요.

☆ 우리 밥상 맛 대장 삼총사 김용안 글·이광익 그림 | 미래엔아이세움 | 2022

고추장, 된장, 간장 등 장에 관한 재미있는 지식 정보로 가득한 정보 그림책이에요. 장과 관련된 지식 정보를 재미있는 일러스트와 함께 쉽게 풀어냈지요. 책을 읽고 책에 있는 내용을 바탕으로 간장, 된장, 고추장의 특징을 간단하게 설명해 보세요.

☆ 메주 공주와 비밀의 천 년 간장 이경순 글·김언희 그림 | 개암나무 | 2016

우리나라 전통 장을 주제로 한 창작동화로 대대로 장을 만드는 일을 하는 홍아 가족의 이야기예요. 명인 할머니와 집안의 보물인 천 년 씨간장을 두고 벌어진 사건을 통해 전통을 계승하는 것이 얼마나 소중하고 가치 있는 일인지 알려줘요. 할머니와 아빠가 말다툼한 이유를 책에서 찾아보세요. 동화를 통해 우리 전통문화를 알리는 일이 중요한 이유를 이야기 나눠요.

☆ 된장찌개 천미진 글·강은옥 그림 | 키즈앰 | 2015

찬 바람이 몹시 불던 날, 숲길을 지나던 재료들이 모락모락 김이 나는 온천을 발견하고 온천에서 따뜻하게 몸을 녹여요. 된장찌개에 들어가는 음식 재료를 의인화하여 된장찌개를 끓이는 과정을 재미있게 담아낸 그림책이에요. 가족과 함께 책에 소개된 재료로 된장찌개를 만들어 보세요. 아니면 부모님 혹은 조부모님이 된장찌개를 만드는 것을 관찰하세요.

☆ 왕할머니는 100살 이규희 글·신민재 그림 | 책읽는곰 | 2013

글 작가 이규희와 그림 작가 신민재의 또 다른 그림책으로 별이의 둘도 없는 단짝 왕할머니의 100살 생신을 맞이하면서 벌어지는 이야기를 담아낸 그림책이에요. 책에 나와 있는 친척의 호칭을 종이에 적어 보세요. 친척과 별이는 어떤 관계인지 가계도를 살펴보며 이해해요.

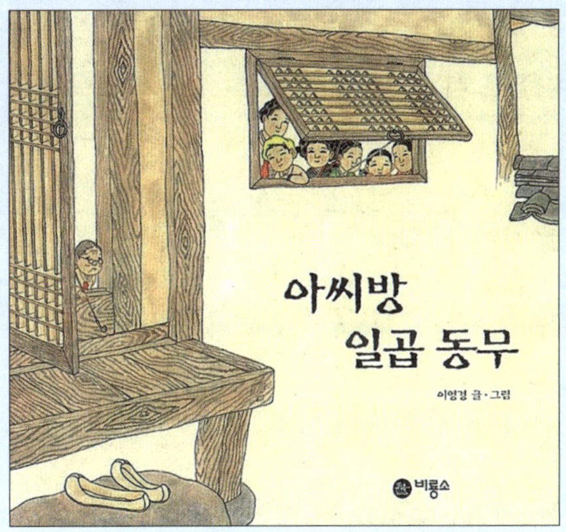

아씨방 일곱 동무

글·그림 이영경
펴낸 곳 비룡소
출간 1998
갈래 한국문학(옛이야기그림책)
주제 #역할의 소중함 #상호의존성 #의인화 #고전
#규중칠우쟁론기

 **책 소개**

고전『규중칠우쟁론기』를 재해석한 그림책이에요. 민화풍의 그림이 익살스러워요. 규중 부인이 바느질할 때 없어서는 안 될 일곱 가지 도구 '칠우(자, 가위, 바늘, 홍실, 골무, 인두, 다리미)'가 서로의 공을 자랑하는 '쟁론'을 펼쳐요. 자기 자랑만 하며 다른 친구를 깎아내리던 일곱 도구가 결국 각자의 소중함을 인정하고 함께 바느질을 통해 값진 물건을 만들어 내지요.

이 책은 요즘 아이들에게 생소한 바느질 재료를 의인화해서 아씨와 일곱 동무 모두, 누구 하나 빼놓을 수 없는 소중한 존재이며 동무라는 것을 깨닫게 해요. 아이와 함께 그림책을 읽으며 어떻게 바느질 도구를 의인화하여 대사와 그림으로 표현했는지 살펴봐요.

이렇게 읽어요

원제목과 비교하기

이 그림책의 제목은『아씨방 일곱 동무』이고, 배경이 되는 고전은『규중칠우쟁론기』예요. 두 제목이 무엇이 다른지 생각해 보고 이야기 나눠요.『규중칠우쟁론기』는 한자어이기 때문에 일곱 글자의 한자가 어떤 의미가 있는지 찾아본 후, 한자 제목과 국문 제목이 어떻게 대응하는지 연결해요. 그리고 작가가 왜『아씨방 일곱 동무』라고 제목을 지었는지 추측해서 대화해요. 실제 작가의 인터뷰를 인터넷에서 찾아보고 다시 이야기를 나눠요.

"『아씨방 일곱 동무』와 『규중칠우쟁론기』라는 제목은 각각 어떤 분위기가 느껴져?"

"『규중칠우쟁론기』라는 제목은 모두 한자로 이루어져 있대. 각 글자에 담긴 뜻이 무엇일까? 일곱 글자 중 추측되는 것이 있어?"

"왜 작가는 그림책 제목을 『규중칠우쟁론기』라고 하지 않고 『아씨방 일곱 동무』라고 지었을까?"

따라 그리기

그림책을 읽으면 동양화를 전공한 작가의 아름다운 그림을 엿볼 수 있어요. 특히 일곱 가지 바느질 도구를 어떻게 동양화풍으로 표현했는지 느낄 수 있지요. 바느질이라는 개념에 익숙하지 않은 아이가 많아 바느질 도구가 낯설 수 있어요. 첫 페이지에서 일곱 가지 바느질 도구를 보며 어떤 기능을 하는지 추측해 본 후, 인터넷에서 바느질 도구를 찾아 추측이 맞았는지 확인해요. 추측과 비슷한 부분, 다른 부분은 무엇인지 대화하며 정리하는 것도 좋아요.

"이 바느질 도구들 본 적 있어?"

"(바느질 도구를 각각 짚으며) 이 도구는 바느질할 때 어떤 역할을 할까?"

집에 있는 물건 의인화해 보기

바느질 도구들이 사람처럼 표현되어 대화를 나누는 것이 이 작품의 묘미예요. 만약 우리 집 옷장이나 서랍 안에 있는 도구들도 사람처럼 말한다면 어떻게 말할지 상상해서 대사를 만들어요.

"일곱 가지 바느질 도구가 서로 대화를 했던 것처럼 우리 집에 있는 물건도 말한다면 어떨까?"

"집에 있는 물건이 사람처럼 말한다면 뭐라고 말할까?"

"우리 그 물건의 대사를 적고 실감 나게 연기해 보자."

생각을 키우는 질문

- [ ]
- [ ] • 빨강 두건 아씨에게 일곱 동무 중 하나라도 없어지면 어떤 일이 벌어질까?
- [ ] • 일곱 동무가 서로 싸우다가 다시 신이 나서 함께 일하게 된 이유는 무엇일까?

그림 속 방과 내 방 비교하기

그림책 첫 페이지에 나온 방의 모습과 현재의 방은 무엇이 다른지 내 방을 그려서 비교해 봐요.

- 먼저, 아이가 자신의 방 그림을 그리도록 도와주세요. 이때 가구를 중심으로 간단하게 그려요.

- 그림책 첫 페이지에는 옛날 방의 모습이 나와요. 옛날식 문, 장롱, 서랍장 등이 배치되어 있지요. 아이가 그린 자신의 방 그림과 그림책의 옛날 방 그림에서 대응하는 가구나 물건이 있는지 함께 살펴요. 예를 들어 옛날 방 장면의 왼쪽 위에 있는 '옷걸이'는 아이 방의 '행거'와 비슷할 수 있어요. 이처럼 어떤 기능이 아이의 방 물건과 비슷한지, 다른 점이 있다면 어떤 점이 다른지 이야기 나눠요.

  "여기에 있는 옷걸이는 ○○ 방의 어떤 가구와 비슷해?"
  "그림 속 가구와 ○○ 방 가구의 기능은 어떤 점이 비슷하고 다를까?"

- 그런 다음, 그림을 활용해 간단한 비교 글을 써 보세요. 옛날을 배경으로 하고 있어서 그림의 특색이 다르다는 점을 인지하고, 어느 부분은 비슷하고, 어떤 부분은 다른지 나누어 생각할 수 있어요. 그림을 보고 비교하는 연습을 통해 다른 짧은 글에 대해서도 비교할 수 있는 능력을 길러요.

〈옛날 방〉

〈나의 방〉

옛날 방	나의 방
명칭 옷걸이	**명칭** 행거
비슷한 점 옷이 구겨지지 않게 함	
다른 점 옷걸이는 천장에 있고, 행거는 바닥에 세워짐	

누구를 부르는 말일까?

인물을 부르는 다양한 호칭 종류에 대해 알아보며 어휘를 확장해 봐요.

- 이 이야기에는 일곱 동무의 호칭이 나오고, 익숙하지 않은 표현이 많아요. 자 부인, 가위 색시, 바늘 각시, 홍실 각시, 골무 할미, 인두 낭자, 다리미 소저까지 평소에 생각해 보지 않던 호칭에 관해 이야기 나눠요.

- 밑줄 쳐진 호칭 '부인, 색시, 각시, 할미, 낭자, 소저'는 어떤 경우에 부를 수 있는 말인지 사전을 통해 정확하게 찾아요. 국어사전이나 웹사전을 활용하여 각각의 뜻을 적은 다음, 해당하는 호칭으로 부를 수 있는 또 다른 인물에 대해 떠올려요. 생각나는 인물이 있다면 그 인물을 함께 적어요.

자 **부인**

정확한 뜻	결혼한 여자
호칭을 쓸 수 있는 인물	박씨 부인 등

가위 **색시**

정확한 뜻	아직 결혼하지 아니한 젊은 여자
호칭을 쓸 수 있는 인물	새색시 등

바늘/홍실 **각시**

정확한 뜻	갓 결혼한 여자
호칭을 쓸 수 있는 인물	우렁각시 등

골무 **할미**

정확한 뜻	할멈의 낮춤말
호칭을 쓸 수 있는 인물	삼신할미 등

인두 **낭자**

정확한 뜻	예전에 처녀를 높여 이르던 말
호칭을 쓸 수 있는 인물	○○ 낭자 등

다리미 **소저**

정확한 뜻	아가씨를 한문 투로 이르는 말
호칭을 쓸 수 있는 인물	○○ 소저 등

같은 내용, 다른 표현

『규중칠우쟁론기』 이야기를 담은 책과 연극을 비교해 봐요.

- 『아씨방 일곱 동무』는 고전인 『규중칠우쟁론기』를 원작으로 하는 그림책이에요. 같은 원작을 배경으로 하는 다른 책이나 연극 영상을 찾아 함께 감상해 봐요. 『규중칠우쟁론기』를 다르게 표현한 그림책과 연극이 각각 어떤 인상을 주는지 감상을 적으며 비교해요.

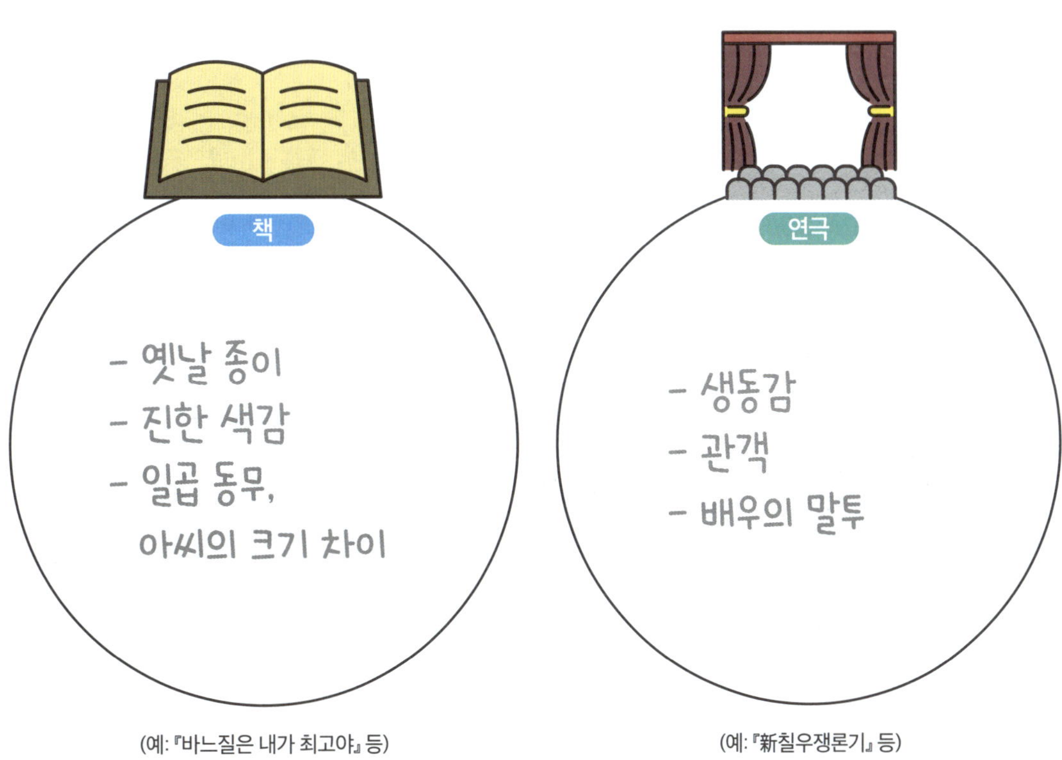

(예:『바느질은 내가 최고야』 등)

(예:『新칠우쟁론기』 등)

일곱 동무의 역사 찾기

바느질 도구가 옛날에는 어떤 모양이었고, 어떤 재료로 만들었는지 찾아봐요.

- 바느질은 옛날 선조 때부터 해 오던 노동이에요. 바느질과 바느질의 역사에 대해 살펴봐요.

- 오늘날 볼 수 있는 바느질 도구와 그림책에 나오는 바느질 도구가 다르듯이, 도구는 시간이 흐르면서 그 재료와 모양이 조금씩 달라졌어요. 바느질 도구 자, 가위, 바늘, 홍실, 골무, 인두, 다리미 중 한 가지를 정해서 그림책 바느질 도구를 가운데에 그리고, 오늘날 그 도구의 모습을 오른쪽에, 조선시대 전에 해당 도구가 어떻게 생겼는지는 검색 후 왼쪽에 그려 넣어요. 자세한 정보가 없으면 관련 있는 정보를 찾아 적어요.

- 활동을 확장하여 실제로 옛날 바느질 도구나 이전 시대에 사용했던 물건을 볼 수 있는 서울 공예박물관 같은 곳에 직접 방문해 보면 더욱 실감 나는 배움이 돼요.

조선시대 전 바느질 도구 그리기	그림책 속 바느질 도구 그리기	오늘날 바느질 도구 그리기

☆ 봉지공주와 봉투왕자 이영경 글·그림 | 사계절 | 2018

비닐봉지와 종이봉투를 의인화하여 표현한 그림책이에요. 흔하고 익숙한 물건들이 일상에서 어떻게 중요한 역할을 하고 있는지 발견하게 해 주지요. 책을 읽고 비닐봉지나 종이봉투 위에 직접 표정을 그리고, 살아 움직인다면 어떤 말을 할지 상상하는 활동을 할 수 있어요.

☆ 콩숙이와 팥숙이 이영경 글·그림 | 비룡소 | 2011

1950년대 배경의 그림체와 문체로 만든 콩쥐팥쥐 이야기에요. 콩쥐팥쥐 외에도 우리나라에는 다양한 민담이 있어요. 홍길동전, 토끼전, 별주부전 등이 있지요. 이러한 민담을 시대적 배경을 바꾸어 등장인물을 소환한다면 어떨지 질문을 던지며 책을 읽어요.

☆ 오러와 오도 이영경 글·그림 | 비룡소 | 2020

중국 마오족의 실감 나는 화려한 전통문화의 재현을 볼 수 있어요. 이 책은 중국의 전통 이야기이지만, 한국의 전통 이야기와도 닮아 있는 부분이 있어요. 책을 읽고, 어떤 한국의 이야기가 떠오르는지 대화를 나누고, 비슷한 점을 함께 짚어요.

☆ 내가 제일 잘나가 장세현 글·이희은 그림 | 책내음 | 2023

『규중칠우쟁론기』를 아이들의 수준에 맞게 희곡으로 만들었어요. 희곡이라 등장인물에 대한 소개, 배경, 필요 소품, 음향 효과까지 세세하게 제시되어 있지요. 새로운 방식으로 표현된 책의 맛을 느껴보세요.

☆ 바느질은 내가 최고야 장은영 글·토리 그림 | 하루놀 | 2020

『규중칠우쟁론기』의 내용을 직관적으로 표현한 책이에요. 다른 버전의 그림책과 내용과 표현 방법을 비교해 보면 좋아요. 서로 힘을 합하고 서로에게 감사하는 마음을 배우는 장면을 보며 아이들의 일상에서 서로에게 감사하는 삶을 살기 위해서 오늘 무엇을 해 볼 수 있을지 대화해요.

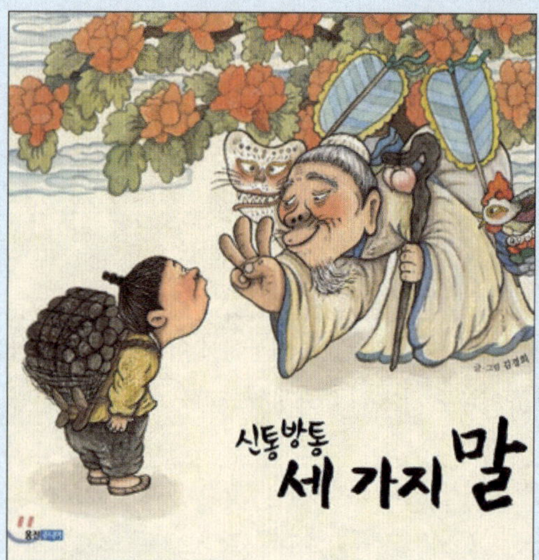

신통방통 세 가지 말

글·그림 김경희
펴낸 곳 웅진주니어
출간 2012
갈래 한국문학(옛이야기그림책)
주제 #권선징악 #옛이야기 #신통방통 #기승전결

 **책 소개**

이 책은 어디서 한 번쯤 들어봤을 법한 옛이야기를 재구성한 그림책이에요. 작가는 책의 처음부터 끝까지 구어체를 사용하여 독자가 마치 옛이야기를 듣고 있는 듯한 착각을 불러일으켜요. 가난하지만 마음씨 착한 숯장수는 숯을 팔고 돌아오는 길에 불쌍한 까치, 고양이, 거지 노인을 차례로 만나요. 그냥 지나칠 수 없었던 숯장수는 옷고름을 주고, 생선도 주고, 심지어 입고 있던 옷까지 벗어주며 아무것도 남지 않게 되지요. 이에 고마움을 느낀 노인은 숯장수에게 신통방통한 세 가지 말을 알려주고, 이 말은 숯장수의 인생을 바꾸는 중요한 열쇠가 돼요.

이 책은 명확한 기승전결을 지닌 탄탄한 구성으로 이야기를 전개하며, 운율감 있는 글이 옛이야기의 고전적 매력을 살리고 있어요. 작가는 표지와 이야기 곳곳에 이야기를 예측할 수 있는 다양한 단서를 숨겨두어 이야기 밖의 독자들이 이야기 속 세상을 탐색하며 즐길 수 있도록 유도해요.

이렇게 읽어요

앞면지와 뒷면지 살펴보기

어떤 그림책에서는 책의 앞면지(면지란, 책의 표지와 속장을 연결하기 위해 표지 안쪽에 넣는 두 쪽짜리 종이)와 뒷면지에 그림책에 대한 중요한 정보를 알려주기도 해요. 『신통방통 세 가지 말』 앞면지를 살펴보며 그림책의 배경에 대해 생각해 보고, 뒷면지에서는 그림책 이후에 어떤 일이 일어나는지 아이와 함께 예측해요.

"(앞면지를 보며) 산신령이 무엇을 하고 있는 것 같니? 산신령이 왜 숯장수를 지켜보고 있을까?"

"(뒷면지를 보며) 산신령은 누구를 바라보고 있니? 이후에 어떤 일이 일어날 것 같아?"

'신통방통' 뜻 이해하기

책 제목에서 '신통방통'이라는 말은 무슨 의미일까요? 아이와 함께 단어의 의미를 예측해 보고, 사전에서 정확한 뜻을 찾아본 후 그림책 내용과 연결 지어 유추해요.

> 신통방통(神通방通)하다: 매우 대견하고 칭찬해 줄 만하다. (표준국어대사전)

"'신통방통'이라는 말을 들어본 적 있니? 이 말은 어떤 느낌의 말인 것 같아?"

"사전에서 '신통방통'의 뜻이 무엇이라고 하니? 어떤 상황에서 쓰일 것 같아?"

"이 그림책에서 '신통방통'한 말은 무엇일 것 같아?"

세 가지 말을 미리 듣고 의미 추측하기

책을 읽기 전, 세 가지 말을 함께 살펴보며 어떤 상황에서 이 말이 필요할지 생각해요. 각 말이 나타내는 의미를 예측하고 이야기해요.

> 첫째, 바람 불면 타지 마라.   둘째, 무섭거든 춤을 춰라.   셋째, 반갑거든 설설 기어라.

"바람이 불 때 타지 말라는 말은 무슨 의미일까? 어떤 상황일 것 같아?"

"무서울 때 왜 춤을 추라는 걸까?"

"반가운 상황에서 왜 기어야 할까?"

생각을 키우는 질문

- ☐ • 만약 네가 주인공이라면 어떤 신통방통한 말을 듣고 싶어?
- ☐ • 네가 만약 숯장수라면 어떻게 행동했을 것 같아?
- ☐ • 이 이야기에서 가장 중요한 교훈은 무엇이라고 생각하니?

이야기 단서 찾기

산신령의 신통방통한 세 가지 말에 대한 이유 또는 단서를 찾아봐요.

- 이 책에는 글로 설명하지 않는 다양한 단서가 그림에 숨어 있어요. 처음 읽을 때는 글에 집중했다면, 다음에는 그림에 집중하며 다시 읽어 보세요. 산신령의 세 가지 말이 무슨 의미였는지 '아하' 하며 깨달을 수 있을 거예요.

단서	이유
도둑이 숯장수를 멀리에서 보고 있다.	숯장수의 금은보화를 훔치려고 미리 살펴보고 있다.

산신령에게 감사 편지 쓰기

편지 쓰는 방법에 대해 아이와 이야기 나눈 후 숯장수가 되어 산신령에게 편지를 써 봐요.

- 숯장수의 입장이 되어 산신령에게 감사 편지를 쓰는 활동을 통해 인물의 감정에 공감하고 편지 쓰기에 대한 기본 요소를 익힐 수 있어요. 편지는 받는 사람의 호칭, 인사말, 주 내용, 그리고 마무리로 구성되어 있어요.

- 활동 순서

   ❶ 받는 사람의 호칭: 편지의 시작에 존중과 친근함을 담아요.

   존경하는 산신령님께

   ❷ 인사말: 짧은 안부, 간단한 소개, 인사말로 시작해요.

   안녕하세요! 저는 전에 산신령님께 세 가지 말을 들은 숯장수입니다.

   ❸ 주 내용: 편지의 주요 내용을 작성해요. 이 편지에서는 산신령님에게 감사를 표현하고 이를 통해 배운 것과 교훈에 관해 써요.

   첫 번째 말 덕분에 배를 타지 않아 바다에 빠지지 않았습니다.

   ❹ 마무리: 감사와 존경의 마음을 담은 인사로 마무리해요.

   다시 한번 깊은 감사의 인사를 드리며, 항상 선한 숯장수가 되도록 하겠습니다.

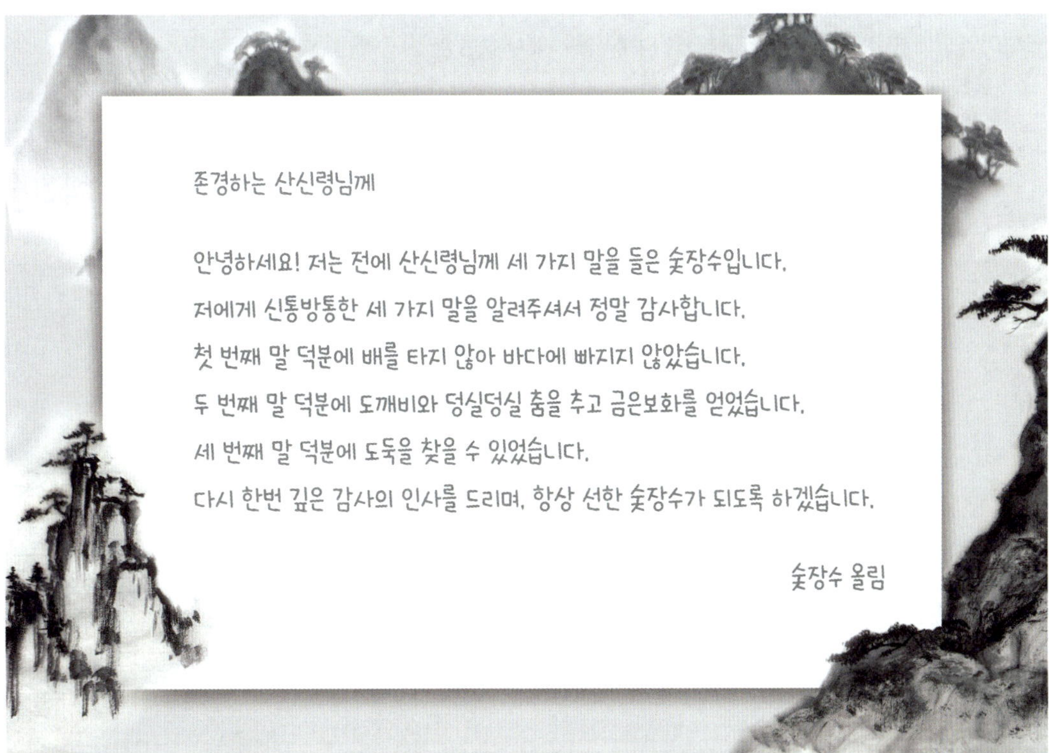

의성어, 의태어 빙고 게임

책에 나온 의성어, 의태어를 찾아 빙고 게임을 만들어 봐요.

- 의성어와 의태어는 글에 생동감을 더하고 독자의 상상력을 자극하는 표현으로 옛이야기에서 많이 사용돼요. 책에 나온 다양한 의성어와 의태어를 찾아 의미를 생각하고, 이를 활용하여 빙고 게임을 해요. 의성어와 의태어를 재미있게 학습할 수 있을 거예요. 먼저 아이에게 의성어와 의태어 뜻을 설명해 주세요.

> ▶ "의성어는 사람이나 사물의 소리를 흉내 낸 단어로, 소리의 느낌을 구체적으로 표현하는 데 사용해. 개 짖는 소리 '멍멍'이나 유리 깨지는 소리 '쨍그랑' 등이 의성어야."
>
> ▶ "의태어는 사람이나 사물의 움직임이나 상태를 흉내 낸 단어로, 동작의 느낌을 생동감 있게 전달해. 조심스럽게 걷는 모양은 '살금살금', 바람에 깃발이 흔들리는 모양은 '펄럭펄럭'이라고 하지."

- 아이와 함께 책에 나온 의성어와 의태어를 하나씩 찾아보고, 의미를 이야기해요.

  "'덩실덩실'은 의성어일까, 의태어일까?"

  "'덩실덩실'은 어떤 움직임이나 상태를 표현한 말일까? ○○이 한번 '덩실덩실' 움직여 볼 수 있어?"

- 아이와 함께 빙고 게임에 넣을 의성어와 의태어를 책에서 찾은 후, 빙고 게임을 해요.

둥글둥글	덩실덩실	끔벅끔벅
팡팡	★	푸드덕푸드덕
흥얼흥얼	설설	비실비실

세 가지 말에 어울리는 장단 찾기

신통방통 세 가지 말에 어울리는 장단을 찾아 장단에 맞춰 세 가지 말을 읊어 봐요.

- 아이가 장단에 맞춰 리듬감 있게 말하기를 연습하며, 우리나라 전통 장단에 맞춰 책 내용을 즐길 수 있도록 하는 활동이에요. 초등학교 교과서에 나오는 대표 장단인 자진모리장단, 세마치장단, 굿거리장단, 중중모리장단 영상을 찾아보고 직접 무릎을 치며 표현해 보세요. 그중에서 신통방통한 세 가지 말에 어울리는 장단을 찾아보고, 그 장단에 맞춰 말을 반복적으로 읊으며 우리나라 장단의 매력에 빠져 보세요.

가장 잘 어울리는 장단은?	그 이유는?

1. 자진모리장단

덩		덕	쿵	덕		쿵		덕	쿵	덕	
바람		불면	타지	마라		무섭		거든	춤을	취라	

2. 세마치장단

덩		덩	덕	쿵	덕
바람		불면	타지	마	라

3. 굿거리장단

덩		기덕	쿵	더러러러	쿵		기덕	쿵	더러러러
바람		불면	타지	마라	무섭		거든	춤을	취라

4. 중중모리장단

덩		덕	쿵	덕	덕	쿵	쿵	덕	쿵		쿵
바람		불면	타지	마	라	무	섭	거든	춤을		취라

☆ 신선바위 똥바위 김하늬 글 · 권문희 그림 | 국민서관 | 2012

전라남도 곡성에 전해지는 민담을 바탕으로 한 이야기로, 가뭄을 해결하기 위해 바위에 똥을 싸는 독특한 기우제 의식을 담고 있어요. 마을 사람들의 재치와 자연에 대한 믿음을 통해 우리 조상들의 삶의 지혜를 엿볼 수 있어요. 기우제라는 전통 의례를 통해 공동체의 힘을 엿볼 수도 있지요. 책을 읽고 아이와 함께 점토를 활용하여 책에 나온 똥 모양을 만들어 봐요.

☆ 바리공주 정하섭 글 · 이지선 그림 | 웅진주니어 | 2011

딸이라는 이유로 버려진 바리공주는 부모를 구하기 위해 저승과 이승을 오가는 험난한 모험을 해요. 바리공주가 연약한 소녀에서 한 여인으로 성장하여 사람들의 영혼을 저승으로 안내하는 신이 되기까지의 웅장한 여정을 담고 있어요. 『신통방통 세 가지 말』과 같은 책 시리즈예요. 바리공주의 입장이 되어 이야기 속 주요 사건들에 대한 감정을 찾고, 이러한 감정을 느끼는 이유를 간단히 말이나 문장으로 표현해 보세요.

☆ 세종대왕을 찾아라 김진 글 · 정지윤 그림 | 천개의바람 | 2021

세종대왕이 백성들을 편안하게 하려고 만든 한글을 창제하는 과정이 담긴 역사 그림책이에요. 글로는 표현되지 않는 조선의 당시 상황을 그림으로 살펴보며 조선시대의 문화를 생동감 있게 배울 수 있어요. 각 장에서 세종대왕을 누가 먼저 찾는지 내기해 보세요.

☆ 천하무적 용기맨 김경희 글 · 그림 | 비룡소 | 2019

『신통방통 세 가지 말』 저자의 또 다른 그림책으로 용기맨에 대해 다뤄요. 영화 속 히어로 '용기맨'에 반한 주인공은 용기 10개를 모아 천하무적 용기맨이 되겠다고 결심해요. 일상 속 작은 도전과 다양한 실패를 극복해 나가며 진정한 용기를 배우고 마침내 목표를 이루는 게임처럼 구성되었어요. 아이와 함께 일상에서 도전해 보고 싶은 작은 미션(예: 무서운 음식 먹기, 발표하기 등)을 적어 카드를 만든 후 하나씩 실천하도록 도와주세요.

☆ 동화구연 종이놀이: 흥부와 놀부 이동준 글 · 이윤경 그림 · 김대환 도안 | 혜지원 | 2020

『신통방통 세 가지 말』의 뒷부분에 소개된 흥부와 놀부 이야기를 종이접기와 대본 형식으로 재구성한 그림책이에요. 전래동화를 딱딱하게 읽는 대신, 대본 형식으로 구성하여 아이가 직접 연극으로 표현할 수 있도록 도와요. 종이접기를 활용해 소품을 만들며 창의력도 키울 수 있어요. 책 속에서 마음에 드는 한 장면을 선택해 소품을 종이접기로 만들어요. 만든 소품을 활용해 부모님과 함께 연극을 펼치며 이야기에 생동감을 불어넣어 보세요.

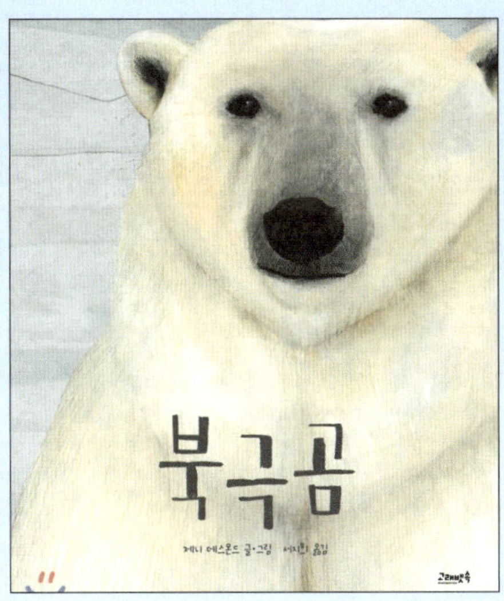

북극곰

글·그림 제니 데스몬드
옮김 서지희
펴낸 곳 고래뱃속
출간 2018
갈래 외국문학(정보그림책)
주제 #북극곰 #북극 #멸종위기동물

 **책 소개**

멸종 위기에 놓인 북극곰의 삶을 다룬 정보 그림책이에요. 20세기부터 사람들은 다양한 이유로 북극곰을 사냥하기 시작했고, 1973년이 되어서야 취미 또는 상업적 목적의 사냥을 금지하는 '북극곰 보호 협정'을 체결하여 법적으로 북극곰을 보호하고 있어요. 그런데 지구의 온도가 올라가면서 북극곰의 삶은 다시 위협받기 시작했어요. 북극의 얼음이 여름에는 일찍 녹고, 가을에는 더 늦게 얼면서 북극곰이 여름에 먹이를 구하기 힘들게 되었지요. 작가는 북극곰의 삶 이야기를 정확한 사실에 기반을 두고 담담히 풀어가며 자연스럽게 우리가 멸종 위기의 북극곰을 위해 무엇을 할 수 있을지 고민하게 해요.

이 책은 정보 그림책에 딱딱한 내용만 있는 것이 아니라 공감할 수 있는 지식과 정보가 있음을 알게 해 줘요. 아이와 함께 같은 책을 읽고 있는 여자아이를 따라 북극곰의 삶을 들여다볼 수 있는 설정도 흥미를 끌어요.

이렇게 읽어요

북극곰의 삶 상상하기

북극곰은 어떤 삶을 살고 있을까요? 책을 읽기 전 아이와 함께 북극곰이 어떻게 살고 있는지 상상해요.

"북극곰은 추운 북극에서 어떻게 따뜻하게 지내고, 무엇을 먹을까?"

"북극곰이 하루를 시작하고 끝낼 때까지 어떤 일을 할지 상상해 볼까?"

"만약 ○○가 북극곰과 함께 하루를 보낸다면 어떤 모습일 것 같아?"

정보 그림책 특징 파악하기

이 책은 북극곰이 어떻게 사는지 정보를 전달하고 있어요. 이런 정보 그림책에 대해 알아봐요. 책에서 가장 마음에 드는 페이지를 고르고, 그 페이지에서 정보와 사실을 알려주는 문장을 찾아요. 찾은 문장이 다음과 같은 내용을 담고 있는지 아이와 확인해요.

"정확한 지식과 정보일까?"

"북극곰에 대해 객관적이며 신뢰할 수 있는 내용이니?"

"100년 전 말고, 지금 북극곰에 관한 정보를 제공하니?"

다양한 목소리로 그림책 낭독하기

그림책의 내용을 1분 동안 읽어요. 그리고 얼마나 많은 글자를 읽었는지 확인해요. 이제 세 번을 읽는 연습을 해 봐요. 처음에는 빠르고 유창하게, 다음에는 분명한 발음으로 또박또박하게, 마지막에는 느낌을 살려 노래처럼 읽어요. 세 번을 다 읽은 다음에는 1분 안에 얼마나 빠르고 정확하게 읽었는지 시간을 재고 확인해요. 처음에 측정했던 글자의 수와 비교해요. 틀린 글자는 제외하세요.

"처음에 읽었을 때 1분 동안 읽은 글자 개수는 몇 개지?"

"세 번 읽은 다음에 1분 동안 읽은 글자 개수는?"

"얼마나 차이 나니?"

생각을 키우는 질문

- [ ]
- [ ] • 작가는 왜 북극곰에 관해 설명하는 글을 쓰게 되었을까?
- [ ] • 북극곰이 살기 어려워지면 우리에게 어떤 영향을 주게 될까?
- [ ] • 우리는 북극곰을 위해, 지구를 위해 어떤 일을 할 수 있을까?
- [ ]

3-2-1 내용 정리법

그림책을 읽고 나서 3가지 배운 내용, 2가지 재미있었던 사실, 1가지 궁금한 점을 작성해 봐요.

- 3-2-1 내용 정리 방법은 정보 그림책을 정리하는 데 도움을 주고, 책을 단순하게 읽는 것을 넘어 다음 내용을 더 찾아볼 수 있도록 도와줘요.

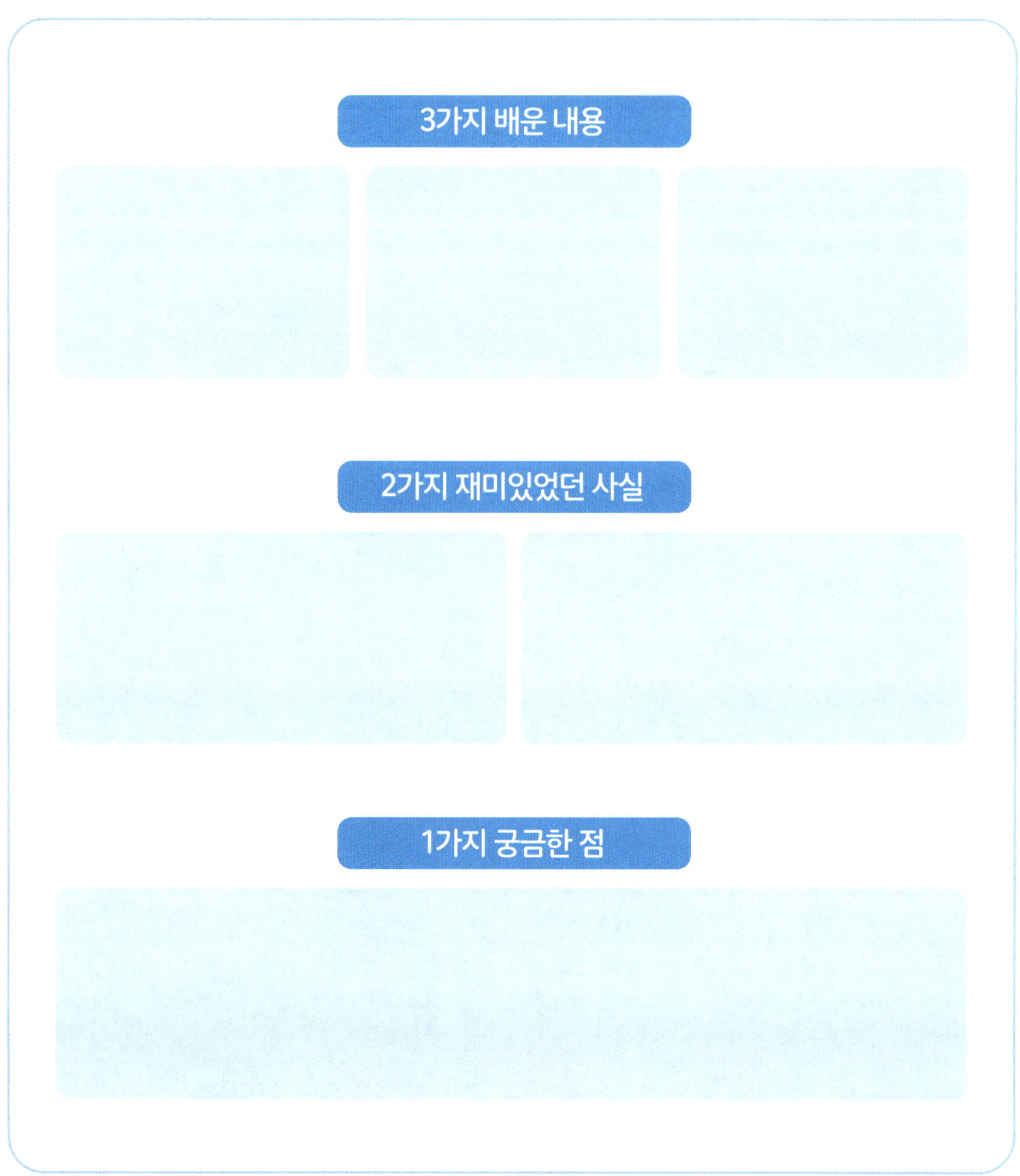

북극곰의 특징 정리하기

책을 바탕으로 북극곰의 움직임, 먹이, 잠자는 곳을 써 봐요.

- 마인드맵은 읽은 내용을 지도 그리듯이 시각적으로 정리하는 방법으로, 많은 연구를 통해 읽기 이해에 긍정적인 영향을 주는 것이 밝혀졌어요. 북극곰의 특징을 바탕으로 엄마와 아이가 각자 마인드맵을 만들어 보고, 서로의 마인드맵을 비교해 보세요.

  "주인공 여자아이가 무엇을 하고 있니?"
  "북극곰은 어떻게 생겼어?"
  "북극곰은 어디에 살아? 왜 추운 곳에서 살까?"
  "북극곰은 사냥을 어떻게 해?"

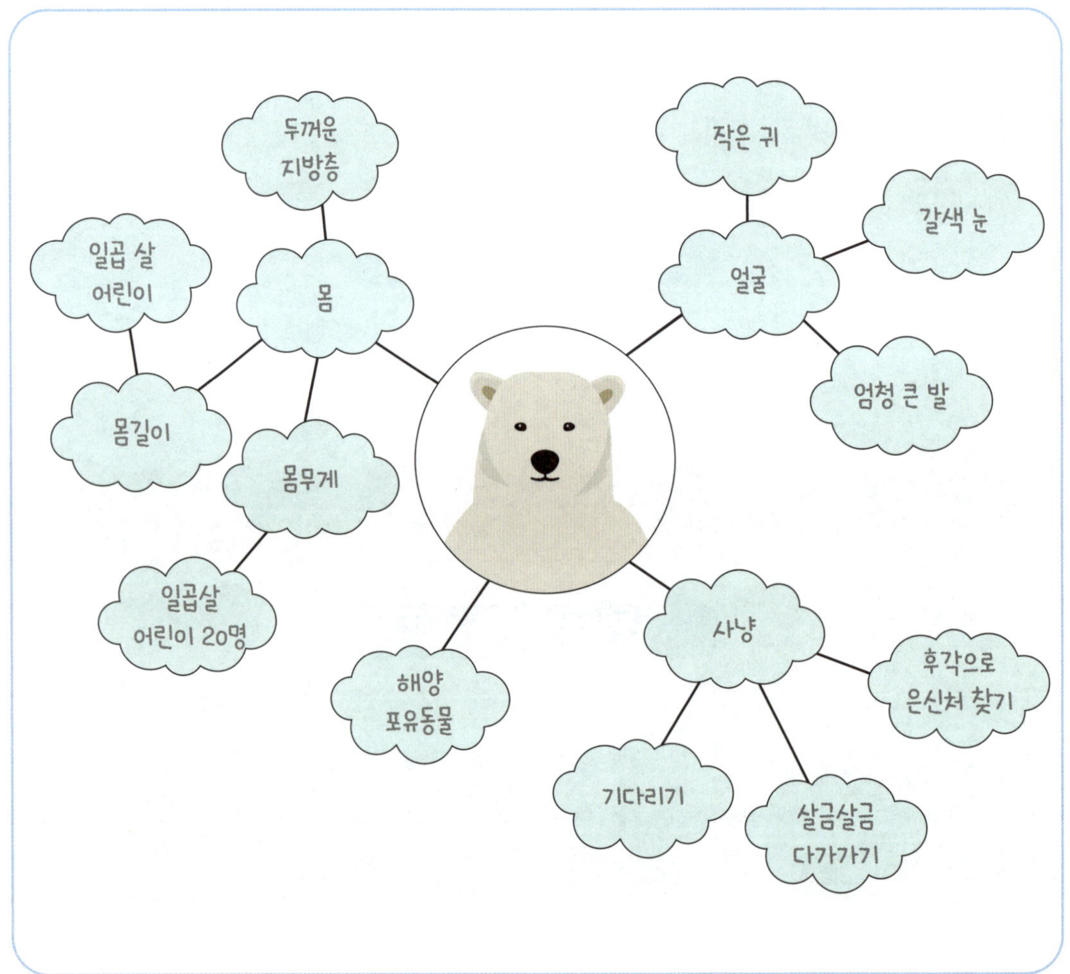

북극곰을 설명하는 짧은 글 쓰기

작성한 마인드맵으로 북극곰을 설명하는 글을 쓰고, 마인드맵 가지를 활용해 문단과 문장을 완성해 봐요.

- 마인드맵의 한 덩어리는 문단이 될 수 있고, 핵심 내용은 중심 내용이 될 수 있어요. 아이와 함께 마인드맵을 살펴 보며 어떤 내용을 작성했는지, 어떻게 문단으로 구성할지 의논해요. 문단 구성은 3학년 1학기에 다루는 내용이지 만, 짧은 글을 쓰면서 자연스럽게 문단의 개념을 이해할 수 있어요.

"북극곰의 '얼굴' 부분에는 무엇을 썼니?"

"쓴 단어를 바탕으로 북극곰의 얼굴에 대해 어떻게 설명할 수 있을까? 각 단어를 한 문장으로 만들어보자."

"북극곰의 몸은 세 가지 원으로 나눠지네. 어떻게 합쳐서 문단을 만들 수 있을까?"

"해양 포유동물 부분에 어떤 내용을 더 넣어볼까? 문장으로 만들면 어떻게 될까?"

북극곰 만들기

책 내용을 바탕으로 북극곰을 꾸미고, 어떠한 사실을 활용해 꾸몄는지 설명해 봐요.

- 책에 나와 있는 북극곰의 정보를 직접 활용하여 북극곰을 그리거나 만들어 보세요. 책에 어떤 부분을 참고하여 만들었는지 글이나 말로 설명해요. 이를 통해 정보를 인용하는 방법, 정보를 활용하는 방법을 1학년 수준에 맞게 배울 수 있어요.

준비물 예시

— 팝콘, 초콜릿 펜, 화이트초콜릿 펜

— 천사 점토, 사인펜, 스티로폼 볼, 이쑤시개, 색지, 풀, 가위

— 어두운색 도화지, 흰색 물감, 면봉, 신문, 색종이, 가위, 눈알 스티커, 목공풀

☆ 멸종 위기 동물들 제스 프렌치 글 · 제임스 길러드 그림 | 명혜권 옮김 | 우리동네책공장 | 2020

동물들의 특징과 생태를 그림으로 알기 쉽게 풀어 놓은 그림책이자, 동물들이 멸종 위기에 처하게 된 원인을 깊이 있게 생각하게 해 주는 지식 그림책이에요. 동물들이 현재 멸종 위기에 처해 있다는 사실을 아는 것만으로도 멸종 위기 동물과 지구를 사랑하고 실천하는 행동에 첫걸음을 뗀 것이에요. 책에 나와 있는 멸종 위기 동물을 하나 고르고, 이 동물을 소개하는 짧은 글을 작성해요.

☆ 돌아갈 수 있을까? 이상옥 글 · 이주미 그림 | 한솔수복 | 2021

북극과 남극 땅의 눈이 녹아내리자 동물들은 "큰일 났네, 큰일 났어"를 외치며 대책을 논의해요. 함께 머리를 맞대고 커다란 냉장고로 얼음을 얼릴지, 끈으로 얼음을 묶어 둘지, 테이프로 붙여 둘지 등 다양한 아이디어를 내지만 현실은 결코 호락호락하지 않아요. 기후 위기의 심각성을 알려주는 묵직한 우화 그림책이에요. 결말이 의미하는 것이 무엇인지 이야기 나눠요. 제목이 의미하는 말이 무엇인지도 생각해요.

☆ 북극곰 왈루크 아나 미라예스 글 · 에밀리오 루이스 그림 | 구유 옮김 | 바람의아이들 | 2024

엄마 품에서 배부르게 지내던 북극곰 왈루크는 엄마가 떠난 뒤 겨우 살아가고 있어요. 어느 날 늙은 북극곰 에스키모를 만나고, 그를 통해 살아가는 방법을 배워요. 책을 읽기 전에 표지를 보고 어떤 내용일지 이야기 나눠요. 책을 읽고 나서 표지가 어떤 모습인지, 어떻게 생각이 변했는지 이야기 나눠요.

☆ 눈보라 강경수 글 · 그림 | 창비 | 2021

볼로냐 라가치상을 받은 작가이자 수많은 어린이 독자를 사로잡은 매력적인 이야기꾼 강경수 작가의 그림책이에요. 기후 변화 문제와 우리 사회에 대한 풍자를 굶주린 북극곰 이야기에 담았어요. 이야기를 순서에 맞춰 정리하며 사건 간의 원인과 결과에 대해 생각해요.

☆ 흰긴수염고래 제니 데스몬드 글 · 그림 | 고래뱃속 | 2017

『북극곰』 작가 제니 데스몬드의 또 다른 논픽션 정보 그림책으로, 친절하고 매력적인 설명으로 흰긴수염고래의 삶과 세상을 보여줘요. 과거 고래잡이 산업은 수많은 예술가에게 예술적인 영감을 주었지만, 1900년대부터 1960년대까지는 흰긴수염고래에게 암흑의 시대였어요. 『북극곰』에서 『흰긴수염고래』을 찾아보세요. 두 그림책의 비슷한 점을 찾아 작성해요.

백점 백곰

글 김유
그림 최미란
펴낸 곳 책읽는곰
출간 2023
갈래 한국문학(사실주의동화책)
주제 #외톨이 #완벽주의 #사회성 #고개넘기 #모험 #변화 #성장

 **책 소개**

백 점만 맞으며 살았던 백고미가 백 점을 놓치고, 새로 전학 온 최고봉이라는 친구에게 밀려나면서 위기를 맞는 이야기예요. 완벽주의에 사로잡혀 있던 백고미가 고개를 넘기로 마음먹으면서 어떤 변화가 펼쳐지게 될까요? 사람과의 관계에서는 좁디좁은 마음을 갖고 있던 백고미가 큰 사람으로 거듭날 수 있을지 주목해서 읽어요.

이 책의 작가 김유는 창비 좋은 어린이책 대상을 받은 작가예요. 김유 작가의 시리즈 책 중 하나인 『백점 백곰』은 『겁보 만보』와 『무적 말숙』에 이어 출간되었어요. 만보와 말숙이처럼 백곰도 모험을 통해 개인의 변화를 경험하고, 자기 자신만 알던 사람에서 주변도 돌볼 수 있는 사람으로 성장해요. 나의 학교생활과 비교하며 읽어 보세요.

이렇게 읽어요

표지 살펴보기

표지에는 많은 정보가 들어있어요. 독자의 흥미를 끌면서도 책의 내용과 주요한 관련이 있는 글과 그림이 삽입되기 쉬운 틀이지요. 실제로 내지에 사용된 삽화 여러 개가 표지 제목인 『백점 백곰』을 꾸며주고 있어요. 책을 본격적으로 읽기 전에 표지 그림만 보면서 어떤 인물이 주인공일지 추측해 봐요. 백곰이라는 글자 위에 있는 백고미를 보며 어떤 성격일 것 같은지 대화를 나눠요. 표정, 자세, 옷차림, 소지하고 있는 물건 등 다양한 단서들을 근거로 대화하면 좋아요.

"표지에 있는 그림을 보면 주인공으로 추측되는 인물이 있어? 있다면 누구일 것 같아?"

"이 아이의 표정이나 자세를 보면 어떤 성격일 것 같아?"

"여기 보이는 이 아이는 걸으면서도 책을 보고 다른 사람이 말하는 것에 신경 쓰지 않는 것처럼 보이네. 근데 저 밑에는
 누워서 뭔가 고민하는 표정도 나타나."

이름 앞에 별명 붙이기

이 책은 김유 작가의 시리즈 책 중 하나예요. 2015년에 『겁보 만보』, 2021년에 『무적 말숙』이라는 책이
나왔고, 2023년에 이 책이 나왔지요. 겁보, 무적, 백점은 주인공인 만보, 말숙, 백곰의 특성을 간결하게 표
현해 주는 단어, 즉 별명이에요. 만약에 나를 주인공으로 하는 책이 나온다고 상상해 본다면 어떤 별명을
붙여 제목을 지을지 대화해 보세요. 이리저리 움직이는 것을 좋아한다면 '날쌘○○'이 될 수 있지요.

"○○이가 학교에서 불리는 별명이 있어? 있다면 제일 마음에 드는 별명은 어떤 거야?"

"마음에 드는 별명이 있다면 제목처럼 별명과 이름을 합쳐 한 문장으로 만들어 보자."

"지금 별명이 마음에 들지 않는다면 나를 잘 표현해 주는 별명을 생각해서 이름 앞에 붙여 볼까?"

마지막 챕터 내용 추측하기

책은 총 일곱 장으로 이루어져 있어요. 마지막 일곱 번째 챕터는 제목 '돌아온 백고미'까지 읽고, 그 뒤
어떤 내용이 펼쳐질지 추측해 보세요. 제목에서 유추할 수 있는 내용과 함께 그동안의 이야기 흐름을
근거로 결말이 어떨지 생각해요. 상상력을 더해 기발한 이야기를 생각해 보는 것도 좋아요.

"일곱 번째 챕터 제목이 '돌아온 백고미'네. 어떤 내용이 이어질까?"

"이야기가 마무리되는 마지막 결말은 어떻게 펼쳐질까?"

생각을 키우는 질문

- [ ] • 주인공 백고미에 대해서 친구들은 어떻게 생각할까?
- [ ] • 친구 중에 백고미나 최고봉을 닮은 친구가 있어? 그 친구는 어떤 친구야?

한 고개, 두 고개, 세 고개 넘기

주인공 백고미가 고개를 넘는 동안 누구를 만나 무엇을 했는지 내용을 되짚어 봐요.

- 이 책의 큰 틀은 백고미가 세 번 반복되는 고개를 넘어가는 여정이에요. 백고미가 고개를 넘을 때마다 새로운 등장인물을 만나고, 새로운 경험을 쌓아요. 책의 내용을 찬찬히 되짚어 보며 백고미가 누구를 만났는지, 무엇을 했는지 그래픽 오거나이저(Graphic Organizer)를 활용해 정리해요. 이렇게 하면 긴 글로 펼쳐져 있는 내용을 한눈에 시각화하는 연습이 가능해요.

- 첫 번째 고개에서는 '누구와' 칸에 꼬부랑 할머니를 넣고, '무엇을' 칸에 떡을 먹음을 넣을 수 있어요. '누구와' 칸은 비교적 명확하게 쓸 수 있지만, '무엇을' 칸에는 다양한 답변이 나올 수 있어요. 한 가지만 옳은 답은 아니니 맥락이 유사하다면 칭찬과 격려를 아낌없이 해 주세요.

  "첫 번째 고개에서는 ○○이가 말한 것처럼 꼬부랑 할머니를 만났지? 두 번째 고개에서는 누구를 만났더라?"

  "우리 세 번째 고개에서 백고미가 무엇을 했는지 생각해 보고 서로 비교해 보자."

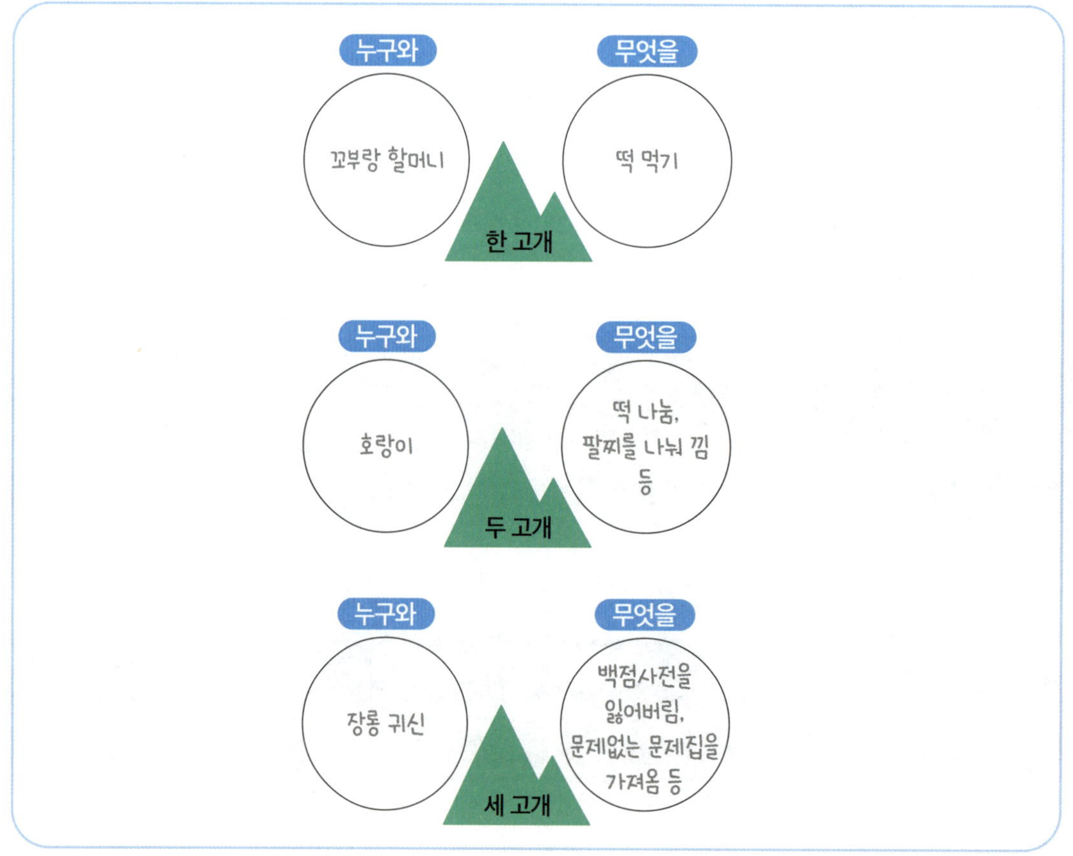

사투리로 낭독하기

사투리 어감을 살려 실감 나게 읽어 봐요.

- 이 이야기에는 모든 등장인물이 사투리를 쓰고 있어요. 평소에는 자주 접하지 못하는 여러 사투리의 대사를 소리 내어 읽어 보면서 사투리의 맛을 느껴보세요. 주변에 사투리 쓰는 사람이 있다면 그 사람과 비슷한 말투를 쓰는 것 같은지, 다른 말투를 쓰는 것 같은지 질문해요. 충청도, 경상도, 전라도 방언 등 다양한 지역의 방언이 존재하고 있음을 알게 되는 계기가 될 거예요.

- 등장인물이 한 명이 아니라 두 명 이상이 나오는 부분을 설정한 후, 역할을 나누어 읽어 보세요. 돌아가면서 읽으면서 상대방의 말투를 듣기도 하고, 나의 말투가 상대방에게는 어떻게 들릴지 생각해 보세요.

- 초등학교 1학년은 읽기 유창성(텍스트를 정확하고 빠르게 읽는 능력) 발달이 중요한 단계이므로 낭독을 통해 읽기 유창성을 높이는 연습이 필요해요. 겹받침, 쌍자음 등 다양한 음운이 등장하는 문장을 접하며 한 단계 더 도전적인 읽기 연습을 해요.

책 46-47쪽

꼬부랑 할머니가 고미한테 주머니를 쥐어 주었어.

"이게 뭐에유?"

"아까 니가 맛본 떡인디, 바로 요것이 사람 맹글어 주는 쑥떡이구먼. 요즘은 사람 겉지 않은 사람이 많아서 내가 백 일 동안 기도하며 만들었다니께."

꼬부할 할머니가 고미 귀에 바짝 대고 쑥떡쑥떡 속삭였어.

"예에?"

놀란 고미를 보며 꼬부랑 할머니가 키득키득 웃었어.

"난 인저 사람 맹글어 주는 마늘빵을 맹글어야겠구먼. 퍼뜩 맹글어서 우리 영감 먼저 맛보여 줘야 겄다."

고미는 꼬부랑 할머니 말이 알쏭달쏭했지만 더 묻지 않았어.

"낭중에 빵 사 묵으러 올게유."

출저: 백점 백곰, 김유, 책읽는곰, 2023

주인공에게 위로의 쪽지 쓰기

백 점을 맞지 못해 힘들어하는 백고미에게 어떤 말을 건넬지 쪽지를 써 봐요.

- 아이들은 다양한 상황에서 성취감을 느끼며, 좌절이나 열등감 또한 경험하게 돼요. 이러한 자연스러운 감정에 대해 인정하면서 자신을 격려하고 위로하는 법을 배우는 것은 매우 중요한 과정이에요. 백고미가 좌절에 빠졌을 때 위로할 수 있는 말이나 행동이 무엇이 있을지 떠올려보고, 아이와 대화해 보세요.

- 백고미에게 위로해 줄 수 있는 말이나 행동이 떠올랐다면, 그 내용을 가장 잘 전달하기 위해 어떤 표현을 사용할지 고민해요. 이때 사용하는 틀은 쪽지예요. 쪽지에 글과 함께 그림을 그려도 되고, 원하는 다양한 방식으로 표현할 수 있어요. 쪽지를 완성하고 난 후에는 어떤 방법으로 백고미에게 전해 주고 싶은지 이야기 나눠요.

고미야, 남들보다 뒤처지는 것처럼 느껴질 때도,

너는 너 자체로 소중한 존재야.

그리고 꼭 필요한 사람이란 거 잊지마!

백 점짜리 문제 내기

백고미가 무조건 맞출 수 있게 백고미 관점에서 알고 있는 것을 떠올려 봐요.

- 처음에는 책의 내용과 관련한 간단한 퀴즈를 내면서 분위기를 만들어가도 좋아요. 예를 들면 "고미가 항상 옆구리에 끼고 있던 책은 뭐였지?"라고 질문할 수 있어요. 답인 '백점사전'을 맞혔다면 백 점이라고 외쳐요.

- 아이에게 퀴즈의 출제자가 된다고 설명해 주세요. 문제지의 출제자 이름에 아이의 이름을 스스로 적을 수 있도록 해 주세요. 아이가 내는 퀴즈는 주인공 백고미가 맞춰야 하니 백고미가 백점을 맞을 수 있게 문제를 내달라고 요청해요. 아이가 문제를 만들면, 그 문제를 문제지에 받아 적어 주세요. 아이가 문제까지 혼자 써 보고 싶어 한다면 쓸 수 있도록 격려해 주세요.

- 문제를 모두 적고 난 뒤, 엄마가 백고미가 되어 답을 작성해 주세요. 아이는 답을 확인하고 빨간 색연필로 채점해요. 점수까지 매겨보도록 하고 왜 그 점수를 주었는지 아이의 설명에 경청해 주세요.

☆ 나는 나의 주인 채인선 글 · 안은진 그림 | 토토북 | 2010

이 책의 주제는 '자존감을 키우는 그림책'이에요. 내가 나의 주인으로 살아가는 법을 알려줘요. 백고미가 모험을 선택하고 그 과정에서 좀 더 넓은 마음을 갖게 되는 과정과도 닮았어요. 자신의 소중함을 생각하며 읽어 보세요.

☆ 내 이름은 구구 스니커즈 김유 글 · 오정택 그림 | 창비 | 2013

김유 작가의 또 다른 책이자 제17회 창비 좋은 어린이책 대상을 받은 책이에요. 주인공 구구는 어떤 상황에도 기죽지 않고 돌파해 가는 모습을 보여줘요. 작가의 간결하고 빠른 속도의 서술을 잘 느낄 수 있어요.

☆ 우리 학교에 이상한 친구가 전학 왔어요 데이비드 매킨토시 글 · 그림 | 최지현 옮김 | 미래엔아이세움 | 2011

백고미가 학교에서 친구들의 관심을 받는 존재였듯이 학교에는 다양한 아이가 존재해요. 다양성의 관점에서 학급에 있는 타인을 이해할 수 있도록 돕는 책이에요.

☆ 겁보 만보 김유 글 · 최미란 그림 | 책읽는곰 | 2015

소심한 만보의 이야기가 펼쳐지는 책이에요. 부모님의 보물인 만보가 겁보 타이틀을 떼기 위해 고개를 넘는 이야기가 이어져요. 김유 작가의 『겁보 만보』, 『무적 말숙』, 『백점 백곰』 시리즈는 모두 세 고개를 넘는 통일성을 가지고 있어요. 겁보 만보가 고개를 모두 지나고 나서 어떻게 변하는지 확인해 보세요.

☆ 무적 말숙 김유 글 · 최미란 그림 | 책읽는곰 | 2021

주인공 말숙은 오빠가 넷인 집안의 막내딸이에요. 겁이 없고 큰소리를 많이 치는 성격이지요. 말숙이도 세 고개를 넘고 진짜 천하무적에 가까워질 수 있을까요? 가족 구성원의 다양성에 대해 생각해 볼 수 있게 해 줘요.

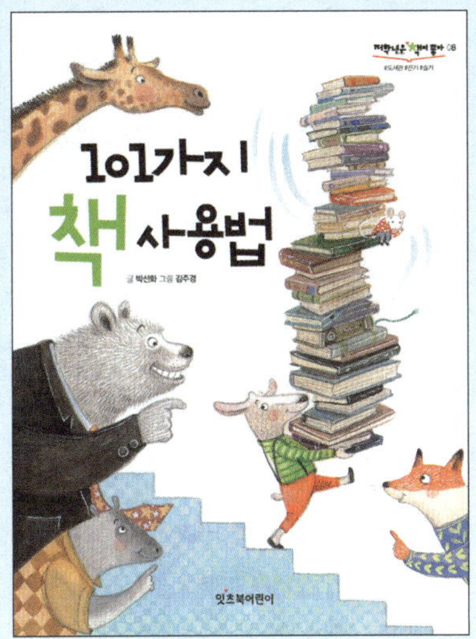

101가지 책 사용법

글 박선화
그림 김주경
펴낸 곳 잇츠북어린이
출간 2019
갈래 한국문학(판타지동화책)
주제 #도서관 #사서 #독서 #책 #끈기

 **책 소개**

도서관을 없애려는 시장님과 도서관을 지키려는 염소 매리엄 간의 흥미진진한 이야기를 다룬 창작 동화예요. 휴대폰을 가지고 이것저것 하는 것은 좋아하고, 책 읽기는 좋아하지 않던 매리엄은 우연히 도서관을 없애려는 시장님에게 대들면서 도서관을 살릴 기회를 잡지만, 동시에 부담감도 느끼게 돼요. 시장님은 매리엄이 책을 가지고 할 수 있는 일 101가지를 찾아내면 도서관을 없애지 않겠다고 약속해요. 매리엄은 부담감을 이겨내고 '101가지 책 사용법'을 찾아가요.

이 책의 독자들은 매리엄의 모습을 보고 약자라고 하더라도 자신이 정의라고 생각하는 것을 위해 당당하게 열정을 다하는 자세를 배울 수 있어요. 나아가 책 읽기를 별로 좋아하지 않는 우리 사회의 모습을 꼬집으며, 돈과 경제 논리가 무엇이든 판단하는 기준이 되는 것이 옳은 것인지 생각할 기회를 줘요. 여가 독서 습관이 형성되는 초등학교 저학년 아이들에게 읽기 동기를 심어주고, 책을 가지고 활용할 수 있는 다양한 방법을 소개한다는 점에서 흥미로운 책이에요. 저학년 아이에게 적합한 분량, 등장인물 묘사, 유쾌하고 상상력을 자극하는 삽화, 흥미로운 이야기 전개가 적절하게 잘 구성되어 있어요.

이렇게 읽어요

제목 뜯어보기

책의 제목은 책에 대해 많은 것을 설명해요. 아이와 함께 책 제목을 뜯어보며 책의 내용을 유추하고 생각해 봐요.

"이 책의 제목을 읽어 볼까?"

"왜 작가는 『101가지 책 사용법』이라고 제목을 지었을까? 왜 101개인 것 같아?"

"왜 작가는 책 사용법에 관해 책을 썼을까? 무슨 내용일 것 같아?"

차례 보며 줄거리 유추하기

많은 동화는 차례를 통해 장별 제목을 제공해요. 장 제목을 살펴보면 각 장의 내용을 보여주는 문장이나 절로 구성된 것을 알 수 있어요. 차례를 살펴보면서 아이와 함께 줄거리를 유추해 보세요. 책을 다 읽었다면 차례를 다시 살펴보면서 줄거리를 완성할 수 있어요.

"이 책은 다섯 장으로 구성되어 있네. 각 장의 제목을 크게 읽어 보자."

"시장님이 왜 도서관에 왔을까?"

"시장님과 매리엄은 무슨 내기를 했을 것 같아?"

"시장님이 고민한다고 나와 있네. 어떤 내용인 것 같아?"

"101가지 책 사용법 캠프에서는 어떤 일이 벌어질까? 책 제목과 어떤 관련이 있을까?"

책 사용법 리스트 작성해 보기

아이와 책을 함께 읽으며 책에 나온 책 사용법 리스트를 작성해 봐요. 책 사용법을 쪽지에 쓴 다음, 지퍼백이나 주머니에 넣어 보세요. 어렸을 때 읽은 책을 꺼내 지퍼백에 나온 책 사용법으로 다시 읽어 보세요.

생각을 키우는 질문

- □
- □ • 이 책에는 사람이 아니라 동물이 등장해. 이런 것을 의인화라고 하는 데 왜 작가는 동물을 주인공으로 한 것 같아?
- □ • 우리 동네에 있는 도서관이 없어진다면 어떻게 될까? ○○는 무엇을 할 거야?
- □ • 시장님은 왜 도서관이 필요 없다고 생각했을까?
- □

새로운 책 사용법 찾아보기

책에 소개되지 않은 책 사용 방법을 생각해 봐요.

- 주인공은 결국 101가지 방법을 다 찾지 못해요. 책에서는 아이들이 직접 101가지 방법을 찾을 수 있도록 여지를 남겨 놓았어요. 책을 사용하는 다양한 방법을 찾으면 책에 관심도 생기고, 다양한 아이디어가 떠오를 수 있어요.

  "책에 나와 있는 방법 말고 어떻게 책을 사용할 수 있을까?"
  "○○는 책을 어떻게 색다르게 사용하니?"

- 아이들의 엉뚱하고 기발한 창의적인 대답에 웃음이 날 거예요. 아이들의 대답에 호기심을 갖고 긍정적으로 반응해 주세요.

줄거리 요약하기

줄거리를 발단, 전개, 위기, 해결, 결론으로 나누어 작성해 봐요.

- 대부분의 이야기는 발단, 전개, 위기, 해결, 결론(고민해 보기-풀어쓰기)으로 구분되어 있어요. 이야기의 구성 단계를 이해하고 구성 단계로 책의 내용을 요약하다 보면 더 깊이 이해할 수 있어요. 다른 비슷한 글을 읽더라도 빠르고 정확하게 핵심 내용을 이해할 수 있게 되죠.

  - 사건 발단: 주인공에게 어떤 일이, 언제, 왜 일어났나요?
  - 사건 전개: 주인공에게 어떤 일들이 있었나요?
  - 사건 위기: 주인공은 어떠한 갈등과 위기를 경험하나요?
  - 사건 해결: 사건이 어떻게 해결되었나요?
  - 결론: 주인공은 이제 어떻게 되었나요?

등장인물 성격 살펴보기

책을 다시 읽으며 등장인물의 성격을 보여주는 생각이나 감정 그리고 이와 관련된 행동을 찾아봐요.

- 이 책의 주인공인 매리엄과 시장은 대비되는 캐릭터로 각 캐릭터의 특징이 뚜렷해요. 책을 다시 읽으며 등장인물의 감정, 생각 그리고 행동을 찾아 인물의 성격을 살펴봐요.

- 등장인물을 생각이나 감정(머리 부분), 그리고 이와 관련된 행동(몸 부분)으로 구분해서 작성해 보면 등장인물의 성격을 다각적으로 이해할 수 있어요. 나아가 책에서 직접적으로 언급되지는 않지만, 책의 내용을 바탕으로 주인공의 생각이나 감정이 어떻게 행동과 연결되어 있는지도 추론할 수 있어요.

"책에서 가장 인상 깊은 등장인물은 누구니?"

"매리엄의 성격을 가장 잘 보여주는 문장을 찾아볼까?"

"매리엄이 어떤 주인공인지 보여주는 행동을 찾아보자."

"매리엄이 사서에게 도와주겠다고 말했어. 이것도 매리엄의 성격을 보여줄까?"

우리 동네 도서관 가는 길

집에서 동네 도서관까지 가는 방법을 지도로 그리고, 도서관이 필요한 이유에 대해 생각해 봐요.

- 동네 도서관과 동네를 탐색하고, 우리 동네에 도서관이 필요한 이유를 생각해 보는 활동이에요. 2학년 2학기에 동네를 살펴보고 지도를 만드는 활동을 하는데, 학교에서 배운 내용을 『101가지 책 사용법』과 연계한 활동이에요. 아이와 자주 가는 도서관의 모습과 도서관으로 가는 길을 지도로 표현해 보세요. 이를 통해 아이와 부모 모두 도서관과 책에 관심이 커질 수 있어요.

우리 동네 도서관 그리기

우리 동네 도서관 가는 길 그리기

☆ 사서가 된 고양이 권오준 글·경혜원 그림 | 모든요일그림책 | 2022

책과 이야기 들려주기를 좋아하는 고양이 루루가 도서관의 새로운 사서가 되는 과정을 담은 그림책이에요. 루루는 도서관에 사는 고양이예요. 어느 날 도서관에서 새로운 사서 선생님을 뽑으려고 하자 루루는 사서 선생님이 되고 싶어 지원해요. 루루는 잘 해낼 수 있을까요? 우리 도서관에서 동물 사서를 뽑아야 한다면 어떤 동물을 추천하고 싶은지 생각해 봐요.

☆ 책으로 집을 지은 악어 양태석 글·원혜진 그림 | 주니어김영사 | 2010

책에서 배운 긍정적인 마음 자세로 어려움을 이겨 낸 왕따 악어 아저씨에 대한 창작 동화예요. 수줍음 많고 말을 더듬은 악어 아저씨는 사람들 때문에 소중한 집을 헐리고 마을에서 쫓겨날 처지에 놓여요. 하지만 자신의 소중한 책을 사용해 마을 사람들을 위한 멋진 도서관을 지어요. 각 사건이나 장면에서 악어 아저씨의 마음과 감정을 따라가 보세요. 악어 아저씨는 어떤 마음일지 이야기 나눠요.

☆ 책을 즐기는 101가지 방법 티모테 드 퐁벨 글·벵자맹 쇼 그림 | 양진희 옮김 | 작은코도마뱀 | 2023

책을 재미있게 읽을 수 있는 101가지 방법을 담은 유쾌한 그림책이에요. 매리엄에게 소개해 주고 싶은 '책을 즐기는 방법'을 찾아보세요. 왜 이 방법을 매리엄에서 소개해 주고 싶은지 설명해요.

☆ 책읽는 도깨비 이상배 글·백명식 그림 | 좋은꿈 | 2018

세상에서 돈이 최고라고 생각했던 도깨비들이 책벌레가 된 이야기예요. 책을 소재로 하고, 독서를 주제로 해서 초등 전 학년이 흥미롭게 읽을 수 있는 판타지 동화지요. 도깨비들이 선비와 내기하게 된 이유, 세종대왕을 찾아간 이유, 책을 읽게 된 이유를 살펴보고 이야기해 봐요. 각 사건의 원인과 결과를 찾아 이야기를 정리해요.

☆ 도서관에 간 꼬마 도깨비 권삼중 글·현숙희 그림 | 키큰도토리 | 2022

꼬마 도깨비 꼬비는 도깨비 대왕인 아빠에게 혼이 나자 인간 세계로 가출해요. 학교 도서관에 가게 된 꼬비는 도서관 친구들을 만나 함께 도서관에 대해 알아가요. 각 장에는 도서관이 무엇이고 도서관을 어떻게 이용해야 하는지를 담고 있어요. 책을 읽고 도서관을 소개하는 짧은 글을 작성해요.

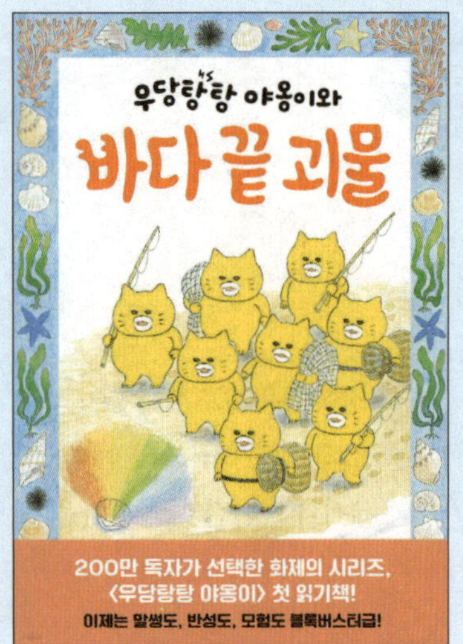

우당탕탕 야옹이와 바다 끝 괴물

글·그림 구도 노리코
옮김 윤수정
펴낸 곳 책읽는곰
출간 2021
갈래 외국문학(판타지동화책)
주제 #우당탕탕야옹이 시리즈 #구도 노리코 #바다탐험 #모험담

 **책 소개**

말썽꾸러기 야옹이 여덟 마리의 흥미진진한 바다 모험담으로, 생명의 소중함과 타인을 위한 배려심을 다루고 있어요. 이 책은 그림책에서 읽기 물로 넘어가는 단계의 아동을 위한 챕터북(chapter book)이에요. 글이 많지만 짧은 문장과 쉬운 말로 쓰였고, 장을 나눴어요. 그림이 많아 끝까지 잘 읽을 수 있을 것이라는 작가의 메시지가 챕터북이라는 장르에 대한 설명이라고 볼 수 있어요.

이 책을 읽을 때는 어려운 단어는 그냥 넘어가도 괜찮으니 모든 내용을 정확하게 이해하는 것보다 술술 읽어 내려가는 읽기 유창성에 초점을 맞춰 주세요. 초등학교 1학년 중반기 이후 글이 많은 책에 적응하는 단계에 읽으면 좋아요. 그림책 시리즈에서는 작은 사고 수준에 그쳤던 야옹이들의 말썽이 동화책에서는 제법 규모가 커졌어요. 그러면서 모험, 생명 존중 등 다소 큰 주제에 대해서도 생각해 볼거리를 제공해요.

이렇게 읽어요

작가의 다른 작품 먼저 읽기

책을 읽기 전, 우당탕탕 야옹이들을 주인공으로 하는 작가의 다른 작품을 먼저 읽어 보세요. 이전 작품은 그림책 형태라 더 쉽고 빠르게 읽을 수 있을 거예요. 그림책을 먼저 읽어봄으로써 챕터북을 처음 접하는 아이가 혹여나 가지고 있을 긴장감을 풀어줄 수 있어요. 그림책과 챕터북의 구성을 직접 비교하며 살펴보는 것도 좋아요.

"우당탕탕 야옹이들이 이번에는 어떤 말썽을 일으킬까?"

"이번에 읽을 책은 그림이 적고 글씨가 많네? 엄마가 읽는 책이랑 비슷한데?"

"여기 숫자는 무슨 뜻일까? 내용을 왜 숫자로 나누어 놓은 거지?"

새 어휘 뜻 유추하며 읽기

작가가 책머리에 언급했듯이, 책 속에는 아이가 모를법한 단어가 제법 등장해요. 책을 읽다 막히는 부분이 나오면 뜻을 유추해 낼 수 있도록 도와주세요. 뜻을 설명해 주는 것도 좋지만 아이가 스스로 문맥을 통해 알아낼 수 있도록 힌트를 주세요.

"(아이) 대합이 뭐야?"

"(엄마) 야옹이들이 타고 갔다는데? 그림에 보이는 이건가 보다."

"(아이) '벗이란 증표로 언제든지 나를 만나러 올 수 있도록 말이다' 증표가 뭐예요?"

"(엄마) 뒤에 나오는 말에 힌트가 있네. '언제든지 나를 만나러 올 수 있도록' 해 주는 물건인 것 같지?"

뒷이야기 상상하기

책의 마무리에는 우당탕탕 야옹이들이 또 다른 사건을 만나게 될 것임을 암시하고 있어요. 아이와 함께 상상의 나래를 펼쳐 이야기를 만들어내면 창의력을 마음껏 꽃피울 수 있어요. 엉뚱하고 우스울지라도 수용해 주세요. 인물, 사건, 배경이 잘 드러날 수 있게만 지도해 주세요. 상상한 이야기를 글로 옮겨 적어 보는 것도 좋아요.

"우당탕탕 야옹이들의 다음 모험에는 어떤 일들이 펼쳐질까?"

"우리가 상상해서 이야기를 만들어 보는 건 어때? 이번에는 바다 말고 다른 곳으로 가 보자. 어디가 좋겠어?"

"○○이가 만든 이야기 너무 재미있다! 우리 그 이야기를 적어 보자."

생각을 키우는 질문

- [ ] · 우당탕탕 야옹이가 바다 끝 괴물을 찾아 여행을 떠나게 된 이유는 무엇일까?
- [ ] · 우당탕탕 야옹이가 바다 끝 괴물을 무찌를 수 있었던 이유는 무엇일까?

어떻게 일어난 일이냐옹?

사건의 원인과 결과를 파악하며 줄거리의 흐름을 이해해 봐요.

- 도식을 활용하여 사건의 원인과 결과를 한눈에 파악할 수 있도록 해 주세요. 이 책의 줄거리는 일련의 원인과 결과가 연결되어 이루어져 있어요. 원인과 결과의 흐름을 적다 보면 어떤 일의 결과가 또 다른 일의 원인이 될 수도 있다는 것을 알게 돼요. 이 과정을 통해 아이들은 각 사건과 이야기의 흐름을 명확하게 이해할 수 있어요.

- 다음 예시처럼 한 가지 사건이 다른 사건의 원인이 되고, 또 다른 사건의 결과가 될 수도 있어요. 이걸 도식으로 표현하면 더 쉽게 이해할 수 있어요. 원활한 진행을 위해 중간의 몇 군데는 내용을 미리 채워놓아도 좋아요. 아이의 인지 수준에 따라 적절하게 도움의 양을 조절해 주세요. 원인과 결과가 무엇을 의미하는지도 미리 설명해 주세요.
  "이 책에서 일어난 일들을 순서대로 생각해 보자. 어떤 일은 다른 일의 원인이 된대. 그런데 '원인과 결과'라는 말 들어본 적 있니?"

예시

- (원인) 마법 조개껍데기를 주웠어요. → (결과) 바닷속을 마음대로 돌아다니게 되었어요.
- (원인) 바닷속을 마음대로 돌아다니게 되었어요. → (결과) 물고기를 마구 잡아먹었어요.

이게 무슨 뜻이냐옹?

낱말 뜻을 추측하고 정확한 뜻과 비교하며 어휘를 확장해 봐요.

- 저자 구도 노리코는 서문에서 아이들이 모르는 말을 일부러 조금 넣었으니 모르는 단어나 표현은 일단 넘어가라고 해요. 챕터북이 어렵게 느껴지는 초등 저학년 아이에게 어려운 낱말의 뜻을 추측하며 읽도록 함으로써 읽기에 대한 부담감을 덜고자 하는 의도예요. 실제로 유창한 읽기를 위해서는 맥락을 활용해 모르는 단어의 의미를 추측하며 읽는 연습이 필요해요. 추측한 의미와 사전적 의미가 일치할 때 아이들은 자신의 추측이 통했다는 느낌을 받으며 자신감을 얻게 될 거예요.

- 여기서는 국어사전이 필요해요. 웹사전도 편리하지만, 책 형태의 사전이 더 좋아요. 직접 사전을 뒤적거리며 한글 자음과 모음의 순서나 인접한 단어들을 살펴볼 수 있어요. 단어뿐 아니라 관용 표현 또한 어휘 지도의 대상이 돼요. 아이들은 생각보다 관용어구에 약하거든요. 관용 표현은 일반 국어사전에 없는 경우가 많으니 따로 관용어 사전을 찾아보거나 인터넷을 활용하여 정확한 의미를 확인해요.

  "책 속에서 어려웠던 단어들을 찾아보자. 어떤 단어들이 있었나 다시 한번 훑어볼까?"
  "'대합'은 무슨 뜻인 것 같아? 잘 모르겠으면 우리 사전을 한번 찾아볼까? 대합이니까 디귿으로 가서 '대' 여기 있다."
  "귀가 솔깃한 건 어떤 뜻이지? 귀가 움직인다? 정확한 뜻을 검색해 보자. 여기 검색 창에다 엄마가 적어 볼게."

- 책에 나온 다음 단어나 표현이 무슨 뜻이라고 생각하는지, 왜 그렇게 생각하는지, 그 이유는 무엇인지 써 보세요. 그리고 실제 뜻을 찾아서 정확한 뜻으로 다시 써 보세요.

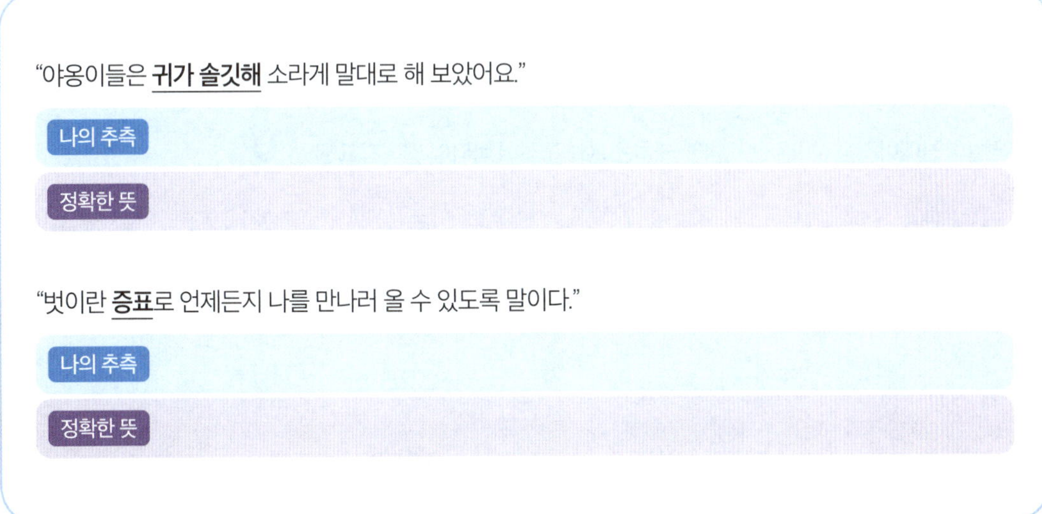

"**대합**은 눈 깜짝할 사이에 커다랗게 부풀어 오르더니 껍데기가 떡 벌어졌어요."

나의 추측

정확한 뜻

"정신을 차려보니 양 떼가 야옹이들을 **에워싸고** 있었어요."

나의 추측

정확한 뜻

"온통 **깎아지른 벼랑**뿐이라 배를 댈 곳도 보이지 않았어요."

나의 추측

정확한 뜻

"대왕 문어는 온몸에 그물이 휘감겨 **옴짝달싹 못했어요**."

나의 추측

정확한 뜻

"그 틈에 대합 배는 **부리나케** 도망쳤어요."

나의 추측

정확한 뜻

"먹물이 **장대비**처럼 쏟아지는 바람에 새들은 날개가 젖어 바다에 떨어지고 말았어요."

나의 추측

정확한 뜻

우당탕탕 야옹이와 (　　　　　)

우당탕탕 야옹이들의 다음 모험을 직접 상상해 봐요.

- 이 책은 작가의 엉뚱발랄한 상상력이 돋보이는 작품이에요. 이야기의 끝에는 다음 모험을 암시하고 있는데, 아이가 직접 작가가 되어 우당탕탕 야옹이들의 다음 모험을 만들어 보세요. 막연한 공상에서 끝나지 않도록 몇 가지 틀을 제시하여 구조화해 주면 더 멋진 이야기를 만들어 낼 수 있어요. 소설의 3요소인 배경, 인물, 사건을 먼저 생각한 뒤 이야기를 꾸며 봐요.

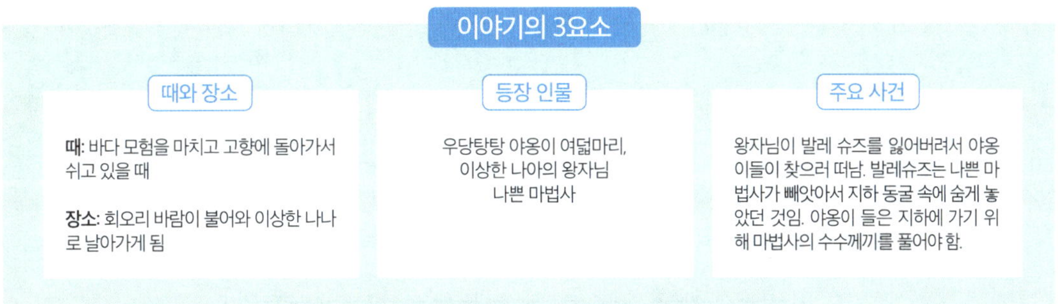

- 아이가 상상한 내용에 부정적인 피드백은 금물이에요. 엉뚱할수록 더 참신한 이야기가 되기도 해요. 폭력적이거나 비도덕적인 것이 아닌 이상, 아이가 떠올린 이야기 그대로를 존중하고 칭찬해 주세요. 스스로 작가가 되었다는 느낌에 뿌듯해할 거예요.

"○○이가 직접 야옹이 시리즈 다음 편을 만들어 보자. 이번에는 야옹이들이 어디로 갔을까?"

"야옹이들이 누구를 만났다고 할까?"

우당탕탕 야옹이와 "발레리나 왕자님"

책 표지 만들기

아이가 상상한 내용에 맞는 책 표지를 직접 그려 봐요.

- 책 표지는 책의 특징이 잘 드러나면서도 독자의 흥미를 불러일으킬 만한 그림이어야 해요. 앞서 생각한 이야기의 3요소 '배경, 인물, 사건'이 잘 드러나면 좋아요.

- 아이가 상상한 이야기 중 어떤 장면을 포착하여 나타낼지 먼저 정해요. 그다음 아이가 원하는 재료를 사용하여 마음껏 그리게 해 주세요. 막막한 경우에는 『우당탕탕 야옹이』 시리즈의 다른 작품의 표지를 참고하는 것도 좋아요.

- 다 그린 그림을 보며 어떤 장면을 나타냈는지, 표지로서 적절한지 이야기 나눠 보세요. 제목, 글·그림 작가도 빼먹지 않도록 강조해 주세요.

  "○○이가 만든 이야기를 책으로 만들 때 어떤 표지가 어울릴까? 직접 그려 보자!"

  "이 책은 ○○이가 지은 이야기고 표지도 직접 그렸으니까 여기 작가 이름에는 ○○이 이름을 쓰면 되겠다."

☆ 우당탕탕 야옹이와 금빛 마법사 구도 노리코 글·그림 | 윤수정 옮김 | 책읽는곰 | 2022

『우당탕탕 야옹이와 바다 끝 괴물』에서 괴물을 물리치고 얻은 보물을 맛있는 음식을 사 먹는 데 다 써버려서 야옹이들은 빈털터리가 돼요. 그러던 중 맛있는 냄새에 이끌려 우연히 들어간 곳이 금빛 마법사의 저택이에요. 그곳에서 요리사로 일하게 된 야옹이들에게 어떤 일이 펼쳐질까요? 혼자 읽기가 아직 버거운 초등학교 1학년이라면 하루에 읽을 분량을 정해놓고 한두 챕터씩 읽어 보세요.

☆ 마르가리타의 모험1 수상한 해적선의 등장 구도 노리코 글·그림 | 김소연 옮김 | 천개의바람 | 2024

구도 노리코 작가의 또 다른 시리즈 그림책이에요. 식당을 운영하던 요리사 곰 마르가리타와 꿀벌 마르첼로는 어느 날 밤 나타난 배고픈 해적들에게 자신들의 보물인 조리도구를 빼앗겨 조리도구를 되찾기 위한 항해를 시작해요. 어딘가 엉뚱한 모습의 인물들에 대해 이야기 나누다 보면 등장인물을 더 풍부하게 이해할 수 있을 거예요.

☆ 무민 가족과 바다 대모험 토베 얀손 글·필리파 비들룬드 그림 | 이유진 옮김 | 어린이작가정신 | 2021

핀란드의 유명한 동화 작가 토베 얀손의 『무민 골짜기 이야기』 시리즈 중 하나로 무민 가족의 좌충우돌 모험담을 그리고 있어요. 무민 가족이 만나는 고난과 역경, 그리고 새 친구들과의 우정을 따라가다 보면 아이도 한층 성숙해져 있을 거예요. 가장 마음에 드는 장면을 하나 골라 디오라마로 만들어 보세요. 귀여운 캐릭터들은 클레이로 빚고, 적당한 크기의 상자를 구해 그림으로 배경을 그려 넣은 후, 천이나 휴지를 활용해서 바닷물을 표현해요.

☆ 길냥이 사무소 옹샘 1 오드 글·그림 | 북멘토 | 2024

먹보 고양이 띵구리, 날렵하고 예민한 검은 고양이 송곳, 개를 좋아하는 새끼 고양이 멍멍, 도도양이 무시, 그리고 14년차 베테랑 길고양이 옹샘. 다섯 마리의 길고양이가 모여 달빛 마을을 지키는 달빛 수비대를 결성해요. 어떤 사건들이 달빛 수비대를 기다리고 있을까요? 책을 읽고 난 후, 우리 동네 길냥이들도 ○○동 수비대로 활약하고 있진 않을지 아이와 함께 상상의 나래를 펼쳐 보세요.

☆ 걱정꾸러기 치치, 재능 깃털을 찾아서! 노수미 글·심보영 그림 | 웅진주니어 | 2024

미어캣 마을에서는 재능이 있어야 자기 역할을 맡아 살아갈 수 있어요. 그래서 아무런 재능이 없는 주인공 치치는 재능을 찾기 위해 모험을 떠나요. 치치의 여정을 따라가다 보면 모두에게 인정받는 재능을 찾기보다는 좋아하는 것을 꾸준히 하면서 힘든 상황에서 도망치지 않고 자신을 증명하는 것이 소중하다는 사실을 깨닫게 돼요. 치치처럼 각자가 지닌 걱정거리와 해결 방안을 적어 보세요.

2학년을 위한 문해 활동

아놀드 로벨 우화집

글·그림 아놀드 로벨
옮김 정회성
펴낸 곳 비룡소
출간 2022
갈래 외국문학(창작그림책)
주제 #아놀드 로벨 #우화 #동물이야기 #칼데콧 #교훈 #해학

 ## 책 소개

칼데콧 상을 세 번이나 수상한 아놀드 로벨의 우화집이에요. 『개구리와 두꺼비』 시리즈로 유명한 그림책 작가로, 이 책으로도 칼데콧 상을 받았어요. 스무 개의 짧지만 굵직한 이야기가 삽화와 함께 펼쳐져요. 때로는 엉뚱하고 우스꽝스럽기도 하지만, 지혜와 교훈을 담은 이야기가 독자에게 삶을 돌아볼 기회를 제공해요.

이 책은 어린이에게 다소 어려울 수 있는 철학적인 내용을 우화로 풀어내어 아이의 눈높이에 맞춰 전달해요. 교훈적인 이야기는 자칫 잔소리처럼 지루하고 따분하기 십상이지만, 아놀드 로벨은 엉뚱발랄한 동물들을 주인공으로 한 재미있는 이야기를 통해 교훈적인 내용을 넌지시 전해요. 좋은 삽화에 수상하는 칼데콧 상을 받은 작품인 만큼 페이지마다 그려진 삽화도 눈여겨 보세요. 전체 책을 읽은 뒤 독후 활동을 할 수도 있지만, 필요에 따라 단편을 선택적으로 읽어볼 수도 있어요. 모두 독립적인 완결된 이야기로 구성되었기 때문이지요. 긴 글에 익숙하지 않은 아이들도 접근하기 쉬운 구성 방식이니 아이의 수준과 특성에 맞게 읽어 보세요.

이렇게 읽어요

표지 보며 상상하기

책 표지에는 기상천외한 모습의 곰 한 마리가 등장해요. 머리에는 프라이팬을 뒤집어쓰고, 발에는 신발 대신 종이봉투를 신고 있지요. 몸에 두르고 있는 흰색의 무언가는 천인지 종이인지 분간하기도 어려워요. 표지 그림을 통해 이야기를 상상해요. 표지를 보며 내용을 상상함으로써 아이들은 펼쳐질 내용에 대한 흥미를 갖고 적극적으로 책 읽기에 임할 준비를 할 수 있어요. 상상하며 말하기가 끝나면 책장을 넘겨 표지 속 곰의 이야기가 실린 페이지를 찾아 그 이야기를 먼저 읽어요.

"곰의 모습이 어때? 머리에 쓰고 있는 이건 뭐지? 곰이 입은 옷은 또 뭘까? 왜 이런 걸 입고 있을까?"

"곰이 서 있는 여기는 어딜까? 뭘 보고 있는 거지?"

"목차를 보니 18쪽에 '프라이팬 모자를 쓴 곰' 이야기가 나오네. 상상한 내용과 실제 내용이 비슷하니?"

삽화와 이야기 비교하며 읽기

아놀드 로벨은 이 책을 만들 때 이야기만큼이나 삽화에도 많은 공을 들였어요. 표지를 살펴본 뒤 이야기를 읽었던 것처럼 이야기를 읽기 전에 삽화를 먼저 자세히 살펴봐요. 이 책에 실려 있는 이야기들은 서로 연결되는 내용이 아니니 각각의 삽화를 일종의 표지로 생각하고 먼저 보는 것이 각 이야기를 이해하는 데 도움이 될 거예요. 이야기 제목과 삽화를 살피는 것만으로도 내용을 어느 정도 예측할 수 있어요.

"악어가 침대에 누워있네. 어디 아픈 걸까?"

"제목이 '벽만 바라보는 악어'래. 벽에 뭐가 있지? 꽃이 있구나!"

다양한 방법으로 우화 낭독하기

낭독이란 시각적인 문자언어를 소리언어로 전환하는 방법으로, 내용에 따라 속도, 강세, 리듬 등을 조절할 수 있어요. 다양한 방법으로 우화를 낭독하며 음미해 보세요. 낭독 활동은 저학년 시기의 읽기 유창성에 도움을 주며, 읽기 유창성은 이후 독해력과도 밀접한 관련이 있는 것으로 알려져 있어요.

"이 이야기는 아나운서처럼 또박또박 읽어 볼까?"

"이 이야기는 천천히 그리고 나긋나긋 읽어 보자!"

"이 이야기는 최대한 빠르고 정확하게 읽어 보자!"

생각을 키우는 질문

- [ ]
- [ ] (각 이야기의 삽화를 보며) 우리, 그림을 먼저 살펴보자. 어떤 내용의 이야기가 펼쳐질까?
- [ ] 지금 읽은 이야기(오리 자매와 여우)에 작가는 '이따금 틀에 박힌 생활에 벗어나 보세요'라고 적었네? 이것은 무슨 의미일까?
- [ ] 삽화가 이야기의 교훈을 잘 표현하고 있다고 생각하니?
- [ ] 왜 우화에는 동물이 주인공인 경우가 많을까?

삽화로 내용 추측하기

이야기를 읽기 전, 삽화를 먼저 보며 어떤 이야기가 펼쳐질지 상상해 봐요.

- 삽화를 통해 내용을 짐작하는 활동은 책 읽기에 대한 기대감과 흥미를 불러일으킬 수 있어요. 특히 아놀드 로벨의 세밀하고 재치 있는 삽화는 글의 핵심을 잘 담고 있고, 내용도 무척이나 기발하지요. 아이들은 삽화를 읽으면서 이야기를 얼른 읽고 싶어질 거예요. 다 읽은 후 실제 내용과 비교해 보면서 삽화가 얼마나 정교한지도 함께 이야기 나눠 보세요.

- 아이들이 상상한 이야기와 실제 이야기가 비슷한지, 다르다면 어떤 부분이 다른지 생각해 보도록 해요. 이 과정을 통해 시각 정보를 잘 읽어내는 능력인 '시각적 문해력'을 기를 수 있어요. 일반 예술로서의 그림과 달리, 그림책 삽화는 책 내용과 유기적으로 연결된 정보를 담고 있어서 글과 떼어놓고 이해할 수 없죠. 그림 작가가 의도한 바를 잘 잡아내는 능력이 바로 시각적 문해력으로 이어져요.

- 책 속에 있는 스무 개의 이야기 중 다섯 개 정도만 미리 골라 체크해 두세요. 그리고 아이가 읽기 전에 이야기 부분을 미리 A4용지로 가린 다음(이 책은 펼쳤을 때 한 면은 삽화, 다른 한 면은 이야기로 지면이 구성되어 있어요), 삽화만 먼저 볼 수 있도록 해 주세요. 삽화를 보며 어떤 내용일지 유추해서 이야기 나눠요. 여유가 된다면 그 내용을 직접 적어 보는 것도 좋아요.

  "이 그림을 보고 어떤 내용일지 상상해서 이야기해 보자."

- 이야기를 읽고 난 후, 아이가 유추했던 내용과 실제 내용이 어떻게 비슷하거나 다른지 비교하면서 줄거리를 간추려 말하거나 적는 연습을 할 수 있어요.

  "○○이가 생각한 이야기랑 실제 이야기가 꽤 비슷한데? 다른 점은 어떤 부분이지?"

내가 생각한 이야기

내용에 맞게 삽화 그리기

내용을 먼저 읽고 적절한 삽화를 직접 그려 봐요.

- 앞선 활동과 마찬가지로 활동에 사용할 서너 개의 이야기를 미리 골라두세요. 아이가 해당 이야기를 읽기 전에 삽화 부분을 미리 A4용지로 가린 다음, 페이지를 펼쳐 삽화를 가리고 이야기를 읽어요.

- 읽은 내용에 알맞은 삽화를 아이가 직접 그려요. 그러려면 핵심 내용을 잘 이해하고 있어야 하겠지요. 왜 그런 그림을 그렸는지 함께 이야기 나눠 보세요. 엄마나 아빠도 그림 그리기에 함께 참여해 보세요. 마지막으로 원래 삽화와 비교하며 작가가 그림으로 드러내고자 한 점은 무엇인지 살펴요.

  "〇〇이 그림과 엄마 그림을 한번 비교해 볼까? 우리 둘 다 개구리 세 마리와 무지개를 그렸네! 〇〇이는 보석을 그렸는데 엄마는 안 그렸다. 왜 보석을 그렸어?"

  "삽화 속 타조랑 〇〇이 타조랑 꽤 닮았는데? 차이점은 뭐라고 생각해?"

- 이 책에서 삽화는 내용 이해를 돕는 보조 수단을 넘어, 이야기의 핵심을 담은 정수(精髓)라고 할 수 있어요. 아이가 그린 그림에서 어떤 점이 빠져 있는지 혹은 더해져 있는지 원작과 비교하며 작가가 전하고자 하는 메시지를 더 잘 이해해 봐요.

내가 그린 삽화

이야기에 맞는 속담·사자성어 찾기

각 이야기의 내용과 어울리는 속담 또는 사자성어를 찾아봐요.

- 책 속 스무 편의 우화는 모두 각각 삶의 지혜를 재치 있게 그려 내고 있어요. 이야기 밑에는 이야기의 교훈이 한 줄로 정리되어 있고요. 교훈과 맞는 비슷한 내용의 속담이나 사자성어를 생각해 보면 어떨까요? 짧은 비유적 표현 한마디가 장황한 설명보다 훨씬 더 강렬한 여운을 남길 때가 많아요. 이를 통해 속담과 사자성어의 뜻을 익히고 은유적 표현의 묘미를 느껴 봐요.

  "○○이는 악어에 대해 어떻게 생각해?"

  "'재물을 잃으면 적게 잃은 것이고, 명예를 잃으면 많이 잃은 것이고, 건강을 잃으면 모두 잃은 것'이라는 말이 있는데, 어리석은 악어는 똑바로 된 것만 보려다가 건강을 잃어버렸네."

- 적절한 이야기 네 편을 뽑았어요. 각 이야기의 내용과 어울리는 속담이나 사자성어도 골라두었고요. 〈보기〉에는 내용과 상관없는 속담이나 사자성어도 섞어 두었지요. 이야기를 모두 읽고 어울리는 속담 또는 사자성어를 골라 보도록 해 주세요. 속담과 사자성어의 뜻도 함께 적어 봐요. 아이가 잘 모르는 속담이나 사자성어는 인터넷 등을 활용해서 검색해 보세요.

보기

- 콩 심은 데 콩 나고 팥 심은 데 팥 난다.
- 평안 감사도 저 싫으면 그만이다.
- 가랑잎이 솔잎 더러 바스락거린다고 한다.
- 젊어서 고생은 사서도 한다.
- 발 없는 말이 천 리 간다.
- 구슬이 서 말이라도 꿰어야 보배.
- 과유불급(過猶不及)
- 안분지족(安分知足)
- 일석이조(一石二鳥)
- 호사다마(好事多魔)
- 일사천리(一瀉千里)
- 시시비비(是是非非)

이야기	속담/사자성어 및 뜻
〈말썽꾸러기 캥거루〉	속담/사자성어: 콩 심은 데 콩 나고 팥 심은 데 팥 난다. 뜻:
〈아빠 코끼리와 아들 코끼리〉	속담/사자성어: 가랑잎이 솔잎 더러 바스락거린다고 한다. 뜻:
〈식당에 혼자 남은 하마〉	속담/사자성어: 과유불급 뜻:
〈춤추는 낙타〉	속담/사자성어: 평안 감사도 저 싫으면 그만이다. 뜻:

칼데콧 상 알아보기

아놀드 로벨이 수상한 상인 '칼데콧 상'에 대해 알아봐요.

- 아놀드 로벨은 칼데콧 상을 세 번이나 수상한 작가예요. 정확히는 『아놀드 로벨 우화집』으로 칼데콧 상을, 『개구리와 두꺼비는 친구』와 『힐드리드 할머니와 밤』으로 칼데콧 명예상을 수상했지요. 이 칼데콧 상은 어떤 상일까요? 아놀드 로벨의 세 작품을 읽어 보면 어떤 상일지 알아낼 수 있을까요?

- 먼저, 아놀드 로벨의 세 작품을 준비해요. 그리고 자유롭게 탐색하도록 해 주세요. 꼭 세 권 모두 정독할 필요는 없어요. 어떤 특징 덕분에 칼데콧 상을 수상하였을지 추론할 수 있도록 질문으로 거들어 주세요. 다양한 대답이 나올 수 있을 거예요. 바로 정답을 알려주기보다는 함께 정답을 찾아주세요. 인터넷 검색의 도움을 받으세요.

- 칼데콧 상을 검색하면 상의 의미와 역사에 대해 상세히 알 수 있어요. 1939년도 첫 수상이 시작된 이래로 최근까지 상을 받은 사람들의 이름과 작품의 목록도 볼 수 있지요. 그중 어떤 작품을 읽었는지 살펴보는 것도 재미가 쏠쏠해요. 최근에는 한국계 미국인 작가도 칼데콧 상을 수상했다는 사실도 알 수 있어요. 아직 읽어 보지 못했지만 읽어 보고 싶은 책들을 만날 수도 있지요.

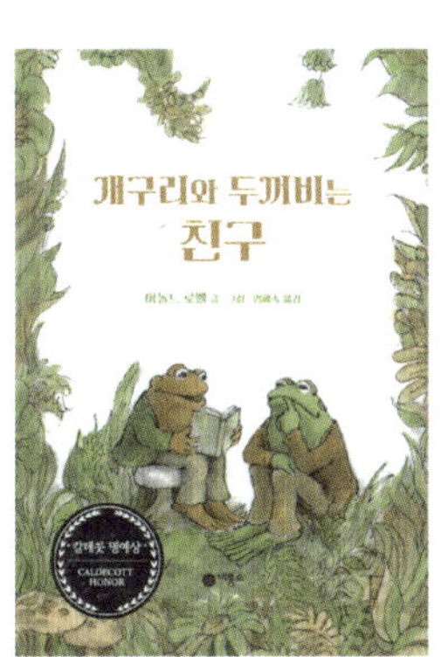

세 작품의 공통점은 무엇일까요?			
칼데콧 상은 어떤 그림책에 주는 상인가요?		칼데콧 상은 어느 나라에 사는 사람이 받을 수 있나요?	
내가 읽어 본 칼데콧 수상작은 어떤 작품인가요?		수상작 중 읽어 보고 싶은 작품은 무엇인가요?	

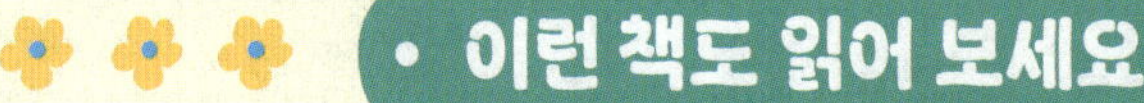

☆ 개구리와 두꺼비는 친구 아놀드 로벨 글·그림 | 엄혜숙 옮김 | 비룡소 | 1996

1971년 칼데콧 아너상을 수상한 아놀드 로벨의 대표작이에요. 사고뭉치 두꺼비와 그런 두꺼비를 챙겨주는 개구리의 따뜻한 우정을 느낄 수 있는 4권짜리 시리즈의 첫 번째 책이지요. 읽기 유창성을 쑥쑥 키우면서도 재미를 만끽할 수 있는 작품이에요. 개구리와 두꺼비 역할을 나누어 소리 내어 읽어 보세요.

☆ 358가지 어린이를 위한 이솝우화전집 1~3 이솝 원저·신현철, 최인자 엮음 | 문학세계사

이솝우화에는 모두 합치면 500개가 넘는 이야기가 있다고 해요. 이 책은 그중 358가지 이야기를 어린이 눈높이에 맞게 다듬어 제공하고 있어요. 매일 밤, 잠들기 전 하나씩 읽어주는 잠자리 동화로 활용해 보세요. 하루에 한 가지씩 교훈을 얻다 보면 1년 동안 문해력과 생각이 쑥쑥 자라 날 거예요.

☆ 이솝우화로 배우는 속담과 사자성어 김숙분 엮음·유남영 그림 | 가문비어린이 | 2023(개정판)

초등 저학년 아이들에게 속담이나 사자성어는 이해하기 다소 어려울 수 있어요. 이 책에서는 속담과 사자성어를 재미있는 이솝우화와 연결하여 제시해서 아이들이 쉽게 이해할 수 있어요. 비슷한 주제의 이야기가 묶여 있는 것도 특징이죠. 주제별 이야기와 관련 속담, 사자성어를 묶어서 이야기 나눠 보고 이야기를 속담이나 사자성어와 연결해 보는 퀴즈 게임도 진행해 보세요.

☆ 라퐁텐 우화 장 드 라퐁텐 글·김욱동 엮음 | 붉은여우 옮김 | 넥서스주니어 | 2013

이솝과 더불어 우화 작가로 널리 알려진 라퐁텐의 우화예요. 짧고 재치 있는 우화로 삶의 진리를 자연스럽게 전달하고 있어요. 이 책에는 이야기의 마지막에 교훈이나 작가의 말이 없어요. 각 우화를 읽고 교훈을 찾아 책 밑에 적어 봐요.

☆ 아홉 살에 처음 만나는 탈무드 이미영 글·김민정 그림 | 하늘을나는코끼리 | 2023

유대인의 삶의 지혜가 녹아있는 탈무드 이야기 스무 편을 초등 저학년 눈높이에 맞춰 선별해 담았어요. 아름다운 색채의 삽화가 함께 수록되어 있어 더욱 재미있게 이야기를 즐길 수 있어요. 중간중간 등장하는 세계적인 유대인 유명 인사들의 이야기도 또 다른 재미예요. 한 편의 이야기가 끝난 뒤 제시된 질문에 대해 함께 토론해요.

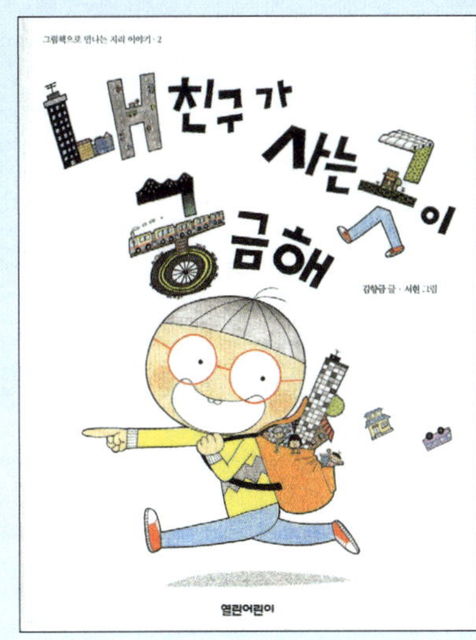

내 친구가 사는 곳이 궁금해

글 김향금
그림 서현
펴낸 곳 열린어린이
출간 2013
갈래 한국문학(정보그림책)
주제 #지리 #대도시 #중소도시 #농촌마을

 **책 소개**

대도시에 사는 윤이, 농촌 마을에 사는 아름이, 중소도시에 사는 상우가 주인공이에요. 윤이가 자신이 사는 도시 이곳저곳을 둘러보고 아름이네 농촌 마을과 상우네 중소도시를 구경하는 구성이에요. 윤이의 여정을 함께 따라가다 보면 대도시-농촌-중소도시의 지리적·기능적 특징을 자연스럽게 구분할 수 있어요. 세 명의 동네가 우열 관계에 있는 것이 아니라 저마다의 장단점과 개성이 있다는 걸 볼 수 있지요. 숨은그림찾기 하듯 각 지역의 특성을 살펴볼 수 있는 그림 또한 특징이에요. 도로의 폭, 건물의 높이, 교통량 등을 비교하며 각 지역을 비교 분석하는 재미도 쏠쏠해요.

이 책과 같이 교과 내용을 담은 정보책은 자칫 어렵게 느껴지기 쉬워요. 아무리 중요한 내용이라도 전달하는 방식이 딱딱하면 어린이 독자에게 외면당하죠. 아이들의 마음을 사로잡는 핵심 열쇠는 바로 '재미'예요. 이 책은 이야기를 활용하여 주인공들의 거주지역에 대한 정보를 재미있게 풀어냈어요.

이렇게 읽어요

내가 사는 곳 파악하기

서로 다른 규모의 지역(대도시, 중소도시, 농촌)의 서로 다른 특징과 역사에 대해 설명하는 정보 그림책이에요. 책장을 펼쳐 내 친구가 사는 곳을 본격적으로 알아보기에 앞서, 먼저 내가 사는 곳을 파악해 보세요. 우리 아이는 대도시, 중소도시, 농촌 중 어느 곳에 살고 있나요? 주택 형태는 아파트인가요? 아니면 마당이 있는 집인가요? 자주 이용하는 교통수단은 무엇인가요? 가벼운 마음으로 파악해요.

"다른 곳에 사는 친구가 우리한테 어디 사는지 물어본다면 뭐라고 말할 거야?"

"한 번도 우리 집에 와 본 적 없는 친구가 있다고 해 보자. 어떻게 설명해 주면 좋을까?"

다른 지역에 갔던 경험 떠올리기

친구나 친척 중 나와 다른 지역에 사는 사람이 적어도 한 명은 있을 테지요. 그 사람을 방문하러 다녀온 적이 있나요? 아니면 다른 지역으로 여행을 떠났던 경험도 좋아요. 내가 사는 곳과 달랐던 그곳의 풍경을 회상해 보세요. 어떤 점이 달랐는지, 지리적인 특색에 초점을 두어 말할 수 있도록 질문해요.

"지난 추석 때, 양평 큰아버지 댁에 다녀온 것 생각나지? 거긴 여기랑 어떤 점이 제일 달랐어?"

"지난달에 서울 놀러 갔을 때 제일 인상적이었던 게 뭐야? 엄마는 지하철! 노선도 엄청 많고 빨랐잖아. 여기 청주에도 지하철이 있으면 좋겠다."

우리나라 지도 보기

우리나라 지도를 보면서 내가 사는 곳, 다녀온 곳, 가보고 싶은 곳의 위치를 확인하고 이야기 나눠요. 그냥 이야기하는 것보다 지도를 보면서 이야기할 때 현실감이 있어서 좀 더 구체적인 이야기가 나올 수 있어요. 대한민국 전도를 보는 것도 괜찮고, 한국관광공사에서 2년마다 발행하는 '한국 관광 100선'을 활용하는 것도 재미있어요. 명소나 특산품을 한눈에 확인할 수 있지요. 한국관광공사 홈페이지에서 내려받을 수 있으니 참고하세요.

"우리가 사는 대전은 지도상 어디에 있을까? ○○이가 찾아볼래?"

"여름에 휴가로 다녀왔던 제주도네! 우리가 다녀온 비자림과 성산일출봉이 유명 관광지래. 그때 어땠어?"

"이번 방학 때 가보고 싶은 곳 있어? 거기는 뭐가 유명하대?"

- [ ] • 제목이 「내 친구가 사는 곳이 궁금해」래. ○○이도 궁금한 친구 집이 있어?
- [ ] • 제목 글자가 그림으로 표현된 것 좀 봐. 이건 뭐 같아? 어디서 볼 수 있는 건지 알아보겠어?

대도시, 중소도시, 농촌의 특징 정리하기

책의 내용을 다시 보면서 지역 규모에 따른 특징을 표로 정리해 봐요.

- 책 속 세 친구가 사는 곳은 여러 가지 면에서 차이가 나요. 구체적으로 어떤 점이 다른지 표로 정리해 봐요. 표를 활용하면 많은 내용을 알아보기 쉽게 정리할 수 있어요. 아직 표를 보는 것이 익숙하지 않은 친구들에게는 표를 읽는 법부터 알려주세요. 어떤 칸에 대해서는 글로 명확히 제시되지 않은 경우도 있어요. 그럴 때는 그냥 비워두지 말고 그림을 통해 유추해요.

  "이 빈칸에는 무얼 적어야 할까? 여기 왼쪽에 '사는 친구,' 바로 위에 '대도시'라고 적혀 있으니까 대도시에 사는 친구 이름을 쓰면 되겠다."

  "작은 도시에서는 뭐가 많이 보였어? 글로는 설명이 안 되어 있는데… 그림으로 살펴볼까?"

책 내용 \ 지역	대도시	중소도시	농촌 마을
사는 친구	윤이	상우	아름이
많이 보이는 것	백화점, 쇼핑몰 등 각종 편의 시설, 자동차, 아파트, 사람들	10층 이하 건물	나무, 밭, 비닐하우스, 할머니들
교통수단	자동차, 지하철, 버스	자동차, 기차, 버스	자동차, 리어카, 농기구
그밖에 볼 수 있는 것	공원	오일장, 옛날 성곽	빈집

지도에 도시 규모별로 표시하기

우리나라의 대도시, 중소도시, 농촌의 분포를 지도에서 직접 확인해 봐요.

- 대도시, 중소도시, 농촌 마을에 대해 배웠으니 실제로 우리나라에 어떻게 분포되어 있는지 살펴봐요. 스티커를 활용하면 어떤 규모의 도시 형태가 가장 많고, 도시 간의 거리나 밀집도는 어떠한지 한눈에 파악할 수 있어요.

- 먼저 세 가지 색상의 스티커가 필요해요. 예를 들어, 빨강, 파랑, 노란색 스티커를 준비하여 대도시(특별시나 광역시)에는 빨간색, 중소도시(시)에는 파란색, 농촌 마을(군)에는 노란색 스티커를 붙여요. 스티커 대신 색연필이나 사인펜을 사용해도 괜찮아요. 전국의 모든 시, 군을 표시하는 건 어렵기 때문에 〈보기〉에 4개씩 리스트를 적어 두었어요. 혹시 리스트에는 없지만 친척이나 친구가 살고 있어서 알아보고 싶은 지역이 있다면 얼마든지 추가해도 좋아요. 색으로 구별한 다음 대도시, 중소도시, 농촌의 지리적 특징에 대해 함께 이야기 나눠요.

"보기에는 없지만, 우리가 사는 수원에도 표시해 볼까? 책 내용을 바탕으로 ○○이 생각은 어때?"

"대도시 지역의 공통점은 무얼까?"

"상우가 사는 곳이 어디더라? 그래, 순천! 지도에서 어디에 있을까?"

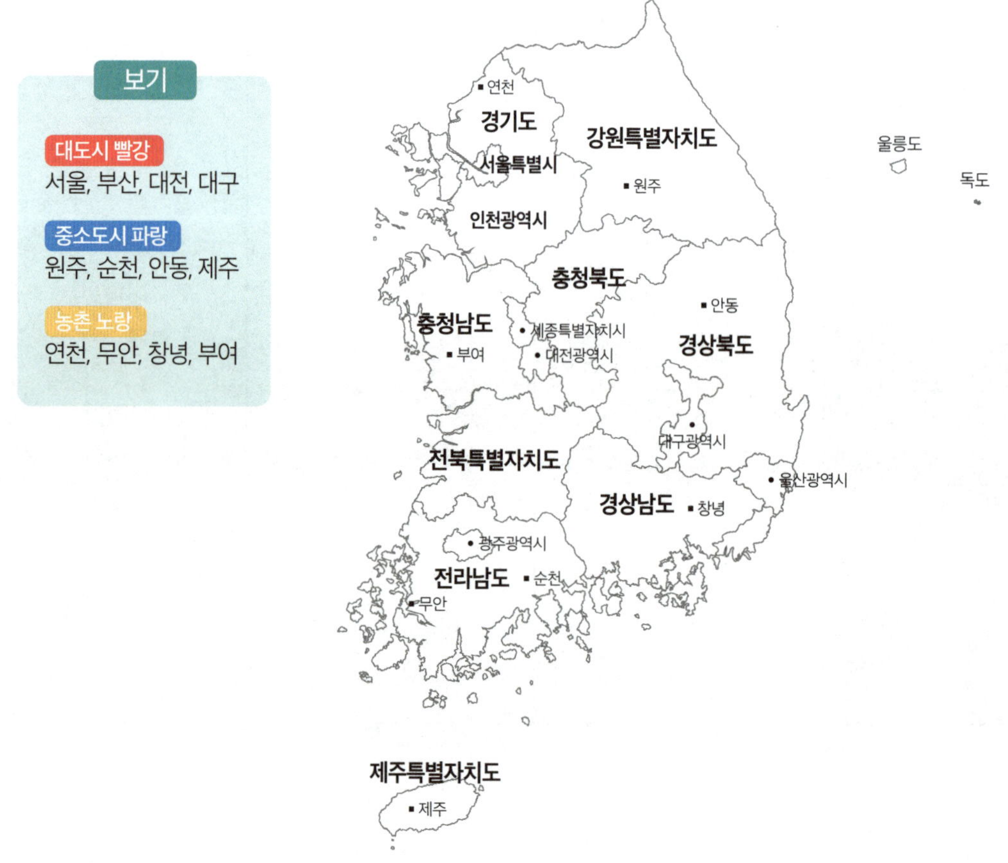

내가 살고 싶은 도시 그리기

내가 살아보고 싶은 도시를 상상하며 그림으로 그려 봐요.

- 대도시, 중소도시, 농촌 마을은 저마다 장점도 있고 단점도 있어요. 윤이 말처럼 '나랑 내 친구들이 사는 곳에서 좋은 점만 쏙쏙 빼낸' 그런 곳에서 산다면 얼마나 좋을까요? 아이들이 각 도시 유형의 특징 중에서 바람직하다고 느낀 것은 무엇일까요? 좋은 점만 모아 살고 싶은 도시를 상상해서 그림으로 표현해요. 아이가 형식에 구애받지 않고 마음껏 상상하고 표현할 수 있도록 해 주세요. 그림이 완성되면 도시 이름을 붙이고, 어떤 특징이 있는지도 간단히 적어요. 완성된 작품에 대해서는 아이가 직접 말로 소개하도록 해요. 칭찬해 주는 것도 잊지 마세요.

  "○○이는 어떤 곳에 살고 싶어? 직접 도시를 디자인해 보는 거야!"

  "와, 정말 멋진 곳이다! 엄마도 ○○이가 상상한 곳에 살고 싶다."

도시 이름 : 맑음시

특징 : 1년 중 날씨가 맑은 날이 360일이에요.

　　　　자동차 대신 자전거와 전철을 이용해서 공기가 맑아요.

'내 친구가 사는 곳'으로 여행 계획 짜기

실제 내 친구가 사는 다른 지역으로 여행을 계획해 봐요.

• 나와 다른 지역에 사는 친구나 친척을 방문할 계획을 짜보세요. 먼저 그곳이 어디인지 지도에서 확인하고, 어떤 교통수단을 이용하면 좋을지, 그 지역에서 어떤 것을 구경할지 생각해 봐요. 특산품이나 유명한 음식이 있는지도 알아보고요. 당장 여행을 떠날 수 없더라도 잘 기록해 두었다가 방학을 이용해 직접 다녀오는 것을 추천해요.

"이번 여름 방학에 가보고 싶은 곳 있어? ○○이가 미리 여행 계획을 짜볼까?"

"부산까지 비행기를 탈 수도 있고, 기차도 있고, 우리 차를 타고 갈 수도 있는데, 어떤 걸 타고 가면 좋겠어?"

"큰고모가 사시는 영주는 어때? 일단 지도로 어디쯤인지 확인해 보자!"

________________ 이의 여행 계획

여행 갈 곳	제주도
여행 시기	5월 어린이날
이용할 교통수단	비행기
구경할 것	1) 한라산
	2) 뽀로로 파크
	3) 세계자동차박물관
먹어 볼 것	고기국수, 한라봉
기타	친구랑 이야기를 많이 나눈다.

☆ 우리 땅 방방곡곡 박승규 글·김용연 그림 | 웅진주니어 | 2011

호랑이를 닮았다는 우리 땅 한반도를 여러 가지 주제로 뜯어볼 수 있는 책이에요. 우리 국경은 어디인지, 면적이 가장 큰 나라 러시아와 얼마나 차이 나는지, 우리나라 최남단과 최북단은 어디인지 등 대한민국 영토 정보를 재미있는 그림으로 쉽게 익힐 수 있어요. 책을 다 읽고 난 후, 우리나라의 지형적 특징에 대한 퀴즈 대결을 펼쳐요.

☆ 지도는 보는 게 아니야, 읽는 거지! 김향금 글·방정화 그림 | 토토북 | 2012

딱딱한 표현으로 '독도법'이라고 일컫는 '지도 읽는 방법'을 마치 게임을 하듯이 알기 쉽게 배울 수 있어요. 축척, 위도와 경도, 등고선, 지도상 각종 기호에 대해 장마다 새로운 지도를 보며 익힐 수 있지요. 스마트폰 길 찾기 기능이 발달하면서 점차 '지도 읽기'에 취약해지는 요즘 아이들에게 꼭 필요한 지식이 담겨 있어요. 여행을 떠날 기회가 있다면 아이가 직접 지도를 읽고 가족을 안내하며 책 속 지식을 활용하도록 해 주세요.

☆ 우리는 꿀벌과 함께 자라요 김단비 글·김도아 그림 | 웃는돌고래 | 2017

초등학생 봉식이가 학교에서 양봉하는 과정을 월별 일지 형식과 일러스트로 구성한 책이에요. 도시 양봉이 아직 보편화되지 않았기에 책을 통해서 간접 체험할 기회를 가질 수 있어요. 강원도에서 도시로 '꿀벌'을 가져오는 설정을 통해 농촌과 도시의 지리적 차이점에 대해서도 생각해 볼 수 있지요. 도시 양봉에 관한 기사를 더 찾아보며 실제로 도시 양봉이 어떻게 이루어지고 있는지, 지역사회에서는 어떤 노력을 하고 있는지 알아봐요.

☆ 똥 지리다 조지욱 글·양수홍 그림 | 주니어김영사 | 2020

제목에는 '똥'이 들어가지만, 엄연한 지리책이에요. 똥이 되기 전, 음식이었고, 음식이기 전에 원재료였던 것에 착안하여 다양한 작물용 동·식물이 자라는 곳의 지리 상식을 재미있게 배울 수 있어요. 무엇보다 아이들 스스로 매일 먹는 음식이 식탁에 오르기까지 얼마나 많은 지리적 변동을 거치는지 알아가는 즐거움을 느낄 수 있을 거예요. 하루 동안 내가 먹은 음식을 모두 적고 그 음식의 생산지에 대해 거슬러 올라가며 생각해요.

☆ 2호선은 떡꼬치 열차 최재희 글·시은경 그림 | 휴먼어린이 | 2024

아빠와 아이가 함께 지하철을 타고 다니는 경험을 그대로 활자로 옮긴 것이 특징이에요. 서울 지하철 2호선을 타고 곳곳을 다니며 지하철과 역을 이용할 때 주의 사항부터 역 이름의 유래, 근처 명소까지 알 수 있는 지하철 탑승 시뮬레이션이라 할 수 있어요. 딱딱한 지리 공부에 힘들어하는 아이에게는 이 지리 공부가 좋은 대안이 될 거예요. 지하철 2호선을 탈 기회가 생긴다면 책 속 내용을 떠올리며 지하철역 이름의 유래와 특징을 상기해요.

느리고 느린 가게

글 리광푸
그림 스완완
옮김 신순항
펴낸 곳 시공주니어
출간 2022
갈래 외국문학(판타지동화책)
주제 #느림의 철학 #기다림 #도전 #노력 #배움

 **책 소개**

식당으로 성공을 거두려면 어떤 것이 필요할까요? 흔히 재빠른 손, 높은 회전율 등이 떠오를 거예요. 이 책은 행동이 아주 느린 식당 주인 나무늘보 아가씨의 이야기예요. 가게를 잘 운영하려면 빨리빨리 음식을 만들고 팔아야만 한다는 인식 속에서 느린 나무늘보만의 신념 있는 장사 방식을 확인할 수 있어요. 모든 것이 빠르고 바쁜 현실에서 꼭 빨라야 하는지, 느리더라도 제대로 가는 방법은 없는지 우리에게 생각할 거리를 던져주는 책이에요.

이 책은 대만의 작가 리광푸가 쓴 책으로, 작가는 대만의 유명한 문학상인 오탁류 문학상을 받았어요. 그림 작가 스완완은 전문 일러스트레이터로 그림을 그렸고요. 개성 있게 그려낸 동물들과 음식의 모습을 감상하는 즐거움도 함께 느낄 수 있어요.

이렇게 읽어요

그림 작가 알아보기

그림에는 많은 이야기가 담겨 있어요. 그림 작가마다 같은 내용을 표현하는 특색이 모두 다르지요. 『느리고 느린 가게』의 그림 작가는 전문 일러스트레이터로 활동하고 있어요. 표지와 내지를 가볍게 살펴본 후, 그림이 어떤 분위기인지 느껴요. 그리고 맨 첫 페이지에 있는 그림 작가 소개도 읽어 봐요. 그림 작가의 전공, 수상 경력, 이전에 작업한 목록 등을 알 수 있어요. 더 알아보고 싶은 내용이 있다면 인터넷 검색을 통해 새로 알게 된 정보를 정리해 볼 수도 있어요.

"표지와 책에 있는 그림들을 훑어볼까? 이 그림들을 보니까 어떤 느낌이 들어?"

"맨 처음에 글 작가, 그림 작가, 옮긴이에 대한 소개가 있네. 그림을 그린 그림 작가에 대해서 한번 읽어 볼까?"

"이 그림 작가는 미국 3×3국제 일러스트상을 받았대. 3×3국제 일러스트상은 어떤 걸까? 같이 검색해 보자."

제목 느리게 읽기

책 제목인 『느리고 느린 가게』는 뭐든지 오래 걸릴 것만 같은 인상을 줘요. 제목을 최대한 느리게 읽어 보세요. 부모님과 대결을 펼쳐 누가 더 느리게 읽는지 해 볼 수도 있어요. 스마트폰의 스톱워치 기능을 활용해 누가 더 오랫동안 (중간에 끊김이 없이) 제목을 읽는지 놀이해 보세요. 실제로 책의 주인공인 나무늘보는 한마디를 말하는 데 상당히 오랜 시간이 걸려요. 내용을 본격적으로 읽기 전에 나무늘보가 말하는 것처럼 직접 늘여 말해 봐요.

"제목이 『느리고 느린 가게』네. 그냥 느린 가게가 아니라 느리고 느린 가게면 정말 아주 느린 가게인가 봐."

"『느리고 느린 가게』라는 제목을 누가 더 느리게 읽는지 해 보자. 더 오랜 시간 동안 중간에 끊기지 않고 제목을 읽는 사람이 이기는 거야. 시작!"

"느리게 읽으니까 마치 나무늘보가 말하는 것처럼 읽게 되네."

목차 살펴보기

이 책은 차례가 초반에 제시되어 있어요. 처음에는 작가의 말로 시작하여 마지막에는 옮긴이의 말로 끝나요. 그 사이에는 여섯 개의 챕터로 내용이 이어지지요. 차례를 아이가 직접 소리 내어 읽을 수 있다면 읽어 보도록 한 후, 작가의 말과 옮긴이의 말이 처음과 끝에 배치된 점을 짚어 보세요. 처음이나 마지막에 작가의 말이 적혀 있는 다른 책을 본 적이 있다면 그 경험에 관해서도 이야기해요.

"여기 '차례'라고 나와 있는 부분이 있네. 어떤 내용들이 있는지 한번 살펴볼까?"

"처음에는 작가의 말이 나오고, 맨 마지막에는 옮긴이의 말이 나오네. 이렇게 작가의 말이 쓰인 책 본 적 있어?"

생각을 키우는 질문

- □ • 음식을 파는 가게에 손님으로 갔는데, 서비스가 너무 느리면 어떨 것 같아?
- □ • 느리다는 것의 좋은 점을 생각해 본 적 있어? 좋은 점에는 어떤 것이 있을까?

나무늘보 아가씨의 전략 쓰기

- 가게를 연 나무늘보 아가씨는 세 번의 전략 수정을 통해 문제에 대처해요. 이 과정을 그래픽 오거나이저(Graphic Organizer)를 활용하여 정리해요.

- 나무늘보 아가씨는 처음 개업을 했을 때 행동이 너무 느려 한 명에게도 음식을 내어주지 못하는 등 전략을 여러 번 수정해야 했어요. 거듭되는 전략 변화에 초점을 맞추어 바뀐 전략들을 화살표 부분에 작성해요.

- 우선, 제시된 문제 현상을 먼저 파악해요. 예를 들면 나무늘보 아가씨가 '아침 장사에서 행동이 너무 느려 아무것도 팔지 못함'과 같은 문제가 있었다는 점을 읽고, 그 후에 어떻게 대처했는지 이야기 나눠요. 만약 내가 주인공이었다면 어떻게 대처했을 것 같은지도 확장 질문할 수 있어요.

  "아무것도 팔지 못한 개업 아침 날, 나무늘보 아가씨가 어떤 전략을 새로 세웠지? 그 전략은 성공적이었던 것 같아?"
  "만약 ○○이가 나무늘보 아가씨였다면 어떻게 대처했을까?"

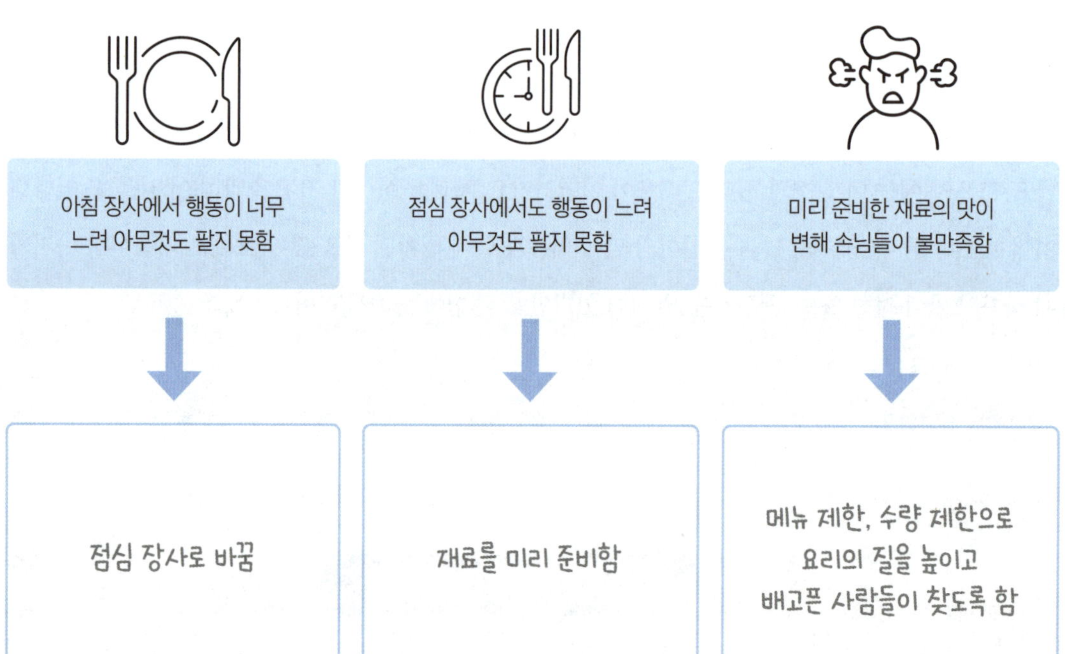

느리고 느린 가게의 신메뉴 만들기

사람들이 지나가다 볼 수 있는 게시판에 신메뉴를 적고 그림을 그려 봐요.

- 나무늘보 아가씨는 손님들을 위해 오늘과 내일 제공되는 음식 두 가지씩 게시판에 정리해 두었어요. 사람들이 더 좋아할 만한 메뉴를 고민해 보며 새로운 메뉴를 만들어 게시판을 꾸며 주세요.

  "나무늘보 아가씨는 왜 메뉴판을 가게 앞에 놓았을까?"

  "식당에 왜 메뉴판이 필요할까?"

  "메뉴판 같은 글은 안내 글이라고 해. 안내 글에는 무엇이 들어가면 좋을까?"

- 아이가 좋아하는 메뉴나 많은 사람들이 좋아할 법한 메뉴를 적어요. 왜 그 메뉴를 골랐는지 이야기를 나누고 써요. 개발하고 싶은 신메뉴의 이름과 재료, 요리법, 이 음식이 필요한 이유를 먼저 적고 그림을 그린 후, 홍보문구를 써요. 이때 이 음식이 손님에게 필요한 이유(예: 건강하고 균형 잡힌 음식 등)를 반영하여 홍보문구를 적으면 좋아요.

  "○○가 개발한 신메뉴는 무엇이니? 어떤 재료가 들어가? 왜 이 음식을 소개하고 싶어?"

- 지나가는 손님에게 정보를 전달하고 가게를 홍보하는 게시판 역할에 대해서도 자연스럽게 알 수 있어요. 무언가를 적극적으로 알리고 홍보하는 글의 역할을 경험할 수 있도록 해 주세요.

물사슴의 마지막 대사 쓰기

마지막에 등장하는 물사슴의 한마디를 상상해 적고 실감 나게 읽어 봐요.

- 이야기의 가장 마지막 페이지를 읽어 보면 물사슴의 말줄임표로 끝맺고 있어요. 그림에 나타난 물사슴의 표정은 채소 과일샐러드를 맛보고 매우 놀란 듯한 모습이에요. 표정을 보고 어떤 대사를 내뱉을지 추측해서 대사를 적은 후, 읽어 보세요.

  "물사슴이 어떤 대사를 했을까? 채소와 과일이 몸에 좋은 음식이라 '이렇게 건강하면서도 맛있다니!'라는 말을 했을 것 같아."
  "물사슴의 표정을 보니까 '매일 이것만 먹고 싶을 정도로 맛있어!'라고 말했을 것 같구나."

- 아이와 함께 먹방(먹는 방송)에서 맛있는 음식을 먹을 때 사용할 수 있는 표현을 이야기해요. 풍부한 표현 방법을 생각해 보는 것은 말하기 능력뿐만 아니라 쓰기 능력에 도움을 줘요.

  "맛있는 음식을 먹는 영상을 보통 '먹방'이라고 하지? 먹방에서 보통 어떤 말을 많이 하게 될까?"
  "어떤 말을 많이 하는지 먹방을 찾아보며 확인해 볼까?"

읽은 이의 말 남기기

책을 읽고 나서 읽은 이로서 읽은 이의 말을 남겨 봐요.

- 일종의 책 추천사를 써 보는 경험이라고 할 수 있어요. 실제로 '읽은 이의 말'이라는 코너가 책마다 있는 것은 아니지만, 이 책의 새로운 코너로 만들어 적어 보세요.

- 먼저 읽은 이가 스스로 자기 이름을 위에 적어요. 그다음 읽은 이로서 다른 읽을 이(독자)에게 남기고 싶은 짧은 말을 적을 수 있도록 지도해 주세요. 읽으며 느꼈던 것, 인상 깊었던 것 등을 자연스럽게 정리하는 기회가 돼요.

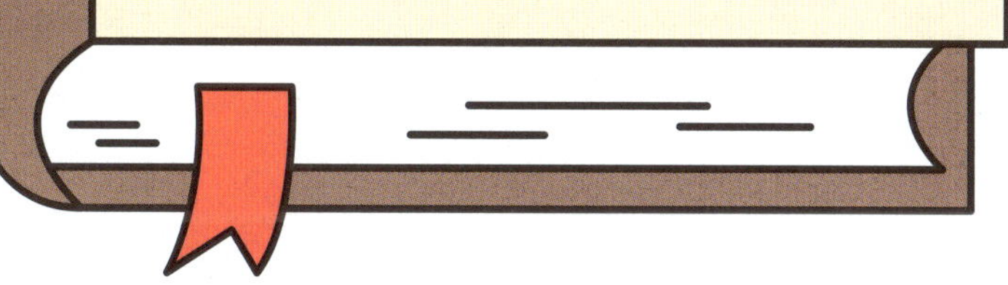

☆ 달팽이 학교 이정록 글·주리 그림 | 바우솔 | 2023(개정판)

이 책은 느림의 대명사인 달팽이가 주인공인 시 그림책이에요. 글과 그림의 조화를 음미하며 평소에 생각해 보지 않았던 느림의 의미에 대해 떠올려 볼 수 있어요. 달팽이 할아버지 교장 선생님이 되어 조회하는 달팽이들의 특색 있는 학교생활을 살펴요. 그 모습과 실제 학교에서 조회하는 모습을 떠올리며 비교해요.

☆ 린할머니의 복숭아나무 탕무니우 글·그림 | 조윤진 옮김 | 보림 | 2019

이 책은 타이완 작가 탕무니우의 책이에요. 탕무니우는 타이완 최고 권위의 문학상이라고 할 수 있는 호서대가독 상을 받았어요. 린할머니는 마을에 있는 모든 동물 이웃에게 복숭아 열매를 나눠 줘요. 상황의 선후관계가 서로 영향을 주고받는 것을 화살표와 짧은 글 또는 그림을 활용하여 도식화해요.

☆ 할아버지 할머니의 커플티 리광푸 글·뤄닝 그림 | 신순항 옮김 | 섬드레 | 2023

같은 작가가 쓴 이 책은 아이의 관점에서 할아버지와 할머니의 치매를 이해하는 이야기를 그리고 있어요. 아이들이 충분히 접할 수 있지만 이야기를 많이 꺼내지 않을 법한 소재인 치매에 관해 이야기를 통해 이해하고 대화를 나눠요.

☆ 느릿, 느릿, 느릿 나무늘보 에릭 칼 글·그림 | 서남희 옮김 | 시공주니어 | 2023

나무늘보는 다른 동물과는 다른 매력인 느리다는 특성이 있어요. 이 책에서는 동물들이 나무늘보에게 찾아와 느린 이유에 대해 질문해요. 영국의 유명한 동물학자인 제인 구달의 추천 글도 함께 읽어 본 후, 나무늘보의 매력을 정리해요.

☆ 냥이 씨의 달콤한 식당 박혜선 글·송선옥 그림 | 주니어RHK | 2023

이 책은 냥이라는 주인공이 식당을 여는 이야기를 그렸어요. 냥이 씨의 식당을 찾는 손님들을 보며 가장 달콤할 것 같은 메뉴는 무엇일 것 같은지 대답해 보세요. 왜 그 메뉴를 가장 달콤하다고 생각했는지 그 이유도 적어 정리해요.

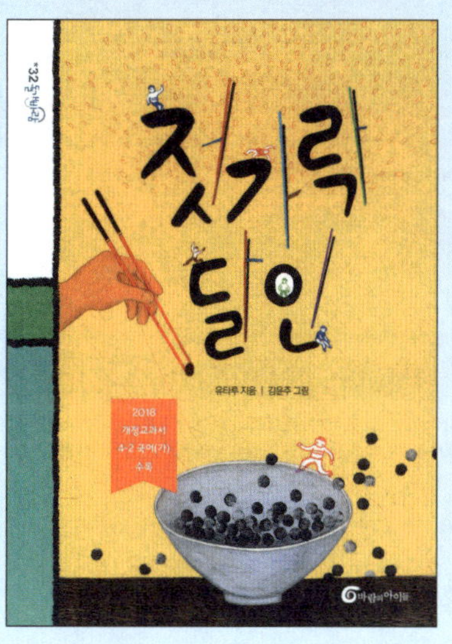

젓가락 달인

글 유타루
그림 김윤주
펴낸 곳 바람의아이들
출간 2014
갈래 한국문학(사실동화책)
주제 #노력 #성취 #배려 #다양성 #성장 #젓가락 #달인

 **책 소개**

초등학교 2학년 반에서 열리는 '젓가락 달인 대회'를 중심으로 펼쳐지는 이야기예요. 주인공 우봉이는 젓가락 사용이 서툴지만 전학 온 친구 주은이와 시골에서 온 할아버지의 영향을 받아 젓가락질에 도전하게 되지요. 처음에는 불편했던 할아버지와 함께 젓가락 달인 대회 연습을 통해 실력을 키우는 과정에서 우봉이는 단순한 기술 습득을 넘어 노력의 성취감과 가족 간의 유대감을 깨닫게 돼요.

이 책은 경쟁보다는 협력과 배려의 중요성을 강조하며, 젓가락은 두 짝이 있어야 제대로 사용할 수 있듯 혼자보다는 함께하는 것이 더 나은 성장을 끌어낸다는 메시지를 담고 있어요. 다문화 가정 아이인 주은이의 이야기를 통해 문화적 다양성과 수용의 중요성도 자연스럽게 다뤄요. 국어 교과서에 수록된 책이기도 한 이 책은, 다수의 문학상을 받은 유타루 작가의 장편 동화책이에요. 2학년 아이들의 흥미진진한 젓가락 달인 대회 과정에서 드러난 다양한 사회적 이슈를 아이와 이야기해 볼 수 있어요.

이렇게 읽어요

제목 보며 이야기 예측하기

『젓가락 달인』이라는 제목을 보고 어떤 이야기가 펼쳐질지 상상해 보며 이야기 나눠요. '달인'이라는 단어에서 어떤 의미를 떠올렸는지, 젓가락 달인은 어떤 달인일지 이야기 나눠요.

"왜 이 책의 제목이 『젓가락 달인』인 것 같아?"

"'달인'이라는 단어를 들으면 어떤 생각이 떠오르니?"

"달인이 되기 위해 어떤 노력이 필요할까?"

"○○ 주변에 생각나는 달인이 있니? 어떤 사람이야? 왜 그 사람은 달인이 되었을까?"

앞표지와 뒤표지 보며 이야기 상상하기

앞표지에는 젓가락으로 그릇에 있는 검은콩을 집는 모습, 뒤표지에는 남자아이 앞에 빈 접시와 젓가락, 콩이 들어 있는 그릇이 있어요. 이 그림들과 뒤표지에 있는 책 소개 글을 보고 책 이야기를 함께 유추해요.

"앞표지에 젓가락 그림이 있네. 그림과 책 제목 『젓가락 달인』을 보고 어떤 이야기일지 한번 생각해 보자."

"책 뒤에 책 소개 글이 있어. 이 소개 글을 읽으니 어떤 내용일 것 같아? 이 내용을 바탕으로 네가 생각하는 책 이야기를 공유해 줄래?"

젓가락 사용과 문화적 배경에 대해 알고 있는 지식 공유하기

젓가락을 사용하는 문화와 풍습을 얼마나 알고 있는지 아이와 이야기 나눠요. 예를 들어 한국, 중국, 일본에서 젓가락은 어떠한 모습인지, 무엇이 다르게 사용되는지, 젓가락을 사용하지 않는 나라에서는 어떤 도구를 사용하여 밥을 먹는지 이야기해요. 젓가락을 사용하는 나라들이 왜 젓가락을 사용하게 되었는지도 생각해 보세요. 책이나 인터넷을 통해 알아봐도 좋아요.

"젓가락을 흔히 사용하는 나라가 어디인 것 같아?"

"젓가락을 사용하지 않는 나라에서는 어떤 도구로 음식을 먹을까?"

"서양에서도 젓가락을 사용하나? 이렇게 식사 방법이 다른 이유는 무엇일까?"

생각을 키우는 질문

- [ ]
- [ ] • 우봉이는 젓가락질을 잘하기 위해 어떤 노력을 했을까?
- [ ] • ○○이라면 젓가락 대회에 참가하기 위해 어떤 연습을 할까?
- [ ]

숨어 있는 등장인물 정보 추론하기

등장인물에 대한 정보를 바탕으로 추론할 수 있는 숨겨진 정보를 찾아 표로 정리해 봐요.

- 이야기의 맥락과 흐름을 잘 이해하기 위해서는 주어진 정보를 수집하고 파악하는 능력이 중요해요. 책에는 명확하게 주어지는 정보가 있는 반면, 독자가 이야기의 전개와 인물의 행동을 통해 유추할 수 있는 정보도 있어요. 정보를 정리하는 과정을 통해 정보를 효율적으로 처리하고 분석하는 연습을 해 볼 수 있어요.

- 아이와 함께 문해 활동을 할 때는 아이에게 드러난 정보와 유추할 수 있는 정보의 차이를 설명해요. 아이의 이해를 돕기 위해 예시를 사용해 주세요. 드러난 정보는 이야기 속에서 명확하게 제시된 인물이나 상황에 대한 정보예요. 드러난 정보를 찾는 것은 비교적 쉬울 수 있어요. 예를 들어 우봉이가 처음에는 젓가락질을 잘 못했다는 점이나, 할아버지와 함께 자는 것을 불편해했다는 점이 이에 해당해요. 반면, 추론할 수 있는 정보는 인물의 행동이나 상황을 통해 독자가 추측할 수 있는 내용이에요. 예를 들면 우봉이가 젓가락질을 할아버지의 도움으로 익히면서 성취감을 느끼는 과정을 통해 우봉이가 노력의 중요성을 배웠다는 점을 추론할 수 있어요.

인물＼추론	드러난 정보	유추한 내용
우봉	처음에는 젓가락질을 잘 못함	할아버지의 도움으로 젓가락질을 익히면서 성취감을 느끼고 노력의 중요성을 배움
할아버지	우봉이에게 젓가락질을 가르쳐 줌	우봉이에게 멘토와 같은 존재임
주은	다문화 배경을 가지고 있음	우봉이에게 열린 사고와 공감을 배울 기회를 제공함

우봉이의 선택 예측하기

우봉이는 주은이와의 대결에서 질까요? 이길까요? 결말을 예측해 보고, 이 배경에 관해 설명해 봐요.

- 우봉이는 시합에 참여하는 동안 할아버지의 말씀과 주은이의 일기가 계속 떠올랐고, 젓가락질하면서 속으로 갈등을 겪어요. 그리고 이야기는 우봉이와 주은이가 결승전을 치르며 끝나요.

- 이 책의 결말은 열려 있어요. 그래서 아이가 자유롭게 결말을 고민하고 상상해 볼 수 있지요. 주어진 정보를 바탕으로 아이와 함께 우봉이가 어떤 결정을 할지 이야기해 보세요.

- 다음 질문을 읽고 책 속 내용을 다시 찾아보세요. 관련 장면을 함께 읽으며 아이와 이야기를 나누고, 질문에 대한 답을 말풍선 안에 적어 보세요. 마지막 문장은 우봉이의 마음을 상상해 완성해 보세요.
  1. "우봉이가 친구들을 이기고 '젓가락 달인'이 되고 싶다고 했을 때 할아버지는 뭐라고 했나요? 그 말을 듣고 우봉이는 무엇을 깨달았을까요?"
  2. "주은이는 왜 일기에 "엄마 때문에라도 잘해야 할 것 같다"라고 썼을까요? 우봉이는 주은이의 일기를 보고 어떤 생각을 했을까요?"
  3. "우봉이에게 달인은 어떤 의미일까요?"

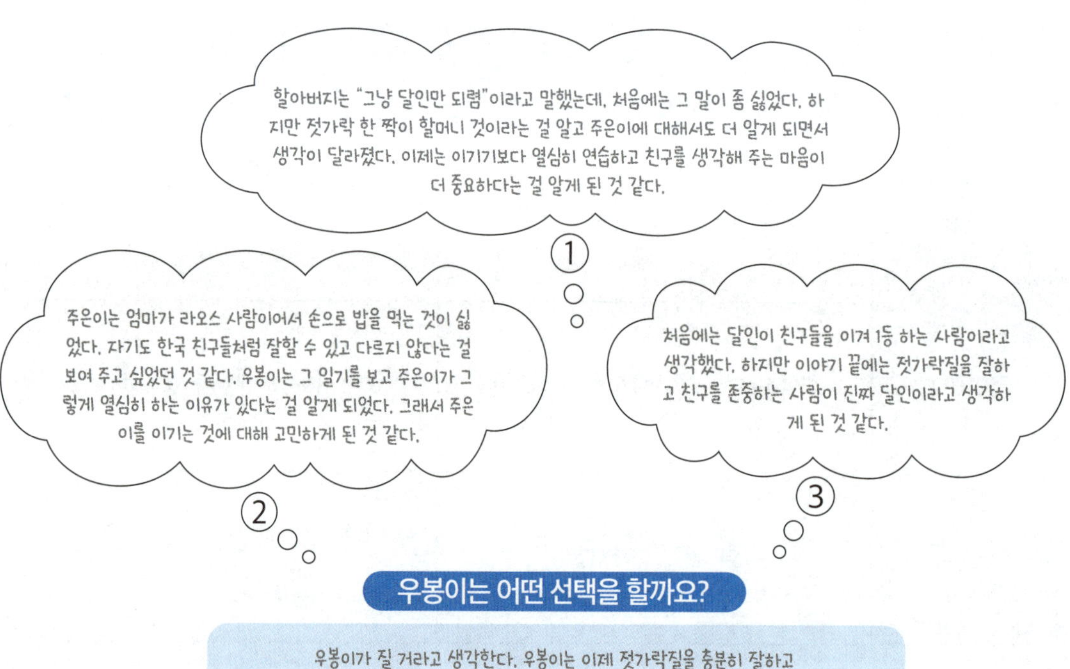

나만의 이야기 만들어 보기

내가 글을 쓴다면 어떤 주제와 줄거리로 이야기를 꾸며보고 싶은지 상상해 봐요.

- 『젓가락 달인』은 우리가 일상생활에서 흔히 접할 수 있는 '젓가락'과 작가의 경험이 담긴 '라오스', 그리고 '다문화'를 다뤄요. 이처럼 이야기의 소재는 우리 삶 속에서 쉽게 찾아볼 수 있어요. 뒤에 나와 있는 작가의 말을 아이와 함께 읽어 보고, 이야기를 만든다면 어떤 주제와 줄거리로 꾸며 보고 싶은지 이야기해 보세요.

- 자신만의 소재로 이야기를 만드는 활동은 상상력이 풍부한 아이들에게는 매우 흥미롭고 재미있는 경험이 될 수 있어요. 하지만 답이 정해진 문제집 독해 질문 유형에 익숙한 아이들에게는 어려운 과제가 될 수 있죠. 특히 아무런 준비 없이 '이야기를 상상해서 적어 보라'고 하면 아이들은 당황할 수 있어요. 이런 과정을 좀 더 수월하게 느낄 수 있도록 질문을 바탕으로 이야기를 준비해 보세요. 질문은 이야기 만들기의 핵심 요소인 주제 선택, 주인공 설정, 배경 설정, 갈등 요소, 교훈 또는 메시지로 구성해요. 아이와 함께 각 질문에 답해 보면서 아이가 상상의 나래를 펼쳐 재미있는 이야기를 만들어 보도록 하세요.

1. 내가 요즘 가장 관심 있는 주제는 무엇인가요? 이 주제가 왜 흥미롭고 중요한가요?

> 우주 탐험. 우리가 아직 다 알지 못하는 신비로운 곳이라서 흥미롭다.

2. 이야기의 주인공은 어떤 성격인가요? 주인공에게 특별한 능력, 비밀, 부족한 점이 있나요?

> '별봄'이라는 소녀. 별봄이는 용감하고 호기심이 많다. 별빛을 모아 에너지를 만들 수 있는 특별한 능력을 가지고 있다.

3. 이야기가 펼쳐질 장소는 어디인가요? 그곳에서 어떤 일이 일어나나요?

> 우주 탐사선. 별봄이가 우주비행사가 되어 새로운 행성을 탐험하러 가는데 목적지와 다른 이상한 행성에 도착하게 된다.

4. 주인공은 어떤 문제나 어려움에 직면하나요? 그 갈등을 어떻게 해결하나요?

> 탐사선이 고장 나서 다시 지구로 돌아갈 수 없다. 별봄이는 자신의 별빛 에너지를 이용해서 배터리를 충전하다 외계인 친구를 만난다. 외계인 친구는 별봄이를 돕는다.

5. 이야기를 통해 독자에게 어떤 교훈이나 메시지를 전달하고 싶나요?

> 새로운 친구를 만나고 서로 도우면 어려운 문제를 해결할 수 있다는 메시지를 전한다.

젓가락 액자 만들기

젓가락으로 할 수 있는 다른 활동에 관해 이야기 나누고 젓가락 액자를 만들어 봐요.

- 음식을 먹을 때 사용하는 젓가락 외에도 젓가락으로 무엇을 할 수 있을지 재미있게 이야기해 보세요. 인터넷에서 검색해 보는 것도 좋은 방법이에요. 젓가락으로 공예품, 수납함, 음악 연주 도구, 식물 지지대 등 다양한 것을 만들 수 있어요.

- 추억이 담긴 사진 하나를 선택해 아이와 함께 즐겁게 만들어 보는 시간을 가져 보세요. 자신의 개성을 살려 액자를 꾸미며 소중한 추억의 한 장면을 액자 안에 넣어 보는 거예요. 책에서 다룬 주제를 확장하는 활동은 단순한 독서 경험을 넘어 가족 간의 관계를 돈독히 하고 창의적 사고와 다양한 능력을 발달시킬 좋은 기회를 제공해요.

- 젓가락 액자 만드는 방법
  ❶ 젓가락 준비하기: 나무젓가락을 깨끗이 닦고 원하는 색상으로 칠하거나 그대로 사용해요.
  ❷ 액자 틀 만들기: 젓가락 1~4개를 원하는 모양으로 배치해요. 글루건이나 목공용 풀을 사용해서 각 젓가락의 끝 부분을 고정해 틀을 만들어요.
  ❸ 사진 부착하기: 액자 틀 뒷면에 사진이나 그림을 붙여요. 사진을 고정하기 위해 젓가락 틀에 테이프나 풀을 이용하세요.
  ❹ 꾸미기: 리본, 스티커, 나뭇잎 등을 붙여 액자의 앞면에 꾸미기 재료를 사용해 장식해요. 액자를 벽에 걸고 싶다면 뒷면 상단에 끈이나 리본을 글루건으로 부착해요.

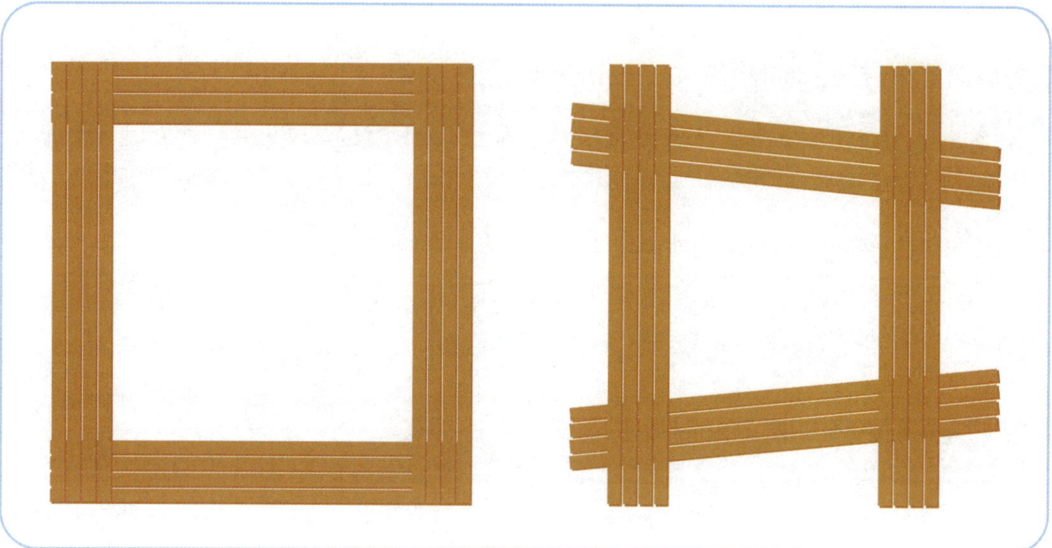

☆ 칠판에 딱 붙은 아이들 최은옥 글·서현 그림 | 비룡소 | 2015

단짝 친구였던 기웅, 도훈, 민수가 사소한 오해로 갈등이 커져요. 어느 날 세 친구는 칠판을 닦다가 손이 칠판에 붙어버리는 기이한 일을 겪어요. 함께 있는 동안 서로의 진심을 털어놓으며 오해를 풀게 되지요. 이야기 속에서 세 친구가 서로에 대해 가졌던 오해가 무엇인지, 그로 인해 어떤 일이 발생했는지 정리해요.

☆ 더하고 빼기만 해도 별다름 글·김지영 그림 | 소원나무 | 2022

이 책은 일상을 '더하기(+), 빼기(-)'로 풀어내고 작은 선택이 오늘의 나를 만든다는 걸 따뜻하게 전해요. 짧고 쉬운 동시라 아이들이 공감하며 즐겁게 읽을 수 있어요. 읽은 뒤엔 나만의 '+'와 '-' 시를 지어 보세요.

☆ 젓가락 도사의 후예 박혜숙 글·이지연 그림 | 머스트비 | 2018

젓가락질에 서툴던 초등학생 우재가 할머니와 함께 비밀 훈련을 거쳐 젓가락 신동으로 성장하는 과정을 유쾌하게 담은 이야기예요. 이 책과 『젓가락 달인』의 주제, 등장인물, 이야기를 비교해 보세요. 벤 다이어그램을 사용하여 두 책의 공통점과 차이점을 정리하고, 각 책만의 특징을 설명해요.

☆ 똑똑한 젓가락 김경복, 홍영분 글·시은경 그림 | 한솔수북 | 2014

이 책은 젓가락에 대한 정보 그림책이에요. 젓가락은 어떻게 생겨났고, 점차 어떻게 바뀌어 왔는지, 세계적으로 젓가락을 쓰는 문화권은 어디이고, 포크를 쓰는 문화권은 어디인지 등의 내용을 소개해요. 이 책을 읽기 전후로 KWL(know, want to know, learned) 표를 작성해요.

☆ 도토리 탐정 유타루 글·김효은 그림 | 뜨인돌어린이 | 2017

이웃과의 관계 속에서 지혜와 배려를 배우는 동화책이에요. 떡갈나무 숲에서 사라진 도토리 하나를 둘러싼 이야기를 통해 협력, 이해, 그리고 신뢰의 중요성을 전해요. 이야기의 결말을 새롭게 꾸며 보세요. 자신만의 결말을 글이나 그림으로 표현한 뒤, 가족이나 친구들 앞에서 발표하며 서로의 생각을 공유해요.

미다스의 초콜릿

글 패트릭 스킨 카틀링
그림 마곳 애플
옮김 황유진
펴낸 곳 북뱅크
출간 2023
갈래 외국문학(판타지동화책)
주제 #초콜릿 #미다스 왕 #마법 #과유불급

 **책 소개**

제목에서부터 눈치챌 수 있듯이 이 책은 무엇이든 다 황금으로 바꾸는 황금손으로 유명한 미다스 왕 신화를 모티프로 했어요. 주인공인 존 미다스는 초콜릿 광이에요. 어느 날 바닥에 떨어진 수상한 동전으로 처음 보는 가게에서 초콜릿을 사서 먹은 다음 날 아침, 입에 닿는 모든 것이 초콜릿으로 변하게 돼요. 아침 식사는 물론이고, 연필, 동전, 심지어 엄마까지도요. 존 미다스는 편식이 심했어요. 몸에 좋은 음식은 잘 먹지 않아 영양제를 달고 살면서도 달콤한 간식만 찾았지요. 그런 존에게 모든 것이 초콜릿으로 변하는 마법은 처음에는 축복이었어요. 하지만 이내 그것은 큰 착각이었다는 것을 깨달아요.

좋아하는 것만 먹으며 살 수는 없을까? 누구나 한 번쯤은 꿈꿔 본 적이 있을 거예요. 초등학교 저학년 아이를 둔 가정에서 단골 잔소리는 바로 "골고루 먹어라"죠. 이 책을 통해 좋아하는 것만 먹는 삶이 얼마나 불행할 수 있을지 간접적으로 체험할 수 있어요. 아이는 존 미다스의 심경 변화를 따라가면서 기쁨, 불안, 좌절, 절박함, 안도감과 같은 다양한 감정을 함께 맛볼 수 있을 거예요.

이렇게 읽어요

좋아하는 간식에 관해 이야기 나누기

표지에는 다양한 간식의 모습이 보여요. 가운데 큼지막한 미다스의 초콜릿 상자 주변으로 막대 사탕, 강낭콩 모양 젤리, 껌 같은 것들이 놓여 있지요. 대부분의 초등학교 저학년이라면 이런 달콤한 간식을 좋아할 텐데요. 내가 가장 좋아하는 간식은 어떤 것인지 이야기해 보세요. 왜 그 간식을 좋아하는지, 맛, 향, 모양, 먹었을 때의 기분 등에 관해 이야기해요. 그리고 앞으로 그 간식만 계속 먹어야 한다면 어떨지도 생각을 나눠요. 혹시 달콤한 간식을 싫어하는 친구라면 가장 좋아하는 음식에 관해 이야기해도 좋아요.

"〇〇이는 어떤 간식을 제일 좋아해? 왜 좋은 거 같아?"

"젤리가 좋구나. 젤리 맛있지. 달콤하고 쫀득쫀득해서 엄마도 좋아해. 그런데 만약 평생 젤리만 먹고 살아야 한다면 어 떨 것 같아?"

장 시작 삽화로 내용 예측하기

매 장 시작에는 삽화가 그려져 있어요. 예를 들어 편식 대장에 초콜릿 애호가인 주인공을 소개하는 첫 번째 장에는 영양제와 초콜릿 그림이, 문제의 특별한 초콜릿을 먹게 되는 두 번째 장에는 마법 초콜릿 상자 그림이 그려져 있지요. 이렇게 각 장의 삽화들은 해당 장의 핵심 내용을 보여 줘요. 한 장 한 장 넘 어갈 때마다 삽화를 보며 미리 내용을 예측해 보세요. 아직 챕터북 읽기가 익숙하지 않은 초등 저학년 은 한꺼번에 여러 장을 읽기가 힘들 수 있어요. 무리해서 읽기 양을 늘리기보다는 한 챕터씩 천천히 내 용을 충분히 숙지하고 음미하면서 읽도록 도와주세요.

"이 그림은 무엇인 것 같아? 왜 이런 그림이 있을까? 어떤 내용이 나올 것 같아?"

"장갑에 이빨 자국이 나 있네! 왜 이렇게 되었을까?"

나에게도 이런 일이 일어난다면?

내게도 존 미다스에게 일어났던 일이 그대로 일어난다면 어떨까요? 이 질문을 책을 읽기 전과 후에 모두 물어봐 주세요. 대답이 달라지기도 할 거예요. 모든 것이 초콜릿으로 변하는 것은 얼핏 생각하면 축복이 지만, 책을 끝까지 다 읽고 존 미다스의 역경을 함께 경험했다면 생각이 바뀔 거예요.

"만약 〇〇이 입에 들어가는 것마다 다 초콜릿이 된다면 어떨 것 같아?"

"책 읽기 전에는 모든 것이 초콜릿으로 변하면 좋을 것 같다고 했지? 지금은 어떻게 생각해?"

생각을 키우는 질문

- □
- □ • 평생 한 가지 음식만 먹어야 한다면 어떤 음식이 좋겠어?
- □ • 사랑하는 사람이 초콜릿으로 변하면 기분이 어떨 것 같아?
- □ • 존 미다스에게 왜 이런 일이 생겼을까?
- □

사건의 흐름에 따른 마음 변화 알기

사건이 전개되면서 변화하는 주인공의 심리 변화에 관해 탐구해 봐요.

- 이 책에서는 주요한 사건들을 중심으로 주인공의 심리, 상황 전개가 변해요. 그런 중심이 되는 사건들을 파악하는 것은 매우 중요해요. 주인공은 처음부터 끝까지 성격적 변화가 없는 평면적인 인물이 아니라 심리 상태에 큰 변화를 겪는 입체적인 인물이라서 어떤 사건들이 있었는지 되짚고, 그때마다 인물은 어떤 심리 상태였는지, 어떤 행동의 계기가 되는지를 생각하면서 인물의 변화에 주목해요.

- 활동지에 시간의 흐름에 따라 사건을 정리했어요. 왼쪽이 이야기의 시작이고 오른쪽으로 갈수록 나중에 일어난 사건이에요. 각 사건에서 주인공이 느낀 감정에 대해 적어 보세요. 활동지를 채우다 보면 자연스럽게 시간의 흐름에 따른 사건 전개가 파악될 거예요. 그에 따른 주인공의 심리 변화도 한눈에 알아볼 수 있게 되지요.

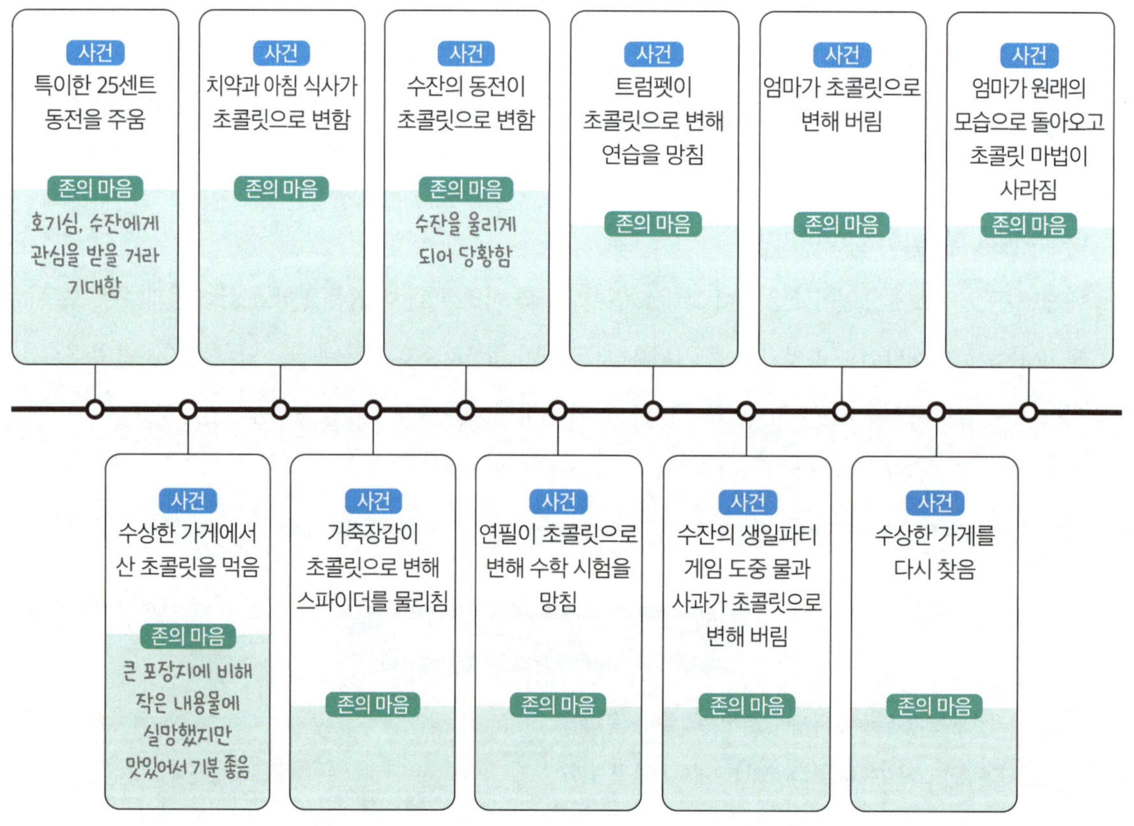

인상적인 사건으로 네 컷 만화 그리기

주인공이 겪은 사건 하나를 선택하여 네 컷 만화로 그려 봐요.

- 이맘때 아이들은 만화를 참 좋아해요. 만화를 읽는 것도 좋아하지만, 그리는 것도 재미있죠. 만화라면 그림 그리기에 다소 자신 없는 아이도 가벼운 마음으로 접근할 수 있어요.

- 앞선 문해 활동에서 정리한 사건 중 한 가지를 골라 네 컷짜리 만화로 표현해 보세요. 만화로 표현하려면 사건의 디테일과 인물의 생각을 잘 파악하고 있어야겠죠? 어떤 것을 네 컷 안에 담아낼지 핵심적인 것에 대해서도 생각해야 해요. 말풍선 안에 어떤 대사를 담아낼지도 정하고요. 단순해 보이는 만화 그리기도 여러 가지 종합적인 의사 결정이 필요하다는 점에서 효과적인 독후 활동이 될 수 있어요.

①

②

③

④

존 미다스의 일기 쓰기

내가 주인공이 되었다고 상상하고 일기를 써 봐요.

- 『미다스의 초콜릿』은 주인공인 존 미다스가 하루 동안 겪은 일을 담고 있어요. 너무나 놀랍고 큼직한 사건들의 연속이어서 하루 동안 일어난 일이라는 점이 새삼 놀라워요. 파란만장했던 하루를 마무리하며 존 미다스는 어떤 일기를 쓸까요? 그날 하루 있었던 일들을 되돌아보며 느낀 감정들과 앞으로의 다짐이 들어있지 않을까요?

- 간단한 줄거리 요약, 주인공의 심경 파악과 핵심 교훈에 대한 통찰이 필요해요. 일기장에 바로 적기 전에 먼저 브레인스토밍을 하면 좋아요. 어떤 내용을 포함하면 좋을지 미리 구상하고 시작하면 글쓰기가 쉬워져요.

- 초등학교 2학년부터 학교에서도 일기 쓰기 교육을 본격적으로 다뤄요. 아직 글쓰기가 익숙하지 않은 만큼 시작을 막막해한다면 먼저 간단히 사건을 정리하는 것부터 시작할 수 있도록 해 주세요.

년 월 일 요일	날씨	
제목 :		

미다스 왕 이야기와 비교하기

이 책의 모티프가 된 그리스 로마 신화의 미다스 왕 이야기와 비교하며 읽어 봐요.

- 이 책은 제목에서도 알 수 있듯이 만지는 모든 것이 황금으로 변했던 미다스 왕 신화를 기반으로 해요. 존 미다스가 사랑하는 엄마를 초콜릿으로 변하게 만든 것처럼 미다스 왕은 딸을 황금으로 변하게 했지요. 원작 이야기를 읽어 보며 『미다스의 초콜릿』과 어떤 점이 비슷하고 어떤 점은 다른지 이야기해요.

- 미다스 왕 신화는 그리스 로마 신화 관련 책에서도 찾아볼 수 있어요. 따로 찾아보는 것이 어려우면 인터넷 검색(예: 위키피디아)으로도 손쉽게 접할 수 있어요. 한 가지 주의할 점은 어린이 독자를 대상으로 쓰인 글은 아니기에 다소 어려운 어휘와 표현이 많아요. 함께 읽는 어른이 조금 쉬운 말로 바꾸어 읽어 주면 좋아요.

- 이야기를 읽고 난 후, 벤 다이어그램을 이용해서 공통점과 차이점을 정리해요.

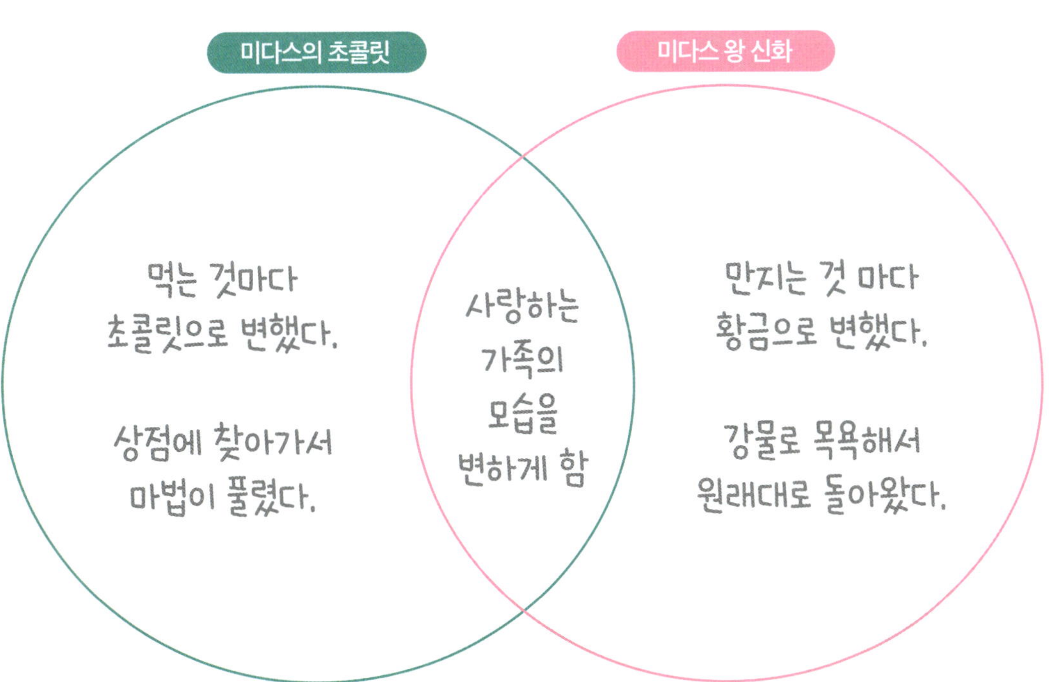

☆ 이상한 과자 가게 전천당: 행운의 갈림길 1 히로시마 레이코 글·쟈쟈 그림 | 김정화 옮김 | 길벗스쿨 | 2024

수상한 가게에서 구한 수상한 간식을 먹고 특별한 능력이 생긴다는 설정이 『미다스의 초콜릿』과 똑 닮았어요. 에피소드마다 소개된 독특한 과자들을 내가 먹게 된다면 어떤 일이 일어날지, 책에는 나오지 않지만 나에게 필요한 과자를 만든다면 어떤 과자를 만들고 싶은지 상상의 나래를 펼쳐 보세요.

☆ 초콜릿 한 조각의 기적 사토 기요타카 글·주나이다 그림 | 황세정 옮김 | 웅진주니어 | 2022

한 조각의 초콜릿이 우리 입속에 들어오기까지 어떻게 만들어지는지 자세히 알려주는 정보 그림책이에요. 초콜릿의 역사부터 원재료인 카카오가 초콜릿이 되는 과정에 대한 식품 공학적 지식까지, 다소 딱딱하고 어려울 수 있는 지식을 아기자기한 일러스트와 함께 아이들의 눈높이에서 제공해요. 한 번에 처음부터 끝까지 다 읽는 것이 버겁다면 그날의 분량을 정해 조금씩 읽어 보세요.

☆ 마음이 들리는 초콜릿 최은영 글·임미란 그림 | 뭉치 | 2024

학교생활과 친구 사귀기에 어려움을 겪는 저학년 아이들의 마음을 엿볼 수 있게 도와주는 책이에요. 주인공 민아는 우연히 학교 가는 길에 여왕개미로부터 '먹은 사람의 마음을 들을 수 있는 초콜릿'을 받아요. 그 덕분에 모든 사람에게는 저마다의 고민이 있다는 것을 알게 되죠. 친구들의 걱정거리가 초콜릿처럼 녹아 사라진다면 얼마나 좋을까요? 나에게도 마음이 들리는 초콜릿이 생긴다면 누구의 마음을 듣고 싶은지, 그 사람의 마음이 듣고 싶은 이유는 무엇인지, 그 사람의 마음을 듣게 된다면 어떤 변화가 생길지 생각해 봐요.

☆ 김치 안 먹을래 김지은 글·유준재 그림 | 위즈덤하우스 | 2009(개정판)

『미다스의 초콜릿』의 존 미다스나 『김치 안 먹을래』의 주인공 콩두처럼 편식은 많은 초등학교 저학년 친구들의 공통된 문제 거리예요. 이 책에는 흥미진진한 모험 이야기와 함께 김치에 대한 다양한 정보를 알 수 있는 부록이 수록되어 있어요. 콩두의 판타지 모험과 게임 형식의 부록을 읽다 보면 다양한 김치를 맛보고 싶게 될 거예요.

☆ 초등쌤이 알려주는 그럴 수가 그리스 로마 신화의 비밀 유준상 글·신정아 그림 | 이북스미디어 | 2024

그리스 로마 신화 이야기를 읽기 쉽게 풀어 쓴 책이에요. 인물 중심으로 네 컷 만화와 이야기를 함께 제시하여 흥미롭게 읽을 수 있어요. 총 다섯 장으로 나뉘어 있는데, 미다스 왕 이야기는 마지막 장인 '5장 그리스 신화에서 유래된 말'에 수록되어 있어요. 이 책을 계기로 그리스 로마 신화에 관심이 생긴다면 이후 더 자세한 내용을 담은 책을 읽을 수 있도록 해 주세요. 책뿐 아니라 각종 전시나 공연 등을 통해서도 지식을 확장해 나갈 수 있어요.

내 멋대로 초능력 뽑기

글 최은옥
그림 김무연
펴낸 곳 주니어김영사
출간 2022
갈래 한국문학(판타지동화책)
주제 #초능력 #히어로 #상상력 #가족 #친구 #관계의 소중함

 **책 소개**

마음에 드는 초능력을 골라 쓸 수 있게 된 현우가 어떤 일을 겪는지 유쾌하게 서술하고 있어요. 모든 게 완벽할 줄 알았던 히어로의 세계에 그 나름의 고충이 있다는 사실을 깨닫게 돼요. 그 과정에서 현우가 어떤 모습을 꿈꾸고 선택하는지 확인할 수 있어요. 만약 나라면 어떤 초능력을 선택하고, 어떤 고충을 느꼈을지 함께 상상하며 읽어 보세요.

이 책은 스마트폰으로 초능력을 선택하고 있어서 흥미를 유발해요. 최은옥 작가의 『내 멋대로』 시리즈는 다양한 주제로 아이들의 관심을 사로잡고 있지요. 이 시리즈의 책들을 한 권씩 읽어 나가는 방식도 추천해요.

이렇게 읽어요

좋아하는 앱 소개하기

이 책의 주요 소재는 스마트폰의 앱이에요. 주인공이 좋아하는 앱이 있었던 것처럼 아이가 좋아하는 앱 한 가지를 골라 설명하게 해 주세요. 앱의 이름, 앱에 어떻게 접속하는지, 어떤 버튼을 주로 사용하는지 등 앱을 소개하기 위해서 다양한 기능에 대해 자연스럽게 이야기하게 돼요.

"○○이가 가장 좋아하는 앱이 있어? 있다면 어떤 거야?"

"그 앱에 접속해서 어떤 기능들이 있는지 한번 소개해 줄래?"

"앱에서 가장 마음에 드는 기능은 어떤 거야? 어떤 점이 좋았어?"

갖고 싶은 초능력 말하기

책 표지를 살펴보면, 다섯 가지의 초능력이 그림으로 제시되어 있어요. 사물을 움직이는 능력, 속마음을 읽는 능력, 날씨를 조정하는 능력 등 초능력을 살펴보고 가장 갖고 싶은 초능력이 무엇인지 자유롭게 이야기 나눠요. 여섯 번째 초능력은 손가락으로 이름이 가려져 있는데, 그 자리에 새로운 초능력을 넣을 수 있다면 어떤 것을 넣고 싶은지 추가로 질문해도 좋아요.

"여기 다양한 초능력이 나오나 봐. 이 중에서 어떤 초능력이 가장 매력적이야?"

"그 초능력을 가지고 무엇을 하고 싶어?"

"(손가락으로 표지 그림을 가리키며) 이 자리에 새로운 초능력 선택지를 만들 수 있다면 무엇을 넣고 싶어?"

뽑기 경험 나누기

이 책은 『내 멋대로 뽑기』 시리즈 중 하나예요. 무언가를 뽑아본 경험이 있는지 서로의 경험을 공유해요. 인형 뽑기나 제비뽑기 등 다양한 뽑기 중에 어떤 경험을 해 보았는지, 경험이 많지 않다면 어떤 뽑기를 해 보고 싶은지 이야기해 볼 수 있어요. 무언가를 뽑기 직전에 어떤 감정이 느껴졌는지에 대해서도 공유하면 좋아요. 긴장, 설렘, 기대 등 다양한 감정의 이름에 관해 대화하는 기회로 삼아요.

"제목에 '뽑기'라고 나오고 뽑기 할 수 있는 화면이 나와 있네. ○○이도 인형 뽑기처럼 무언가를 뽑아본 경험이 있어?"

"뽑기를 하기 전의 감정은 어땠어? 떨릴 수도 있고 기대감에 가득 찼을 수도 있을 것 같아."

생각을 키우는 질문

- ☐ • 초능력으로 무엇이든 알게 된다면 좋을까? 아니면 좋지 않은 점도 있을까?
- ☐ • 만약에 초능력을 가진 사람들이 사는 세상이 있다면 그곳의 모습은 어떨까?

초능력 카드 만들기

가장 인상적이거나 갖고 싶은 초능력을 글과 그림으로 표현하여 초능력 카드를 만들어 봐요.

- 책에는 다양한 초능력이 등장해요. 가장 인상적이나 가장 갖고 싶은 초능력이 있다면 한 가지를 골라 카드에 표현 해요. 초능력의 이름을 적고, 그 초능력에 맞는 그림을 그려 주세요. 초능력이라는 비현실적 특성을 살려 신비롭고 화려하게 꾸미는 것도 좋아요. (홀로그램 색종이, 스티커 등)

  "○○이는 어떤 초능력이 가장 마음에 들었어? 그 초능력을 한번 카드에 표현해 볼까?"

- 뒷면에는 초능력의 특징, 사용 방법, 난이도(레벨)를 함께 적어 초능력에 대해 아이가 얼마나 이해했는지 파악하고, 자유롭게 내용을 채울 수 있도록 격려해 주세요.

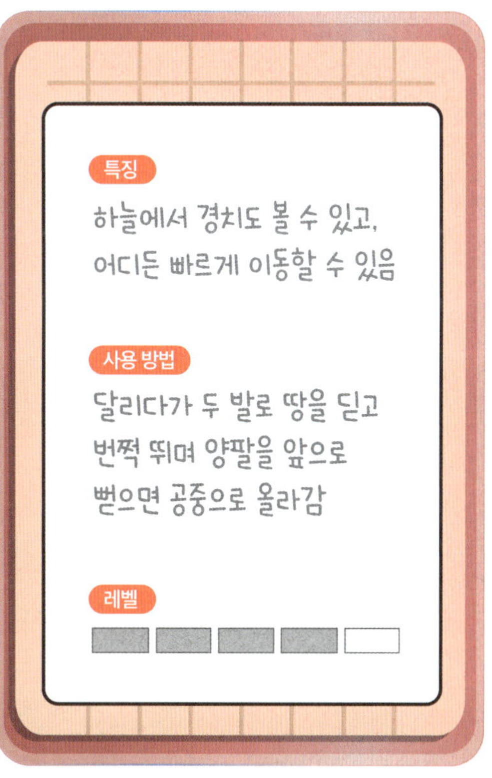

초능력 목록 채우기

수많은 초능력 중에 직접 드러나지 않은 열 가지의 초능력 목록을 채워 봐요.

- 책에 초능력 목록의 일부분이 나타나 있어요. 그 부분을 다시 읽으며 어떤 초능력 선택지가 있는지 확인해요. 현우는 100개의 초능력 중에 원하는 초능력 번호를 선택할 수 있었어요.

- 드러난 초능력 목록 말고도 어떤 초능력이 생략되어 있을지 질문해 보세요. 이미 있는 초능력과 비슷하되 조금 다른 것도 상관없어요.

- 생략된 초능력 이름에 대한 아이디어를 번갈아 가며 이야기하고, 그 초능력 이름을 번호 옆에 써요. 4번 초능력부터 13번 초능력까지 총 열 가지의 초능력 이름을 새롭게 붙이며, 이름 붙이기 놀이를 해요.

초능력 목록

① 한 번 보면 모든 걸 기억하는 초능력

② 투명 인간이 되는 초능력

③ 아주 멀리서 나는 소리도 들을 수 있는 초능력

⋮

⑭ 물 위를 걷는 초능력

⑮ 텔레파시를 보낼 수 있는 초능력

④ 사람의 이름을 한번 들으면 기억하는 초능력

⑤ 친구들이 필요한 것을 알 수 있는 초능력

⑥ 세상에서 제일 빠르게 뛰는 초능력

⑦ ________________________

⑧ ________________________

⑨ ________________________

⑩ ________________________

⑪ ________________________

⑫ ________________________

⑬ ________________________

히어로의 고충 들어주기

주인공이 초능력을 쓰게 되면서 어떤 어려움을 겪는지 살펴보고, 응원의 메시지를 보내 봐요.

- 완벽해 보이는 히어로에게도 고충이 있기 마련이지요. 현우가 초능력을 사용하게 되면서 어떤 어려움을 겪었는지 정리해요. 자신, 친구, 가족이 어떤 불편한 점을 겪었는지 나누어 정리해요.

- 초능력 앱을 사용하고 있는 현우에게 문자메시지를 보낸다고 가정하고, 현우에게 전달할 글을 작성해요. 메시지를 보낼 때 먼저 현우가 겪은 어려움을 언급하여 공감한 후 격려하는 말을 적을 수 있도록 해 주세요.

히어로의 고충

자신이 겪는 어려움	초능력으로 인해 자신에 대한 나쁜 말도 모두 듣게 됨
친구가 겪는 어려움	현우가 유명해지고 바빠져서 함께 놀 수 없음
가족이 겪는 어려움	바쁜 현우로 인해 함께 식사하거나 얼굴을 보기 어려움

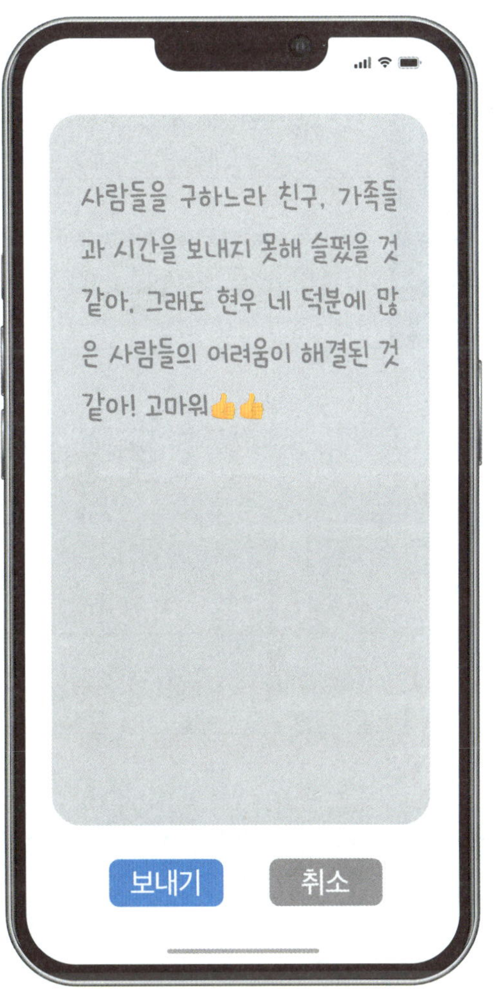

초능력 사용 규칙 만들기

초능력을 이롭게 사용하려면 어떤 규칙이 필요할지 이야기하고 규칙을 만들어 봐요.

- 초능력은 잘 사용하면 이로울 수 있지만, 잘못 사용하면 독이 될 수 있어요. 우선 초능력의 장단점을 탐색해 봐요. 초능력을 가지면 어떤 점이 좋을지, 초능력을 함부로 사용하면 어떤 일이 벌어질지에 대해 질문하며 이야기 나눠요. 이때 실제로 책 속에서 현우가 경험한 초능력의 장단점을 살펴보며 정리해 보면 좋아요.

- 초능력 중 한 가지를 사용할 수 있는 상황이라고 가정할 때, 그 초능력을 우선 정해 적어요. 그리고 그 초능력을 잘 사용하기 위해서는 어떤 규칙이 필요할지 이야기 나눠요. 다양한 예시 규칙을 살펴보며 규칙 목록을 만들어요.

장점	• 위험에 빠진 사람들을 구해 줄 수 있다. • 다른 사람들의 존경을 받을 수 있다.
단점	• 나를 싫어하는 사람들의 속마음도 알게 된다. • 초능력을 쓰느라 바빠서 가족, 친구들과 함께 시간을 보내기 어렵다.

초능력 사용 규칙

☑ 남을 도울 때만 초능력 사용하기

☑ 남을 다치게 하는 초능력은 사용하지 않기

☑ 초능력을 사용하기 전 상대에게 허락받기

☑

· 이런 책도 읽어 보세요 ·

☆ 내 멋대로 날짜 뽑기 최은옥 글 · 김무연 그림 | 주니어김영사 | 2024

최은옥 작가의 『내 멋대로 뽑기』 시리즈 중 하나예요. 반복되는 하루하루에 지루함을 느끼는 병우에게 마음대로 날짜를 뽑을 기회가 주어져요. 반복되는 일상의 소중함을 생각해 볼 수 있게 해 주는 즐거운 책이지요. 책을 읽고 아이가 가장 원하는 날(예: 생일, 어린이날, 여행 가는 날 등)을 뽑아 이유를 말해요.

☆ 여름에 만나요 파니 드레예 글 · 그림 | 이재현 옮김 | 위고 | 2022

여름 캠프를 배경으로 하는 『내 멋대로 초능력 뽑기』와 비슷하게 여름 캠프를 주제로 한 책이에요. 여름 캠프를 떠나기 위해 짐을 챙기고, 친구들과 이동하는 모습을 담고 있어요. 새로운 환경에서 시간을 보내는 설렘과 긴장의 모습을 통해 다양한 아이들을 이해할 수 있어요. 읽고 나서 내가 가고 싶은 여름 캠프에 대한 계획안을 구성하고 이야기 나눠요.

☆ 슈퍼 히어로 우리 아빠 임지형 글 · 김완진 그림 | 고래가숨쉬는도서관 | 2016

히어로 아빠를 둔 가족의 이야기를 담은 책이에요. 히어로를 생각하면 대단해 보이지만, 히어로만이 가지고 있는 고민이 있기 마련이지요. 독후 활동으로는 주변 사람 중에 슈퍼 히어로라고 생각하는 사람을 인터뷰하고, 그 내용을 바탕으로 신문 기사를 작성해요.

☆ 으라차차 달고나 권법 노수미 글 · 김이조 그림 | 잇츠북어린이 | 2024

제목처럼 달고나를 만들며 다양한 권법을 사용하는 유쾌한 이야기예요. 권법의 이름을 보면 '봉봉회전권', '솔솔소다권', '국자풍덩권'처럼 달고나 만들기를 연상시키면서도 웃음을 주는 이름들이 등장해요. 달고나 권법을 사용해 붙잡힌 할아버지를 구하는 이야기에서는 아이들의 용기 있는 모습도 확인할 수 있어요.

☆ 한밤중 달빛 식당 이분희 글 · 윤태규 그림 | 비룡소 | 2018

판타지 장르로, 나쁜 기억을 음식값으로 지급해서 맛있는 음식을 먹을 수 있는 식당이 배경이에요. 나쁜 기억이 사라지는 것이 마냥 좋은 것일지, 아닐지 궁금증을 자아내며 신비로운 분위기로 이야기를 풀어요. '나쁜 기억은 사라져야 한다'라는 안건에 대해 찬반 입장을 정하고 가족과 토론을 진행해요.

달팽이의 성

글 임제다
그림 윤예지
펴낸 곳 웅진주니어
출간 2011
갈래 한국문학(판타지동화책)
주제 #판타지 #추리소설 #변신 #마녀 #프랑스 #액자식 구성

 **책 소개**

액자는 그림이나 사진을 보호하면서도 돋보이게 해 주는 역할을 해요. 이야기에도 액자처럼 겉과 속을 구분하는 구성이 있어요. 이를 '액자식 구성'이라고 불러요. 겉 이야기는 전체적인 틀을, 속 이야기는 그 안에 담긴 내용을 의미해요. 이 책은 이런 액자식 구성을 활용해요. 아이인 '나'와 '이모'의 현재가 액자의 틀에 해당하는 '겉 이야기'이고, '이모가 프랑스에 머물던 시절의 이야기'는 액자 안의 그림과 같은 '속 이야기'지요. 액자 속 이야기에서 이모는 프랑스 시골의 어느 성에 사는 할머니를 돌보는 아르바이트를 하게 돼요. 할머니는 마녀처럼 생긴 외모에 소금을 전혀 먹지 않거나 침대가 흠뻑 젖어있는 등 수상한 점이 한둘이 아니예요. 어딘가 모르게 으스스한 그 성에서 이모의 유일한 친구가 되어준 것은 루시라는 늙은 개와 블랙이라는 검정 개뿐이죠. 도대체 할머니의 정체는 무엇일까요? 이모는 어떻게 무사히 성을 빠져나올 수 있었을까요? 루시와 블랙은 어떻게 되었을까요?

루시와 블랙의 행방에 대해 이모는 명확히 밝히지 않아요. 나 또한 이모에게 묻지 않지요. 대신 독자의 상상에 맡겨둬요. 이렇게 결말을 열어 두는 방식을 '열린 결말 구조'라 불러요. 아이들과 함께 책의 내용뿐만 아니라 구성 방식에 대해서도 함께 이야기하면 문학 작품에 대한 이해를 넓힐 수 있어요. 물론 내용도 흥미진진해요. 블랙의 정체를 알아채는 추리 과정이 짜임새 있게 진행되지요. 여러 가지 단서를 모아 나가다 보면 독자는 블랙의 정체를 등장인물보다도 먼저 알아채게 돼요. 이런 추리 과정이 즐거웠다면 언젠가 추리소설 마니아가 될지도 몰라요.

제목으로 추론하기

『달팽이의 성』이라는 제목이 독특하고 흥미롭지 않나요? 보통 '성'이라고 하면 공주나 왕자가 살고 있을 것 같은데 달팽이의 성이라니요. 달팽이는 성보다는 작은 껍질 집을 이고 다니는 모습이 더 익숙한데 말이지요. 작가는 왜 이런 제목을 붙였을까요? 제목에 대해 생각하며 앞으로 펼쳐질 내용에 대해 추론해요. 달팽이의 독특한 습성과 '성'이라는 공간이 가진 상징적 특징을 연결 지어 상상의 나래를 펼쳐 볼 수도 있어요. 책을 다 읽고 난 후, 제목에 대해 처음에 예상했던 것이 실제로 얼마나 비슷하거나 달랐는지 비교해 봐요.

"제목이 왜 『달팽이의 성』일까? 달팽이가 사는 성이라는 뜻일까?"

"'달팽이'라고 하면 뭐가 생각나?"

"'성'에는 뭐가 있지? 무엇을 하는 곳이라고 생각해?"

단서 모으며 읽기

이 책에는 사건 해결을 위한 실마리가 곳곳에 숨어 있어요. 발견한 실마리들을 서로 연결하고 종합하여 이해할 때 주요 인물들의 정체와 상황을 파악할 수 있지요. 문제 해결의 힌트를 만날 때마다 메모해 보세요. 눈치가 빠른 친구들은 단서를 모두 발견하기도 전에 먼저 사건을 해결할 수도 있어요. 하지만 인과 관계를 파악하며 읽는 것이 아직 서툰 초등 저학년 친구들에게는 메모 작성이 큰 도움이 될 거예요. 이렇게 적어 가며 읽다 보면 마치 탐정이 되어 사건일지를 작성하는 듯한 기분도 느낄 수 있어요.

"이 책 왠지 수수께끼를 푸는 것 같은 느낌인데? 우리 이 종이에다가 중요한 내용은 좀 적어 가며 읽어 보자."

"사진 속 아기 이름이 '루시'라고? 아까 늙은 개 이름도 '루시'라고 하지 않았어? 이거 힌트인가? 일단 적어두자."

"할머니는 소금 이야기만 나오면 화를 내네. 왜 그럴까? 이것도 적어둘까?"

액자 겉과 속 이야기 구분하기

책을 읽다 보면 장 구분 외에 특이한 페이지 분할 방식이 두 군데 눈에 띄어요. 바로 액자식 구성의 겉 이야기와 속 이야기가 구분되는 곳이지요. 이 책에서는 장미꽃 한 송이를 그려 넣어 액자의 겉과 속을 구분하고 있어요. 액자식 구성 방식에 대해 잘 모르는 아이들이 책을 읽다가 갑자기 장미꽃 그림을 보면 의아해할 수 있어요. 아이에게 자연스럽게 액자식 구성에 대해 알려줄 기회이니 간단하게 설명해 주었다가 책을 다 읽은 후 독후 활동을 통해 본격적으로 알아보도록 해요.

"여기 장미꽃 그림이 왜 있을까?"

"장미꽃 아래로는 이모가 유학하던 시절 이야기인가 봐. 뒤에 이야기가 끝나는 부분에도 장미꽃이 있는지 살펴볼까?"

생각을 키우는 질문

- (책 표지를 보며) 여기 할머니 모습 좀 봐. 이마에 뿔 같은 게 나 있네? 혹시 할머니가 달팽이일까?

- 브누아의 눈 색이 짝짝이라니! 블랙 눈 색도 짝짝이라고 하지 않았어? 이것도 단서인 것 같은데?

- (집에 있는 액자 하나를 가리키며) 여기 보이는 액자처럼 이 책 속 이야기도 가운데 사진 같은 '속 이야기'와 테두리 같은 '겉 이야기'로 나누어져. 어디서 이야기가 나눠지는지 함께 찾아볼까?

액자식 구성 알기

'책 속의 책'인 액자식 구성에 대해 알아봐요.

- 이 책에는 조카가 전하는 이야기 속에 이모가 해 주는 이야기가 또 들어있어요. 이런 구조를 '액자식 구성,' 혹은 '책 속의 책'이라고 불러요. 조카가 전하는 이야기가 액자 바깥쪽 이야기가 되고, 이모가 해 주는 이야기가 액자 속 이야기가 되지요. 액자 겉 이야기와 액자 속 이야기는 화자, 등장인물, 배경 등 여러 면에서 차이가 나요. 이런 차이들을 하나씩 짚어보면서 액자식 구성 방식에 대해 알아가요.

- 액자식 구성에 대한 간단한 설명을 읽어 주세요. 그리고 설명만으로 감이 잘 오지 않을 아이들을 위해 도식을 활용한 활동을 해 보세요. 같은 질문이라도 그것이 적용될 때 각각 다른 대답이 나올 수 있다는 것을 통해 액자식 구성에 대한 명확한 이해가 가능해져요.

  "액자식 구성이란, 액자가 그림이나 사진을 보호하면서도 돋보이게 해 주는 역할을 하듯이 액자와 같은 틀이 되는 이야기가 따로 있는 경우를 말해 . 액자처럼 진짜 이야기(속 이야기)를 에워싸고 있는 이야기(겉 이야기)가 또 있는 거야."

- 이 책에서는 장미꽃 그림으로 겉과 속 이야기를 구분하는데, 이를 왜 구분할까요? 액자식 구성 방식을 취함으로써 각각의 이야기 속 화자는 서로 달라요. 액자 겉의 이야기에는 조카인 '나'가, 액자 안에서는 '이모'가 화자이지요. 화자가 다르므로 '나'와 등장인물 간의 관계도 달라지고, 사건의 시간적, 공간적 배경도 달라져요.

  "액자 그림이 있네! 왜 이런 그림이 있을까? 액자식 구성이 무슨 말일까?"
  "액자 안의 이야기에서 '나'는 누구일까? 액자 밖에서 '나'는?"
  "액자 안 이야기는 언제 어디서 일어난 일이지? 액자 밖에서는?"

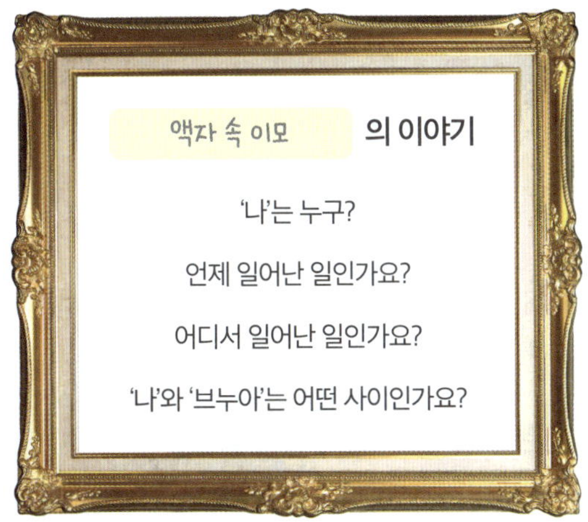

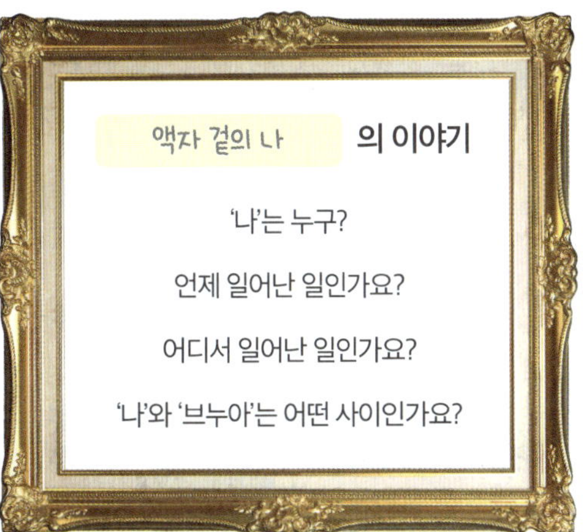

중요한 내용 이해하기

핵심 내용을 꼼꼼하게 파악하며 읽는 연습을 해 봐요.

- 초등 저학년은 해독을 연습하는 것이 중요한 과제일 수 있지만, 조금 빨리 읽기 연습이 된 아이들에게는 독해가 점점 중요해져요. 책 한 권을 다 읽어도 내용에 관한 질문에 대답을 못 하는 경우가 꽤 있거든요. 글과 그림에 직접적으로 드러나지 않은, 문맥을 통해서만 알 수 있는 내용일 경우 더 심해요.

- 책 내용에 대한 좋은 질문은 초등 저학년 아이들의 읽기 이해력을 높여주는 데 효과적이에요. 정답이 딱 떨어지는 질문보다 조금 더 깊이 생각해야 하는 질문을 던져 아이들의 내용 이해 정도를 확인해 주세요. '무엇'보다는 '왜'나 '어떻게'로 시작하는 질문이 좋아요. 사건의 이유나 과정에 대해 이해하고 있는지를 파악할 수 있고, 아이들의 대답도 더 길고 자세해지기 때문이에요.

- 책을 읽고 다음 질문에 답해 보세요. 대답하기 어려운 질문이 있다면 다시 책으로 돌아가 내용을 확인해 봐도 좋아요. 만약 아이가 단답형으로 대답한다면, 꼭 '왜 그렇게 생각했어?' '어떤 점에서 그런 것 같아?' 하고 추가 질문을 해 주세요.

1. 사진 속 브누아가 윙크하고 있던 이유는 무엇인가요?

2. 주인 할머니의 침대가 늘 젖어있던 까닭은 무엇일까요?

3. 브누아와 루시는 어떻게 개가 되었나요?

4. 마녀는 왜 브누아와 루시를 찾아왔을까요?

5. 이모는 블랙이 브누아라는 사실을 어떻게 알아냈나요?

6. 왜 루시는 언제나 개의 모습이지만 브누아는 밤에는 사람으로 변할 수 있었나요?

이모에게 질문하기

열린 결말을 음미하고 이후의 내용을 상상해 봐요.

- 책의 마지막에 '나'는 이모에게 진짜 묻고 싶은 건 묻지 않았다며 이야기가 마무리돼요. 일종의 열린 결말이지요. 열린 결말은 아이에게 생각할 거리를 던져 줘요. 아이에 따라 같은 결말이라도 다르게 받아들일 수 있고, 결말 이후 일어날 일에 대해서도 다르게 예측할 수 있어요. 일상 혹은 독서 경험의 차이로 인해 아이마다 서로 다른 독서 스키마(Schema)를 지녔기 때문이에요. 스키마란, 독자가 가지고 있는 배경지식의 총체예요. 사람마다 어떤 경험을 해왔는지에 따라 하나의 사건도 다른 영향을 미치지요. 예를 들어 반려동물의 죽음을 다룬 책을 읽었을 때 실제로 반려동물을 떠나보낸 적이 있는 아이와 반려동물을 키워본 경험이 없는 아이의 반응에는 분명히 차이가 있어요. 스키마는 사람마다 다르고, 개인 내에서도 주제마다 다를 수 있어요. 우리는 살면서 셀 수 없이 많고 다양한 것을 경험하기 때문이에요.

- 독서 동아리 활동은 이런 상황에서 친구들의 다양한 생각을 서로 확인할 좋은 기회가 돼요. 백문이 불여일견이라고 '누구나 다른 생각을 가질 수 있다'라는 설명을 듣는 것보다, 여러 가지 다른 생각을 한자리에서 직접 접하게 되면 훨씬 더 체감하는 효과가 크니까요. 아이들이 서로의 예상 질문과 대답에 귀 기울이며 존중할 수 있도록 도와주세요. 친구끼리 동아리 활동이 어려운 경우에는 가정 내에서 가족 구성원과 생각을 공유해 보면 좋아요.

- 열린 결말의 책이니 아이가 직접 결말을 작성해 볼 수 있도록 해 주세요. 내가 묻고 싶은 질문은 어떤 질문이었을까요? 이모는 그 질문에 어떤 대답을 했을까요? 질문을 먼저 적고, 그에 대한 이모의 대답도 생각해요.

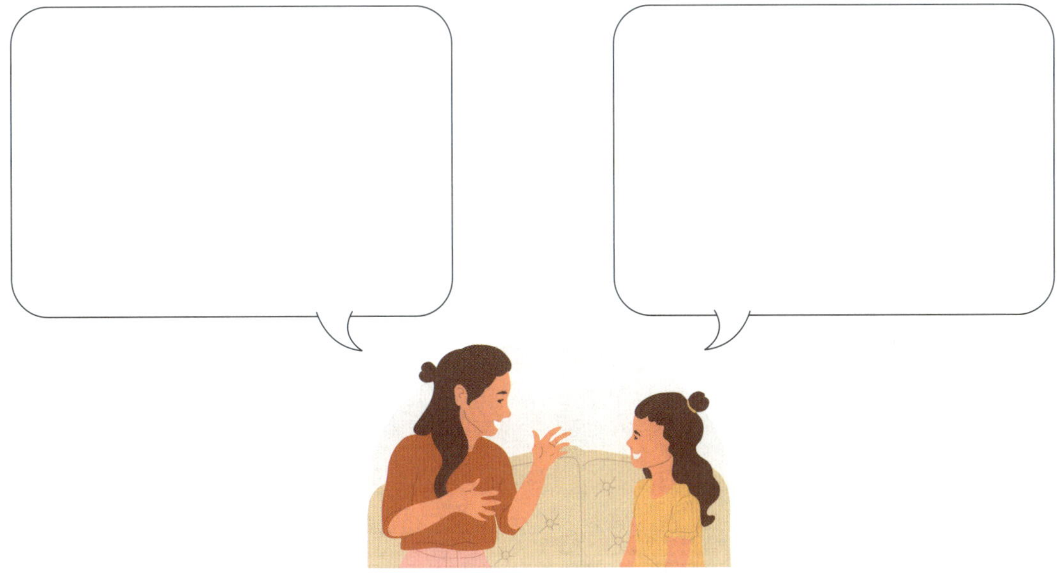

샌드위치로 액자식 구성 이해하기

직접 고른 재료로 샌드위치를 만들어 먹으며 액자식 구성에 대해 생각해 봐요.

- 액자식 구성은 샌드위치와 닮았어요. 여러 가지 속 재료의 가장 바깥을 빵이 감싸주는 모양이 겉 이야기가 속 이야기를 둘러싼 모습을 연상시키지요. 액자식 구성이 얼른 와닿지 않은 아이들도 직접 샌드위치를 만들어 먹으면 잊지 못할 거예요. 나중에 중학생이 되어 '액자 소설'에 대해 본격적으로 배우게 되면 엄마와 함께 만들었던 샌드위치가 생각날 거예요.

- 어떤 재료를 쓰느냐에 따라 샌드위치 이름이 달라지는 것이 재밌어요. '햄 치즈 통밀 샌드위치'는 속 재료로 햄과 치즈를 썼고 빵은 통밀빵을 사용했다는 것이지요. 아이가 직접 재료를 골라보게 하되, 빵은 겉 이야기에, 속 재료는 속 이야기에 해당한다고 귀띔해 주세요. 그리고 샌드위치 이름은 무엇이 되는지도 이야기해요.

- 완성된 샌드위치는 사진을 찍거나 그림으로 그려요. 그림이나 사진에 샌드위치 이름을 적고 액자식 구성과 어떤 점이 비슷한지 간략하게 적어요.

샌드위치

액자식 구성과 어떤 점이 비슷한가요?

⭐ 추리 천재 엉덩이 탐정 1   트롤 글·그림 | 김정희 옮김 | 미래앤아이세움 | 2016

TV 애니메이션 시리즈로도 유명한 〈엉덩이 탐정〉의 책 버전이에요. 추리소설 장르는 초등 저학년생에게 버거울 수 있지만, 이 책은 글밥이 많지 않고 만화와 일반 동화책의 형식을 적절히 섞어 저학년이 읽기에 안성맞춤이에요. 이 책을 재미있게 읽었다면 『엉덩이 탐정』의 다른 시리즈도 읽어요.

⭐ 다 해결 고양이 탐정   정유리 글·홍그림 그림 | 잇츠북어린이 | 2024

자칭 천재 고양이가 한 탐정의 조수가 되어 사건을 해결해 나가는 이야기를 담고 있어요. 나무 덤불로 만든 가발이라던가 모터처럼 돌아가는 꼬리와 같은 만화적이고 코믹한 요소가 여기저기 등장해요. 다른 인물들의 어려운 점을 지나치지 않고 해결해 주려는 따뜻한 마음씨도 배울 수 있어요. 수상한 3층 집으로 들어가는 대문에 붙어있는 특별한 쪽지의 내용을 참고하여 나만의 비밀번호와 힌트 쪽지를 만들어요.

⭐ 추리탐정학교 1   클레르 그라시아스 글·클로트카 그림 | 김수영 옮김 | 좋은꿈 | 2017

프랑스 아이들 사이에서 인기 있는 『추리탐정학교』 시리즈의 첫 번째 책이에요. 주인공인 세 아이메디, 킴, 쥘이 사설탐정인 아델 구필 선생님을 따라 학교 안에서 벌어진 사건을 해결해요. 책을 읽는 아이도 등장인물을 따라 단서를 모으고 추리하며 실제 탐정이 된 것 같은 기분을 느낄 수 있어요. 등장인물이 사건을 해결하기 위해 사용한 수사 기법을 따라 직접 주변에서 지문을 채취하며 탐정이 되어요.

⭐ 거짓말 언니   임제다 글·애슝 그림 | 그린북 | 2020

『달팽이의 성』을 쓴 임제다 작가의 작품이에요. 열세 살 동생 하리가 어느 날 홀연히 사라진 스물다섯 살 언니 해라를 찾으며 떠나는 모험 이야기예요. 하리는 한 해결사 사무소의 조수로 여러 가지 아르바이트를 하며 언니가 남긴 흔적들을 찾아내요. 알고 보니 언니도 하리 모르게 각종 아르바이트를 하며 생계를 책임지고 있었어요. 두 자매의 알쏭달쏭한 술래잡기 속에 감동적인 성장 이야기가 돋보이는 작품이에요.

⭐ 신기한 이야기 반점   오진원 글·다나 그림 | 웅진주니어 | 2021

흥미진진한 중국 옛이야기를 액자식으로 구성한 책이에요. 주인공 도현이는 오랜만에 귀국한 고모를 만나기 위해 '신기한 이야기 반점'이라는 중국집에 가요. 그곳에서 절대 들어가지 말라는 팻말이 붙은 '오래된 이야기방'에 혼자 들어가게 되고, 그곳에 있는 물건들에 손을 댈 때마다 이야기 속으로 빨려 들어가는 신기한 경험을 해요. 이 책에서는 도현이의 이야기가 액자 겉 이야기, 중국 옛이야기가 액자 안 이야기예요.

내 인생의 코끼리

글 랄프 헬퍼
그림 테드 르윈
옮김 이태영
펴낸 곳 키다리
출간 2022
갈래 외국문학(실화바탕동화책)
주제 #코끼리 #서커스 #우정 #실화

책 소개

독일의 한 서커스단에서 같은 날 같은 시간에 태어난 소년 브람과 아기 코끼리 모독은 둘도 없는 친구예요. 함께 공연을 연습하고 무대에 서며 눈빛만 봐도 서로의 생각을 알 수 있지요. 그러던 어느 날, 서커스단이 다른 사람에게 팔려 브람과 모독은 헤어질 위기에 처해요. 새로운 서커스 단장은 모독을 미국 뉴욕으로 데려갈 계획이죠. 과연 브람과 모독은 헤어지지 않을 수 있을까요?

이 책은 한 소년과 코끼리의 실화를 바탕으로 한 이야기예요. 작가 소개 글을 통해 그 사실을 알 수 있지요. 작가인 랄프 헬퍼는 이 책의 주인공인 브람과 모독의 감동적인 재회 장면을 목격한 당사자예요. 책 속 이야기가 실제로 있었던 일이라는 것을 알게 되니 오랜 세월이 흘러도 변하지 않는 브람과 모독의 우정이 한층 더 감동적으로 다가오지요. 브람과 모독의 여정은 몹시 험난해요. 바다에서 조난당하기도 하고, 전쟁 중인 이국에서 노역하기도 해요. 그러는 와중에 도움의 손길을 만나 위기를 모면하며 끈질기게 우정을 이어가요. 두 친구의 모험담은 그 자체로도 흥미진진하지만, 서로를 향한 끈끈한 우정이 있어 더욱 빛이 나요. 이 책을 읽으며 아이는 종을 초월한 우정과 신뢰, 생명의 소중함에 대해 생각할 수 있어요.

이렇게 읽어요

표지 속 키워드로 삼행시 짓기

책 표지에는 제목 바로 위에 '서커스 소년과 코끼리의 우정 이야기'라고 적혀 있어요. 『내 인생의 코끼리』의 핵심 주제를 함축한 문구이지요. 이 책에는 주인공인 서커스 소년 브람과 코끼리 모독의 찐한 우정 이야기가 담겨 있어요. '서커스, 코끼리, 우정'이라는 키워드에 관해 삼행시 또는 이행시를 지어봐요. 삼행시나 이행시를 지으면서 책 속 내용에 대한 기대와 흥미를 불러일으킬 수 있어요.

배경지식 알기

이야기의 첫 무대는 독일의 한 서커스단이에요. 아이들은 서커스가 무엇인지 알고 있을까요? 책 읽기에 앞서, 서커스가 익숙하지 않을 아이들을 위해 간단히 설명해 주세요. 말로 설명해 주기 어렵다면 함께 인터넷을 찾아보거나 동영상을 보여주면 효과적이에요. 코끼리는 아이들에게 친숙한 동물이에요. 직접 본 적이 없더라도 그림책이나 각종 이야기, 캐릭터 등으로 어린 시절부터 쉽게 만나왔을 거예요. 하지만 어떤 습성을 가졌기에 서커스에서 공연하고, 인간과 우정을 나눌 수 있는지 좀 더 자세히 알아보면 책의 내용을 이해하는 데 도움이 될 거예요. 표지를 보고 모독은 어떤 종류의 코끼리인지, 다 자란 코끼리의 크기와 무게는 어느 정도고 지능은 얼마인지 등 코끼리에 대한 사실을 미리 알아보세요.

"OO아, 서커스라는 말 들어봤어? 서커스가 뭘까? 잘 모른다면 엄마랑 같이 찾아보자."

"코끼리가 얼마나 똑똑한지 서커스에서 공연도 할 수 있대. 와, 여기 보니 코끼리 IQ가 70 정도 된다네!"

핵심 주제 드러난 곳 짚으며 읽기

이 책을 관통하는 핵심 주제는 브람과 모독의 끈끈한 우정이에요. 두 친구가 서로를 진심으로 아낀다는 것이 구체적으로 드러난 부분은 어디인지 알아볼 수 있어야 핵심 주제를 파악할 수 있어요. 책을 읽는 도중이나 후, 아이가 이 부분을 제대로 짚고 있는지 확인할 수 있는 질문해 주세요.

"어떤 부분에서 브람과 모독이 서로를 많이 아낀다고 느꼈어?"

"브람이 모독을 위해 한 행동 중에 어떤 것이 가장 기억에 남아?"

생각을 키우는 질문

☐
☐ · OO이는 우정이 무엇이라고 생각해? 사람과 동물도 우정을 나눌 수 있을까?
☐ · 이 책은 실제로 있었던 일을 바탕으로 썼대. 실화라는 것을 알게 되니 모독과 브람의 우정이 더 대단하게 느껴지는 것 같지 않니?

인물 관계도 만들기

등장인물 간의 관계도를 작성하고 특성을 파악해 봐요.

- 『내 인생의 코끼리』에는 주인공인 브람과 모독을 중심으로 다양한 인물이 등장해요. 잊을만하면 나타나 두 친구를 역경에 빠트리는 서커스 단주와 주인공들이 어려움을 겪을 때 도움의 손길을 내밀어주는 친구들이 있어서 브람과 모독의 모험담은 더욱 풍성해지지요. 그러나 많은 인물이 등장하다 보니, 자칫 주의를 기울이지 않으면 혼란스러워질 수 있어요. 다양한 인물과 주인공의 관계를 도식으로 나타내어 한눈에 알아볼 수 있도록 정리해 봐요.

- 먼저, 손바닥 정도 크기의 종이 카드 여러 장과 2절지 정도의 큰 종이 한 장을 준비해요. 그리고 각 카드에는 등장인물의 이름과 간단한 특징을 적어요. 이때 주인공 브람과 모독과의 일화를 중심으로 적도록 해 주세요. 가능하면 책에 나온 모든 인물에 대한 정보를 적어 보세요. 기억이 잘 나지 않는다면 책을 다시 보며 찾아요.

- 큰 종이를 가로로 놓고, 한 가운데에 브람과 모독 인물 카드를 붙여요. 나머지 인물 카드 중 주인공에게 어려움을 준 인물 카드는 브람과 모독을 중심으로 왼쪽에, 도움을 준 인물 카드는 오른쪽에 붙여요. 주인공과의 관계가 모호한 인물은 가운데 아래쪽에 붙이세요. 인물 간에 관계가 있는 경우, 선으로 연결하고 어떤 관계인지 간단히 써요.

  "지미는 어떤 친구였지?"
  "선장은 브람과 모독을 도와줬다고 할 수 있을까? 아니면 외면했다고 봐야 할까? 어느 쪽에 붙이는 게 좋겠어?"

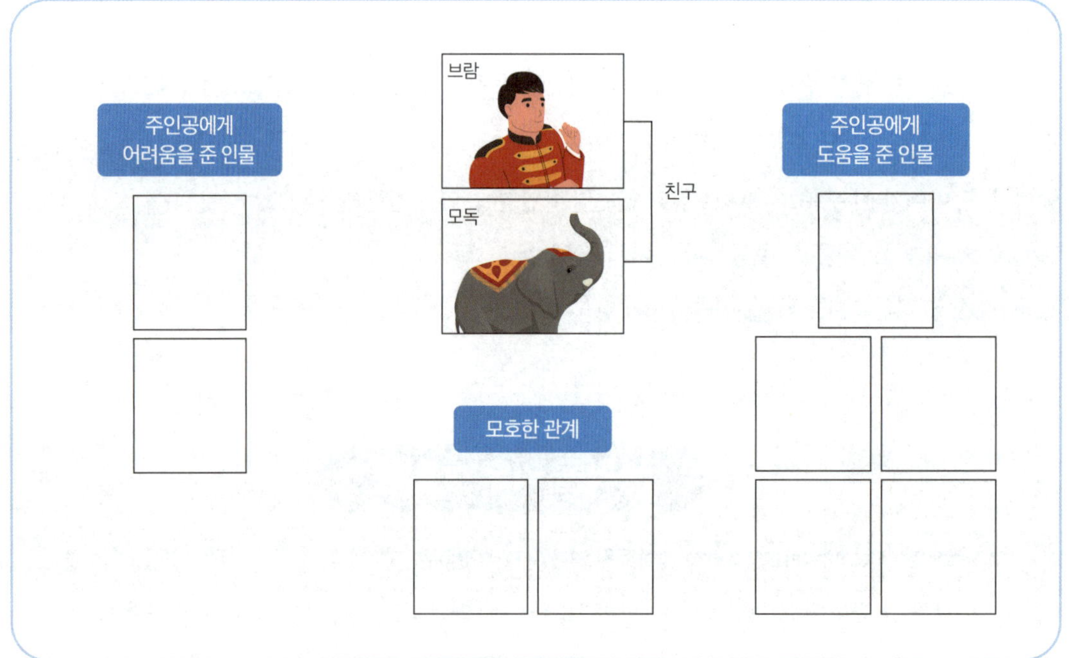

브람과 모독의 여정 따라가기

주인공 브람과 모독이 이동한 경로를 따라가며 공간적 배경을 살펴봐요.

- 브람과 모독은 독일에서 인도, 파키스탄을 거쳐 미국으로 가요. 미국에서도 대도시인 뉴욕에서 헤어지고 수년 후 한 목장에서 재회해요. 유럽, 아시아, 아메리카 세 대륙에 걸친 모험이에요. 그럼, 각각의 장소에서 어떤 일이 있었는지 되짚어 봐요. 이동 거리가 상당하다는 것을 체감할 수 있도록 세계지도 활동지를 준비했어요. 지도 위에 브람과 모독의 여행 경로를 표시하며 줄거리를 따라갈 수 있도록 해 주세요.

- 핵심 장소를 먼저 지도상에 표시한 후, 순서에 따른 이동 경로를 선으로 연결해요. 그런 뒤, 시간적 흐름에 따라 사건의 전개를 말로 설명하도록 해요.

  "브람과 모독은 독일에서 태어났지. 독일이 어디에 있지? ○○이가 찾아볼래?"

  "브람과 모독이 배를 타고 처음 도착한 곳이 어디였더라? 지도 위에 표시해 줄래?"

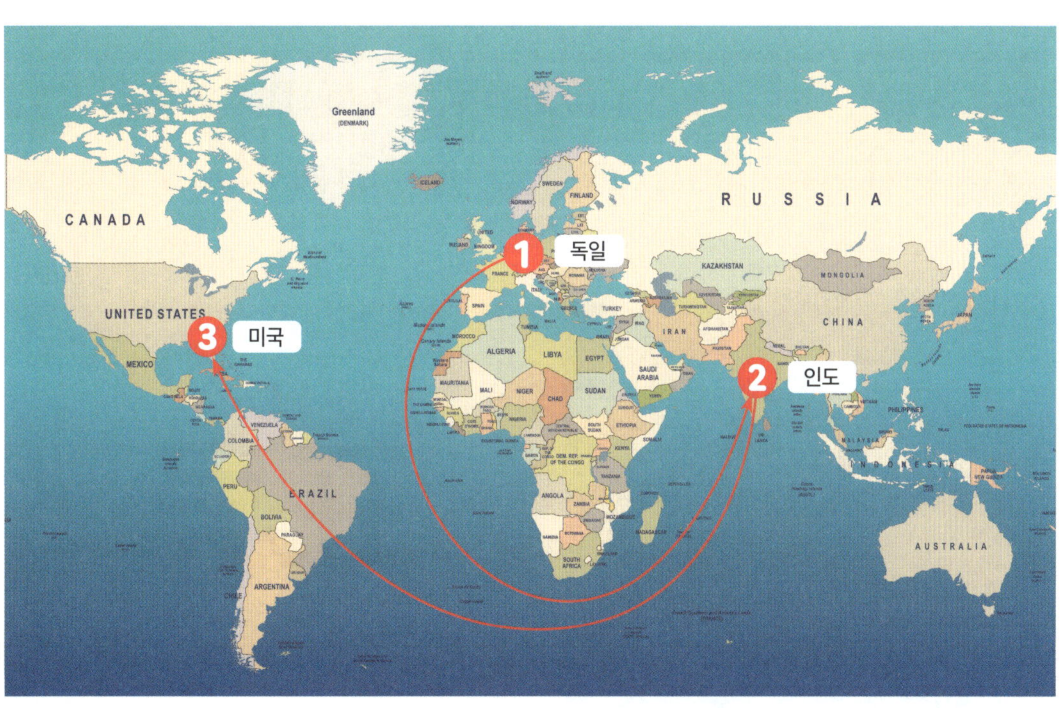

그림 사전 만들기

생소한 어휘의 정의를 그림으로 표현해 봐요.

- 픽셔너리(Pictionary)라는 보드게임을 아나요? 그림을 뜻하는 'Picture'와 사전을 뜻하는 'Dictionary'의 합성어로, 어떤 어휘의 정의를 그림으로 그린 뒤 맞추는 게임이에요. 본래 픽셔너리는 팀으로 진행하지만 여럿이서 함께 할 수 없다면, 그 원리를 이용하여 어휘 학습 활동을 해 볼 수 있어요.

- 『내 인생의 코끼리』에는 초등학교 2학년 학생들이 잘 모를 법한 단어들이 제법 등장해요. '애칭, 부두, 망망대해, 표류, 터번, 남루한' 등이 있지요. 이런 단어들을 따로 메모해 주세요. 아이에 따라 단어는 조절할 수 있어요. 모르는 것이 더 있다면 얼마든지 추가해 주세요.

- 단어 목록이 완성되었다면, 그림 사전을 만들 종이 카드를 단어의 수대로 준비해요. 종이 카드의 한 면에 각 단어를 그림으로 표현해요. 그림 뒷면에는 해당 단어를 적어 주세요. 최대한 그림만으로 표현하되, 너무 추상적이어서 표현하기 어려운 개념이라면 간단한 말풍선 정도는 허용해 주세요. 그림으로 표현하려고 애쓰는 과정에서 그 단어의 정의에 대해 깊이 생각할 수 있게 될 거예요. 직접 그린 그림 덕분에 더 확실히 기억에 남죠. 그림 사전을 완성했다면, 아이가 직접 퀴즈를 내게 해 주세요. 아이가 그린 그림을 보고 엄마가 단어를 맞히면 돼요. 엄마가 잘 맞힐수록 그림 사전이 잘 만들어졌다는 것이겠지요?

  "○○이가 잘 몰랐던 단어들을 그림으로 표현해 보는 거야. 여기 카드 앞장에는 그림으로 표현하고 뒷장에는 단어를 쓰면 돼. 그림 면에는 글씨는 쓰지 않기! 할 수 있지?"

  "○○이가 그린 그림이 어떤 단어인지 엄마가 맞혀볼게! 이건... 표류? 맞혔다! ○○이 그림 참 재미있다."

앞장

뒷장

나만의 반려동물에게 편지 쓰기

소중한 동물 친구에게 마음을 전하는 편지를 써 봐요.

- 반려동물이 있다면 브람과 모독의 이야기를 읽으며 자기 반려동물을 떠올렸을 거예요. 반려동물을 키우지 않아도 모독과 같은 친구가 있으면 좋겠다는 바람이 생겼겠지요? 사람과 동물 사이에 우정이 놀랍게 느껴지지만, 한편으로는 상대가 동물이기 때문에 더 특별한 우정을 나눌 수 있다는 생각도 들어요. 특별한 일화를 회상하거나 상상하며 나의 감정을 자세히 적어 보세요. 반려동물을 원치 않는 경우라면 좋아하는 동물을 골라 편지를 써도 좋아요.

☆ 코끼리 서커스 곽영미 글 · 김선영 그림 | 숨쉬는책공장 | 2015

『내 인생의 코끼리』는 동물권에 대한 사회적 인식이 보편화되기 전에 쓰인 책이라 아쉬움이 남아요. 그래서 이 책을 함께 읽길 추천해요. 왼쪽 펼침면에는 서커스 공연을 즐기는 관객의 관점이, 오른쪽 펼침면에는 공연하는 코끼리의 관점이 동시에 그려진 독특한 책이에요. 왼쪽 면은 아이가, 오른쪽 면은 엄마가 소리 내 읽으며 서커스를 바라보는 코끼리의 관점과 관객의 관점이 어떻게 다른지 이야기 나눠요.

☆ 안녕, 작은 별 손님 한유진 글 · 젤리이모 그림 | 그린북 | 2024

코끼리처럼 커다란 동물과의 교감이 다소 비현실적으로 느껴진다면 이 책을 추천해요. 햄스터, 도마뱀같이 작은 동물과 일상을 함께하는 아이들이 주인공이에요. 동물을 처음 만나고 이별하기까지 반려인으로서 드는 많은 생각을 아이들의 눈높이에서 담았어요. 이 책에 등장하는 네 반려동물의 공통점과 차이점을 비교하며 읽어요.

☆ 소년을 사랑한 늑대 어니스트 톰프슨 시튼 원작 | 우상구 글 · 그림 | 청어람주니어 | 2019

술집 마당에 묶여서 자란 고달픈 늑대와 늑대의 유일한 친구 소년 지미와의 우정을 그린 책이에요. 다른 사람들에게는 사나운 존재로만 여겨지는 늑대가 실제로는 사람과 우정을 나눈다는 설정이 『내 인생의 코끼리』와 비슷해요. 당시 시대상을 잘 표현한 세밀한 그림도 이 책을 보는 재미이지요. 지미를 사랑한 늑대가 지미에게 마지막으로 건네고 싶었던 말은 무엇이었을지 상상해 봐요.

☆ 동작대교에 버려진 검둥개 럭키 박현숙, 황동열 글 · 신민재 그림 | 국민서관 | 2015

2012년, 한 인터넷 게시판을 뜨겁게 달구었던 유기견 구조 실화를 바탕으로 한 실화 동화예요. 주인공 럭키의 이야기를 통해 버려진 동물에 대해 깊이 생각하게 되지요. 우리는 인간이 아닌 다른 동물들에게 어떤 마음가짐이 필요할까요? 생명의 소중함에 대해 이야기 나눠 보세요.

☆ 이구아나 할아버지 박효미 글 · 강은옥 그림 | 사계절 | 2019

실제 5년 동안 이구아나를 키워본 작가가 자신의 경험을 녹여 쓴 동화예요. 아파트에서 이구아나를 애지중지 키우는 희경이와 희경이의 이구아나를 '숭악스런 것'이라며 못마땅해하는 희경이네 할아버지의 티격태격이 관전 포인트예요. 급기야 이구아나가 집에서 사라지면서 희경이와 할아버지의 갈등은 더 커지는데, 과연 두 사람은 화해할 수 있을까요? 반려동물을 키우는 것에 대한 장단점에 대해 생각하고 토론해요.

박박 바가지

글 서정오
그림 강우근
펴낸 곳 보리
출간 2016(개정판)
갈래 한국문학(옛이야기동화책)
주제 #옛이야기 #옛말 #웃긴이야기 #언어유희 #익살스러움

책 소개

열네 가지의 옛이야기를 담은 책이에요. 부제는 '배꼽 빠지게 우스운 이야기'로, 유머가 담긴 구전 이야기가 한데 모여 있어요. 그중 '박박 바가지'는 노부부가 사는 집에 도둑이 들면서 생기는 에피소드를 풀어냈어요. 할아버지는 도둑이 내는 소리를 처음에 쥐 소리로 오해하고, 그다음에는 차례로 고양이, 개, 송아지, 코끼리, 바가지 소리로 오해하게 돼요. 그때 도둑이 처하는 상황을 보며 익살스러움을 느낄 수 있어요.

이 책처럼 재미있는 옛이야기를 접하는 것은 좋은 자산이 돼요. 책이 주는 교훈적 측면도 유익하지만, 읽었을 때 가벼운 유머를 느끼며 미소 짓게 되는 정서적 해소 측면에서도 의미가 있어요. 특히 옛이야기 책에는 요즘에는 자주 사용하지 않는 어휘가 많이 등장해요. 이야기 속 옛말들을 접하며 자연스럽게 새로운 어휘까지 확장해 보고, 모르는 단어가 있다면 함께 찾아보며 대화를 나누는 기회로 삼아 보세요.

이렇게 읽어요

바가지와 관련된 표현 찾기

표지에는 도둑이 바가지를 뒤집어쓰고 있는 모습이 그려져 있어요. 플라스틱 바가지와는 다른 실제 박으로 만든 바가지의 모습을 볼 수 있는데, 박으로 만든 바가지의 사진을 인터넷에서 검색해 눈으로 확인해 보세요. 그리고 바가지와 관련된 관용 표현으로 무엇이 있는지 알아봐요. 예를 들면 '바가지 긁다', '바가지 쓰다'가 있어요. 이 두 가지 뜻이 어떤 뜻일지 맞혀보는 놀이로 대화를 시작해 보세요.

"(표지의 바가지 그림을 짚으며) 이런 바가지를 실제로 본 적 있어?"

"여기서 퀴즈! 바가지 긁다(또는 바가지 쓰다)는 어떤 뜻일까?"

목차 보고 단어 뜻 찾기

목차를 함께 살펴보며 평소에 자주 사용하지 않는 단어, 의미를 잘 모르겠는 단어를 한번 짚어 보세요. '자린고비', '활꾼', '새끼 서 발' 등 사자성어나 관용 표현도 등장하는데, 이러한 표현에 담긴 함축적 내용을 찾아 단어의 뜻을 파악해요. 이야기를 읽기 전 각각의 소제목에 담긴 어휘를 알고 읽으면 미리 그 내용을 추측하는 데 유용해요.

"(목차를 보며) 여기에 우리가 잘 모르는 단어도 있는 것 같아. ○○이에게 생소한 단어가 있어?"

"(자린고비 뜻을 찾고 나서) 그러면 여기 이 '자린고비 영감' 이야기는 어떤 내용이 펼쳐질까?"

웃긴 이야기 나누기

최근에 들었던 웃긴 이야기나 가족끼리 공유하는 재미있는 에피소드에 관해 이야기해요. 먼저 부모님이 일상생활에서 있었던 실수담이나 가족 여행에서 생겼던 재미있는 일을 자연스럽게 꺼내주세요. 그러면 아이도 자신이 경험한 즐거운 일이나 실수에 대해 자유롭게 이야기할 수 있을 거예요.

"예전에 ○○이가 혼자서 신발 처음 신었을 때 반대로 신고 뛰어나갔던 거 기억나? 그때 정말 신나 했었는데."

"○○이도 기억나는 웃긴 경험이 있어?"

생각을 키우는 질문

- [ ] • 만약에 ○○이에게 있었던 웃긴 이야기를 책으로 쓴다면 어떤 내용을 담고 싶어?
- [ ] • 옛이야기는 ○○이에게 어떤 느낌을 주는 것 같아?

책 읽으며 웃음 참기 게임하기

가장 재미있었던 이야기를 꼽아 한두 문장씩 번갈아 가며 읽어 봐요.

- 먼저 책에서 가장 웃겼던 부분이 어디였는지 이야기 나눠요. 그중에서도 특히 재미있었던 장면을 뽑고, 왜 가장 재미있다고 느꼈는지 설명해요.

  "책에서 겁쟁이 보리밥 장군이 다른 사람들 앞에서 아주 용감한 사람인 척하는 것이 가장 웃겼어. ○○이는 어떤 부분이 가장 웃겼어?"

- 그다음, 한 사람씩 차례로 한두 문장씩 읽어요. 한 사람이 읽는 동안 자신이나 상대방이 웃으면 점수를 잃게 돼요. 일부러 상대방을 웃기기 위해서 책의 내용에 감정이 실리거나 과장되게 읽어 보세요. 내레이션, 주인공, 주변 인물 등 등장인물의 목소리를 구별하여 더 실감 나게 읽으면 좋아요.

  "이 문장은 덜덜 떠는 목소리로 읽어 볼까?"

⑩ 보리밥 장군

A: 보리밥 장군이 한참 서 있으려니까 저 산 위에서 집채만 한 호랑이가 냅다 달려온다.

B: 아, 이 허깨비 장군이 뭐 어떻게 해. 그만 죽을 것 같아서 옆에 있는 나무 위로 용을 쓰고 올라갔지.

A: 그런데 이걸 어째. 호랑이란 놈이 그걸 보고 입맛을 쩝쩝 다시면서 나무 위로 기어 올라오네.

B: 보리밥 장군이 그만 혼이 다 빠져서 죽을힘으로 냅다 소리를 질렀어.

A: "아이고, 보리밥 장군 죽는다!"

B: 얼마나 크게 소리를 질렀는지, 호랑이란 놈이 나무 위로 기어오르다가 깜짝 놀라서 그만 나뭇가지에 코가 꿰었어.

A: 그래서 꼼짝도 못 하고 매달려 있다가 죽어 버렸지. (중략)

B: "장군님, 어떻게 저 큰 호랑이를 잡았습니까?"

A: "어떻게 잡긴. 그까짓 것 한 손으로 모가지를 잡고 빙빙 돌리다가 내던졌더니 저 나뭇가지에 걸려 죽던데 뭐."

출처: 박박 바가지, 서정오, 보리, 2016

구전 이야기 만들기

'옛날 옛적에'라는 말로 시작해 서로의 이야기에 한마디씩 덧붙여 우리만의 이야기를 완성해 봐요.

- 이 책에는 입에서 입으로 전해져오는 구전 이야기가 실려 있어요. 구전 이야기는 예로부터 사람들의 입을 통해서 전해져 내려오는 이야기라는 개념을 아이에게 설명해요. 책에서 읽었던 내용도 사람마다 다른 버전으로 말할 수 있다는 점도 알려줘요.

  "구전 이야기는 사람들의 입을 통해서 전해지는 이야기야. 그래서 사람마다 조금씩 다르게 이야기할 수도 있고, 여러 버전이 생기기도 해."

- 우리만의 이야기를 만들기 위해 간단한 이야기의 첫 문장을 말해요. 바로 이어서 아이가 내용을 상상하기 어려워한다면 구체적인 질문을 던져주세요.

  "옛날 옛적에, 산골 한 마을에 젊은 부부가 살고 있었어요. 옛날 그 마을에는 어떤 특별한 일이 있었을까?"

- 이야기의 결말까지 모두 만들고 난 뒤, 함께 만든 이야기를 정리하며 적어요.

우리가 만든 이야기

옛날 옛적에, 산골 한 마을에 젊은 부부가 살고 있었어요. 어느 날 아내가

바느질하다가 깜빡 잠이 들고 말았어요. 그러자 꿈속에서 바늘이 말을 하

기 시작했어요.

의성어 직접 만들어보기

책에 나온 사물의 의성어를 자유롭게 창작해 봐요.

- '박박 바가지' 이야기에서 바가지의 의성어는 '박박'이었어요. 이외에도 '박박 바가지'에 등장했던 의성어를 살펴봐요. 다양한 동물의 의성어가 나왔던 내용을 짚어요.

  "쥐는 찍찍, 고양이는 야옹. 이건 일반적으로 많이 쓰는 의성어인데, 코끼리가 코코 끼리끼리라고 소리를 내는 건 처음 들어 봐."

- 책에 나오는 사물을 살펴보며 의성어를 직접 만들어요. 예를 들면 물 항아리, 지게, 뚝배기 등 다양한 사물을 선택할 수 있어요. 빈칸에 사물 이름을 적고, 옆에 칸에 그 사물의 의성어를 창작해 적어 보세요. 정답은 없어요. 연상되는 의성어여도 좋고, 어떤 아이디어도 괜찮아요. 모두 적고 난 뒤에는 다른 가족 구성원에 의성어만 읽고 무엇이 연상되는지 퀴즈를 내요.

  "여기 있는 물 항아리를 떠올리면 어떤 소리가 날 것 같아?"

- 활동 순서
  ❶ 책에 나와 있는 다양한 사물 여덟 가지를 골라요.
  ❷ 고른 사물의 이름을 왼쪽 빈칸에 적어요.
  ❸ 사물에서 연상되는 소리를 오른쪽 빈칸에 채워요.
  ❹ 오른쪽 빈칸에 작성한 의성어만 읽고 어떤 사물인지 퀴즈를 내요.

사물 이름	의성어	사물 이름	의성어
물항아리	찰랑찰랑		
지게	으차으차		
뚝배기	쨍그랑		

옛말 그림 사전 만들기

처음에 잘 몰랐던 옛말 세 가지를 선택해 적고 그 단어를 그림으로 그려 봐요.

- 책에는 생소할 수 있는 옛말들이 많이 등장해요. 책에서 잘 몰랐던 옛말을 찾아 적어요. 그 단어가 어떤 뜻일 것 같은지 아이 스스로 추측할 수 있게 해요.

  "이 단어는 무슨 뜻일까? 문장을 읽어 보면 어떤 의미일 것 같아?"

- 옛말을 현재에 사용하는 어휘로 바꾸면 사용할 수 있는 단어가 있는지 이야기 나눠요. 만약 옛말을 지금 사용하면 어떻게 들릴지 함께 상상해요.

  "'엽전'이라는 단어를 요즘 사용하는 말로 바꾸면 무엇이 될까? 동전이나 돈이 될 수 있겠다!"
  "동전이나 돈이라는 말 대신 '엽전'이라는 말을 쓰면 어떤 느낌이 들어?"

- 정리한 세 가지의 옛말을 글씨로 적고, 정확하게 이미지를 인터넷으로 찾아본 뒤 그림으로 함께 표현해 나만의 옛말 사전을 만들어요.

☆ 떼굴떼굴 떡 먹기 서정오 글 · 이억배 그림 | 보리 | 2016(개정판)

서정오 작가가 쓴 책으로, 동물을 주제로 이야기를 묶었어요. 익살스러우면서도 지혜로운 동물들의 이야기를 통해 즐거움과 교훈을 동시에 느낄 수 있어요. 특히 동물을 고풍 있게 묘사한 그림이 특징이에요. 인상적인 그림은 따라 그려보며 섬세한 표현을 느껴 보아요.

☆ 팥죽 할머니와 귀신 호랑이 김지원 글 · 임미란 그림 | 찰리북 | 2023

유명한 옛이야기인 『팥죽 할멈과 호랑이』 뒤에 숨겨진 이야기를 상상해 풀어낸 책이에요. '귀신 호랑이'가 들어간 제목에서 알 수 있듯이 호랑이가 귀신이 되어 나타나 자신의 억울함을 호소하는 내용이지요. 책을 읽기 전, 호랑이에 대한 이미지가 어떤지 이야기 나누어 본 다음, 모두 읽고 나서 호랑이 이미지에 대해 변화가 있었는지 이야기 나눠요.

☆ 무서운 호랑이들의 가슴 찡한 이야기 이미애 글 · 백대승 그림 | 미래아이(미래M&B) | 2023(개정판)

옛이야기에서 주로 무섭게 그려져 온 호랑이이지만, 설화나 민담에 따라 다른 모습으로 그려지기도 해요. 이 책은 호랑이를 재해석하여 여덟 가지 이야기로 담아냈어요. 다양하게 표현된 호랑이 그림 중 가장 마음에 드는 것을 고른 뒤, 그 모습의 어떤 점이 좋았는지 이야기 나눠요.

☆ 장수되는 물 박영만 원작 | 이미애 엮음 · 이광익 그림 | 사파리 | 2020(개정판)

이 책은 마시면 장수가 되는 물을 통해 괴물과 대결을 벌이는 주인공의 이야기예요. 그 과정에서 운율감 있는 다양한 의성어, 의태어를 확인할 수 있어요. 이야기 곳곳에 새로운 의성어나 의태어를 더할 수 있다면 어떤 말을 추가하고 싶은가요? 접착식 메모지를 사용해 그 말을 적고 그림 위에 붙여요.

☆ 방귀 시합 오수민 글 · 임광희 그림 | 애플비북스 | 2022

방귀는 아이들의 웃음이 저절로 나오는 주제 중 하나예요. 방귀쟁이 아줌마와 아저씨의 방귀 시합을 통해 경쟁과 욕심의 위험을 드러내지요. 『박박 바가지』에서도 '방귀쟁이 며느리'라는 이야기가 등장하는데, 오히려 방귀가 긍정적인 역할을 하고 있어요. 방귀가 두 이야기에서 어떤 다른 역할을 하는지 이야기 나누고, 차이점을 글로 적어요.

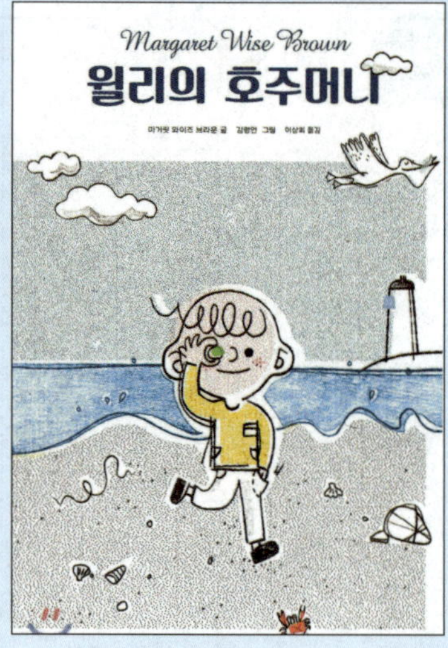

윌리의 호주머니

글 마거릿 와이즈 브라운
그림 김수현
옮김 이상희
펴낸 곳 보림
출간 2019(개정판)
갈래 외국문학(창작동화책)
주제 #호기심 #성장 #일상 #마거릿 와이즈 브라운

책 소개

아이의 눈높이에서 세상을 바라보고 호기심과 성장을 따뜻하게 그려낸 동화책이에요. 마거릿 와이즈 브라운은 아이의 시선과 경험을 작품에 그대로 담아내는 작가예요. 책의 제목처럼 '윌리의 호주머니' 장에서 윌리는 옷에 달린 일곱 개의 호주머니에 무엇을 채울지 고민해요. 각설탕을 넣어봤다가 먹어 버리고, 모기를 넣었다가 쏘여 날려 버리는 등 엉뚱한 실수를 경험하는 윌리는 주변 사람들과 소통하며 점점 소중한 것들로 호주머니를 채워 가요. 마지막에는 아빠로부터 특별한 물건을 받아요.

이 책은 세 장의 이야기로 구성되어 있는데, 아이의 눈높이에서 세상을 바라보는 작가의 따뜻한 시선이 돋보여요. 아이의 작은 호기심이 성장과 배움으로 이어지는 과정을 자연스럽게 풀어냈지요. 할머니가 보내 주기로 한 애완동물을 기다리는 내용의 '윌리와 동물 친구'에서는 윌리의 설렘과 기대, 기쁨, 행복 등의 감정 변화가 고스란히 느껴져요. '윌리의 호주머니'에서는 호주머니를 갖게 되어 그 속에 무엇을 채우면 좋을지, 관찰하고 주변 사람들에게 질문하고 스스로 고민하고 결정하는 과정이 있고요. 마지막 '윌리의 산책'에서는 윌리가 할머니 집까지 가는 산책을 담았어요.

이렇게 읽어요

원작과 국내 번역본 표지 비교하기

이 책의 원작은 1942년에 출간되었어요. 원작 표지와 국내 번역본의 표지를 비교해 보세요. 출판사가 원작의 표지를 그대로 사용하지 않고, 새로운 그림 작가를 섭외하여 표지를 바꾼 이유는 무엇일까요? 표지의 변화가 독자에게 어떤 인상을 주는지 생각해 보는 것도 흥미로울 거예요. 1940년대가 배경이라는 점을 고려하여 작가의 다른 책도 함께 살펴보며 당시 시대적 분위기와 동화 속 배경을 연결해 보세요. 그리고 왜 1940년대의 동화가 지금까지도 소개되고 사랑받고 있는지도 생각해 보세요.

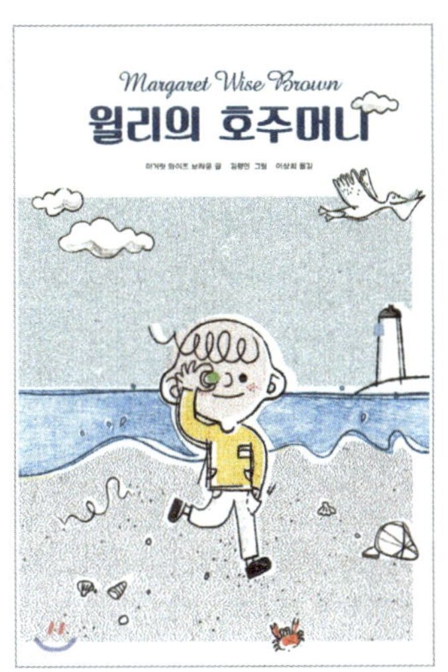

"원작 표지와 번역본 표지 중 어떤 표지가 더 마음에 드니? 이유는 무엇일까?"

"출판사가 원작 표지를 바꾸고 새로운 그림을 넣은 이유는 무엇일까?"

"1940년대에 쓰인 동화인데, 지금 우리가 읽어도 재미있는 이유는 뭘까?"

"당시 시대적 배경이나 생활 방식이 이 책의 이야기에 어떻게 반영되었을까?"

주머니의 용도 이야기하기

이 동화의 한 장은 윌리의 호주머니에 관한 이야기예요. 우리는 일상에서 주머니를 언제 사용할까요? 주인공 윌리에게 주머니는 어떤 의미일까요? 주머니의 용도와 필요성에 관해 이야기해 보세요. 윌리가 주머니에 무엇을 넣을지 고민하는 과정에서 어떤 이야기가 펼쳐질지 상상해 보는 것도 재미있을 거예요. 이를 통해 아이는 주머니의 다양한 용도를 알아보고, 윌리의 시선에서 주머니의 필요성을 생각해 보는 경험을 할 수 있어요.

"○○이는 주머니에 주로 어떤 물건을 넣고 다니니? 주머니가 없으면 불편할까?"

"○○이라면 호주머니에 무엇을 넣고 싶어?"

"윌리는 주머니에 무엇을 넣었을 것 같아?"

내가 생각하는 최고의 모험

이 책의 원제목은 '윌리의 모험'이에요. 윌리는 작은 호기심에서 시작된 모험을 통해 다양한 경험을 하고 성장해요. 아이가 생각하는 최고의 모험은 무엇일까요? 육하원칙(언제, 어디서, 누구와 무엇을, 어떻게, 왜)을 활용하여 아이의 모험 이야기를 구체적으로 살펴보세요. 아이의 상상력과 관심사를 알아가는 동시에, 윌리가 호주머니를 통해 어떤 모험을 할 수 있을지도 이야기 나누며 비교해 보세요.

"○○이가 생각하는 최고의 모험은 언제, 어디서 누구와 함께했던 거야?"

"모험을 떠난다면 어떤 곳으로 가고 싶어? 그곳에서 무엇을 하고 싶은지 상상해 볼까?"

생각을 키우는 질문

- [ ]
- [ ] • 이 책은 윌리의 모험에 관한 내용이야. ○○이는 윌리가 어떤 모험을 할 것 같아?
- [ ] • ○○이는 어떤 반려동물이 있었으면 좋겠어?
- [ ] • ○○이도 윌리처럼 일상에서 모험해 본 적이 있니?
- [ ]

윌리의 모험을 지도로 표현하기

'윌리의 호주머니'와 '윌리의 산책' 중 하나를 선택해 이야기의 흐름에 따라 윌리의 모험을 지도로 그려 봐요.

- 이 책에서는 윌리가 다양한 장소를 탐험하며 모험을 펼치는 모습을 담고 있어요. 지도를 완성하면서 윌리가 어떤 장소를 지나고, 어떤 경험을 했는지 시각적으로 표현해 봐요. 이를 통해 아이는 이야기의 전체 흐름을 더 깊이 이해하고, 상상력을 발휘할 수 있어요.

  "윌리가 모험을 떠난 장소 중에서 가장 재미있었던 곳은 어디였어? 그곳에서 어떤 일이 일어났는지 이야기해 볼까?"
  "지도를 그리면서 윌리의 모험에서 가장 기억에 남는 순간은 무엇이었어? 왜 기억이 남았을까?"

- **지도 그리는 방법**

  ❶ '윌리의 호주머니' 또는 '윌리의 산책' 중 하나를 선택하세요.

  ❷ 이야기 속에서 윌리가 방문한 장소와 그곳에서 일어난 일을 떠올려 보세요.

  ❸ 지도를 그리고, 윌리가 경험한 일을 간단한 그림이나 글로 표현해 보세요.

  ❹ 지도를 완성한 후, 윌리의 모험을 다시 한번 이야기하며 전체 줄거리를 정리해 보세요.

SWBS로 줄거리 요약하기

SWBS 방법을 이용해 책의 주요 내용을 요약해 봐요.

- SWBS(Somebody Wanted But So)는 '누가(somebody), 원했는데(wanted), 그러나(but), 그래서(so)'의 절로 구성되어 줄거리를 간단하게 정리하는 방법이에요. 지도를 그리면서 책의 전체 내용을 확인했다면, SWBS는 이야기의 흐름과 세부 내용을 살펴보는 연습을 할 수 있어요.
  - 누가(Somebody): 이야기의 주인공을 떠올려요.
  - 원했는데(Wanted): 주인공이 무엇을 원했는지 생각해 보세요.
  - 그러나(But): 주인공이 원하는 것을 이루기 위해 마주한 장애물은 무엇인지 적어 보세요.
  - 그래서(So): 주인공이 그 장애물을 어떻게 해결했는지 요약해 보세요.

- 예시를 함께 살펴보고, 아이와 함께 SWBS 차트를 완성해 보세요.

"윌리는(S) 동물 친구를 원했어(W).
그러나(B) 윌리에게는 동물 친구가 없었어.
그래서(S) 할머니에게 전화를 걸었어."

"윌리는(S) 호주머니 안에 무엇을 넣길 원했어(W).
그러나(B) 윌리의 호주머니에는 아무것도 없었어.
그래서(S) 윌리는 호주머니에 각설탕을 넣었어."

	Somebody	Wanted	But	So
1	윌리는	동물 친구를 원했어	그러나 동물 친구가 없었어	그래서 할머니에게 전화를 걸었어
2	윌리는	호주머니 안에 무엇을 넣길 원했어	그러나 호주머니에는 아무것도 없었어	그래서 윌리는 호주머니에 각설탕을 넣었어
3				
4				
5				

윌리의 다음 모험 상상하기

윌리의 다음 모험을 상상하고 짧은 글을 써 봐요.

- 이번에는 윌리의 새로운 모험을 상상하며 창의력을 발휘해요. 상상력을 더해 윌리가 어떤 새로운 장소를 탐험하고, 어떤 재미있는 일을 경험할지 이야기를 만들어 보세요.

- 육하원칙을 활용해 윌리의 다음 모험을 구체적으로 상상해 보세요. 이를 토대로 짧은 글로 표현해 보세요.
  - 언제: 모험은 언제 일어날까요?
  - 어디서: 윌리는 어떤 장소로 모험을 떠날까요?
  - 누구와: 윌리와 함께할 친구나 동물은 누구일까요?
  - 무엇을: 윌리는 그곳에서 무엇을 할까요?
  - 어떻게: 윌리는 그 모험을 어떻게 해낼까요?
  - 왜: 윌리가 그 모험을 떠난 이유는 무엇일까요?

언제	따뜻한 여름날 아침	무엇을	작은 조개
어디서	집에서 출발해 넓은 바다로	어떻게	지도를 보며 바닷가 주변을 산책
누구와	바다에서 만난 갈매기 친구	왜	호주머니에 조개를 넣기 위해서

짧은 글 완성하기

따뜻한 여름날 아침, 윌리는 부모님과 함께 바다로 여행을 떠났어요. 바닷가에 도착한 윌리는 갈매기 친구와 함께 호주머니에 넣을 작은 조개를 찾는 모험을 시작했어요. 아빠가 건네준 지도를 펼쳐 갈매기와 함께 바닷가 곳곳을 탐험하던 윌리는 마침내 마음에 쏙 드는 반짝이는 작은 조개를 발견해 호주머니에 소중히 담았어요.

인공지능으로 윌리의 모험 그리기

인공지능 그리기 앱을 활용해 책의 내용을 그려 봐요.

- 아이와 함께 태블릿을 사용하여 다양한 그림을 그려 보세요. 오토드로우(AutoDraw)는 구글이 개발한 서비스로, 사용자가 그린 그림이 무엇인지 예측하고, 일치할 확률이 높은 아이콘을 제시해 사용자가 선택할 수 있게 한 그리기 앱이에요. 이 앱을 활용해 윌리의 모험 속 장면을 그려보며 창의력을 발휘해 보세요.

- **활동 순서**
  ❶ 태블릿(또는 스마트폰, 노트북, 컴퓨터 등)을 준비하세요.
  ❷ 오토드로우 사이트(https://www.autodraw.com)에 접속하세요.
  ❸ 아이와 함께 윌리의 모험 속 장면을 상상하며 그림을 그려요.
  ❹ 오토드로우가 제시하는 아이콘 중에서 원하는 그림을 선택해 완성하세요.
  ❺ 완성된 그림을 보며 윌리의 모험을 이야기 나눠요.

내가 그린 그림

인공지능이 보여준 그림

☆ 100마리 강아지와 살래요 스테이시 매카널티 글 · 클레어 킨 그림 | 천미나 옮김 | 동그람이 | 2023

이 책은 반려동물을 키우는 일이 단순히 예쁜 강아지와 노는 것이 아니라 먹이 주기, 산책하기, 똥 치우기 등 많은 책임이 따르는 일임을 유머와 상상력을 통해 알려주는 이야기예요. 새로운 동물 친구가 생긴 윌리의 이야기 '윌리와 동물 친구'를 읽고 나서 읽으면 좋아요. 윌리에게 동물 친구를 키우기 전에 알아야 할 내용에 대해 편지를 써 봐요.

☆ 꽃주머니 이경순 글 · 이지오 그림 | 마루비 | 2023

이 책은 부모님과 떨어져 외롭게 지내는 초등학교 1학년 금이가 길가에서 주운 꽃주머니를 통해 일상의 작은 행복을 찾아가는 이야기예요. 금이는 할머니와 함께 비 오는 날 부침개를 만들어 이웃에게 나누고, 뒷집 할아버지와의 교감을 통해 행복은 스스로 만들어가는 것임을 깨달아요. 장 제목을 바탕으로 책 이야기를 요약해 봐요.

☆ 괴물들이 사는 나라 모리스 샌닥 글 · 그림 | 강무홍 옮김 | 시공주니어 | 2002

모리스 샌닥의 대표작으로 주인공 막스가 상상의 세계로 떠나는 모험을 그린 그림책이에요. 막스는 괴물들의 왕이 되어 그들의 나라를 탐험하며, 자신의 감정과 상상력을 마음껏 표현해요. 이 책은 아이들의 상상력과 감정을 풍부하게 담아내며 아이에게 꿈과 현실을 넘나드는 특별한 경험을 선사해요. 책과 영화 중에 어떤 것이 더 마음에 드는지, 그 이유를 토론해 봐요.

☆ 할머니 집에 가는 길 김용택 글 · 주리 그림 | 바우솔 | 2025(개정판)

이 책은 할머니의 깊은 사랑과 자연의 아름다움을 시로 풀어낸 따뜻한 그림책이에요. 아이가 시골 할머니 집으로 가는 여정을 따라가며, 자연과 사람의 진솔한 교감 속에서 잔잔한 위로와 감동을 선사해요. 김용택 시인의 담백한 시와 주리 화가의 감각적 그림이 어우러져 아이의 마음을 두드리지요. 책에 나온 한국의 사계절을 관찰하고 책에 등장한 다양한 색감을 참고해 각 계절을 그려 봐요.

☆ 라라의 산책 엘레오노라 가리가 글 · 아나 산펠리포 그림 | 문주선 옮김 | 짠 | 2022

이 책은 평범한 산책길을 특별한 모험으로 바꾸는 아이의 상상력과 관찰력을 담은 따뜻한 그림책이에요. 돋보기와 망원경을 들고 세상의 작은 비밀을 발견하는 라라의 이야기와 『윌리의 호주머니』의 '윌리와 산책'은 일상에서 특별함을 찾는 아이의 시선을 다룬다는 점에서 비슷해요. 동네 공원이나 숲을 찾아 라라와 윌리처럼 산책하며 모험을 떠나요. 특히 자연 속에서 발견한 것들을 모으고 집에서 어떤 물건을 발견했는지 이야기 나눠요.

3학년을 위한 문해 활동

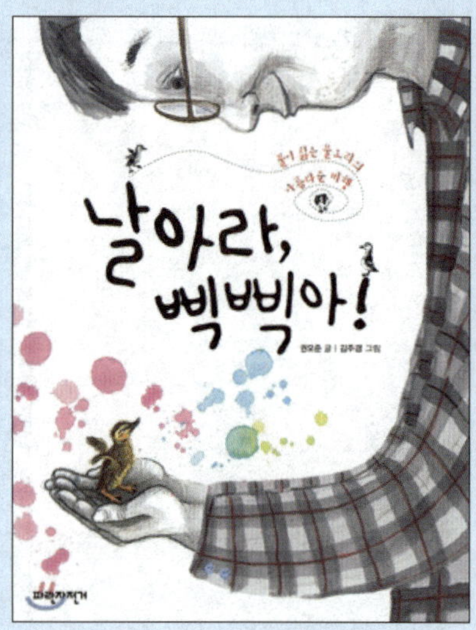

날아라, 삑삑아!

글 권오준
그림 김주경
펴낸 곳 파란자전거
출간 2015
갈래 한국문학(생태동화책)
주제 #생태 #사랑 #감동 #성장 #자연 #교류

 **책 소개**

생태동화 작가 권오준과 야생 흰뺨검둥오리 삑삑이가 함께한 240일간의 따뜻하고 감동적인 기록이에요. 자연과 동물에 대한 사랑과 교감을 아이의 눈높이에서 생생하게 전하며 아이에게 깊은 감동을 줘요. 어미에게서 버려진 야생 오리 삑삑이는 구아 아저씨를 만나 사랑 속에서 자라나지요.

이 책은 삑삑이가 자신의 두려움을 극복하고 마침내 자연으로 돌아가는 과정을 섬세하게 그려냈어요. 책 뒷부분에는 '삑삑이의 육아 일기'가 수록되어 삑삑이의 성장 과정과 함께 새들의 각인 현상, 귀소 본능, 그리고 생태적 특성을 생생한 사진과 함께 제공해요. 이를 통해 아이들은 생태에 대한 새로운 시각을 얻을 수 있을 거예요. 또한 흰뺨검둥오리를 비롯해 물가에 서식하는 다양한 새들의 생태 정보와 그들의 삶을 세밀하게 담아내어 아이들이 생태계에 대해 더 깊이 이해할 수 있도록 도와줘요.

이렇게 읽어요

야생 동물 관찰한 경험 나누기

자연이나 야생 동물을 관찰한 경험에 관해 이야기 나눠요. 책 속 주인공의 경험과 자신의 실제 경험을 연결 지어 생각하고 말로 표현해요. 이 과정에서 아이들은 이야기 속 주인공에게 더 깊이 공감하며, 자연과 주변 세계에 대한 탐구심과 존중하는 마음을 키울 수 있어요.

"구아 아저씨와 비슷한 경험을 해 본 적 있니?"

실제 주인공과 삑삑이를 영상으로 만나보기

이야기는 실화에서 영감을 받아 탄생했어요. 실제 존재하는 주인공을 영상으로 만나 봐요. 인터넷을 활용해 아이들과 함께 삑삑이와 생태학자 구아 아저씨 관련 영상을 찾아보세요. 검색에 사용할 키워드에 대해 논의하고, 검색 결과로 나오는 영상들을 함께 확인해요. 그런 다음, 영상 속 인물들의 모습과 그림책 속 그림을 비교하며 어떤 점이 비슷하거나 다른지 대화를 나눠요.

"어떤 키워드로 검색해 볼까?"

"그림에 나온 인물과 실제 인물은 어떤 점이 비슷하거나 달라?"

키워드로 이야기 주제 상상하기

뒤표지에 있는 문장(생태, 교감, 감동, 그리고 친구가 있는 아름다운 이야기)을 읽고, 문장의 각 키워드(생태, 교감, 감동, 친구)의 의미와 작가가 이 키워드를 선정한 이유에 대해 생각해 보세요.

"'생태, 교감, 감동, 친구'라는 단어를 듣고 어떤 이야기가 떠오르니?"

"이 키워드들이 모두 들어간 이야기는 어떤 모습일까?"

생각을 키우는 질문

- 구아 아저씨가 삑삑이를 돌보기로 결정한 이유는 무엇일까?
- 삑삑이가 마주한 두려움과 도전들은 어떻게 극복되었지?
- 구아 아저씨는 삑삑이와의 경험에서 무엇을 배웠을 것 같아?

가장 기억에 남는 부분 소개하기

목차를 살펴보며 가장 인상 깊었던 에피소드를 써 봐요.

- 다양한 에피소드 중 가장 기억에 남는 에피소드를 골라요. 선택한 에피소드를 간략하게 요약하여 이야기하고, 왜 이 에피소드가 마음에 들었는지 혹은 인상 깊었는지 물어보며 대화를 나눠요.

- 목차를 함께 살펴보면서 재미있었던 부분에 관해 이야기 나눠요.
  "어떤 에피소드가 가장 재미있었어?"
  "이 에피소드의 어떤 점이 마음에 들었니?"

- 마음에 들지 않았던 부분도 함께 공유하면서 대화를 나눠요.
  "어떤 에피소드가 가장 재미없었어?"
  "이 에피소드의 어떤 점이 마음에 안 들었어?"

가장 기억에 남는 에피소드

이 책에서 가장 기억에 남고 재미있었던 에피소드는
삑삑이가 처음 날기 시작했을 때예요.

기억에 남는 이유

삑삑이가 처음 날기 시작하는 장면이 아주 생생하게 묘사되어 있어서
마치 내가 그 순간에 들어가 구아 아저씨와 함께
박수를 치고 있는 듯한 기분이 들었어요.

역할극 해 보기

이야기 속 에피소드 중 하나의 장면을 골라 역할극을 해 봐요.

- 혼자 책을 읽을 때와 역할을 나눠 읽을 때 느끼는 감정이 달라질 수 있어요. 가족과 함께 이야기를 공유하는 즐거움을 경험하고, 이야기 속 주인공과 더 가까워지는 경험을 할 수 있어요.

- 선택할 에피소드나 캐릭터를 정하는 것이 어려울 수 있어요. 같은 장면을 서로 바꿔가면서 해 봐도 좋아요. 흥미진진한 에피소드나 대화가 풍부한 장면을 몇 개 미리 선정해 두고 아이와 함께 선택해요. 다음 활동지를 활용해 함께 읽을 장면을 구체적으로 정리해 보세요.

선택한 장면

삑삑이가 날다가 이별하는 장면
(107~108쪽)

역할 나누기

- 나: 해설과 삑삑이
- 엄마: 구아 아저씨

감정 표현
(장면 속 인물의 감정)

- 구아 아저씨: 삑삑이가 오늘따라 왜 이러는지 몰라 걱정됨

- 삑삑이: 아저씨와의 마지막 시간을 보내며 고맙고 미안하고 슬픔

작가에게 질문하기

작가님께 궁금한 점 세 가지를 정리해서 적어 봐요.

- 이 책을 쓴 권오준 작가는 생태 작가이자 동화 작가로, 전국 학교에서 '작가와의 만남' 행사에 가장 많이 초청되는 작가 중 한 분이에요. 이미 많은 초등학교를 다니면서 친구들을 만나고 있으니 아이에게 그 이야기를 들려주면 더 친근하게 느낄 수 있을 거예요. 인터넷에서 '권오준 작가'를 검색해 보면 직접 강연하는 모습을 볼 수 있으니 한번 찾아보는 것도 좋아요.

- 내가 만약 작가님을 실제로 만난다면, 나는 어떤 질문을 할 것 같나요? 작가님에 관한 질문도 좋고, 책에 대한 질문도 좋아요. 질문을 직접 만들어보는 게 아이에게는 조금 낯설게 느껴질 수도 있어요. 아이가 어려워한다면, 먼저 특정 주제를 정하도록 도와주세요. 예를 들면 작가님에 대한 궁금한 점, 이야기 내용, 글을 쓰는 과정, 캐릭터 창작 같은 주제가 있죠. 그다음엔 KWL 방식(K=이미 알고 있는 것, W=더 알고 싶은 것, L=책을 통해 배운 것)을 활용해서 질문을 만들어 보게 하세요. 이 방법을 쓰면 책을 읽기 전, 읽는 중, 읽은 후의 생각을 정리하면서 자연스럽게 질문이 떠오를 수 있어요.

  "작가님을 만나서 질문을 하나 꼭 해야 한다면 어떤 것에 대해서 하고 싶어?"
  "이야기 내용 중에 이해가 힘든 부분이 있었니? 신기했던 부분은?"

- 특히 책을 읽고 난 후 작가님께 하고 싶은 질문을 만드는 것에 집중해요. 아이가 원하는 주제를 떠올리고, 그 주제에 대해 이미 알고 있던 점과 책을 통해 배운 점, 그리고 추가로 더 궁금한 점을 정리해 보도록 도와주세요. 질문을 생각할 때 좋은 예시를 먼저 보여주면 아이가 더 쉽게 이해하고 질문을 만들 수 있을 거예요.

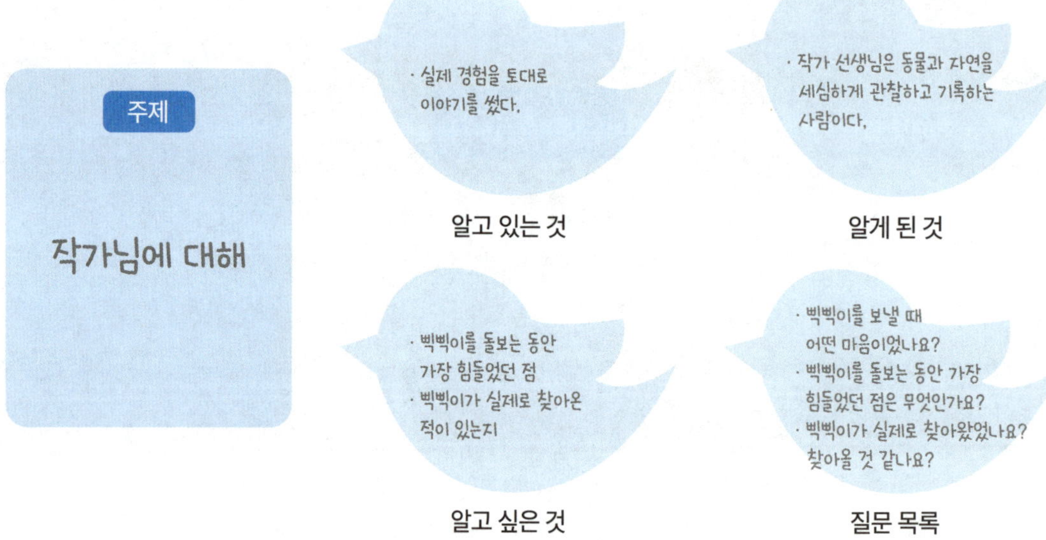

야생 동물에 대한 정보 찾고 공유하기

평소 알고 싶었던 야생 동물에 대한 정보를 찾아보고 소개장을 만든 후 이야기 나눠 봐요.

- 아이들과 함께 인터넷을 활용해 야생 동물에 대해 배워보는 건 어떨까요? 우리가 잘 알고 있는 검색 사이트를 이용해 볼 수 있어요. 관심 있는 야생 동물을 하나 정하고, 그에 대한 정보를 찾아볼 키워드를 함께 고민해 보세요. 찾아낸 정보로 재미있는 소개 자료를 만드는 활동은 아이에게 정보를 찾고 정리하는 방법을 알려줘요. 더 나아가 비판적으로 생각하고 창의적으로 표현하는 방법을 배울 좋은 기회가 될 거예요.

- 아이들은 디지털 세계에서 정보를 찾고 활용하는 법을 배우고, 자기 생각과 발견을 다른 사람과 나누는 즐거움을 경험할 수 있어요.

- **활동 순서**
  ❶ 검색어 고르기: 알고 싶은 야생 동물을 정하고, 어떤 정보를 찾고 싶은지 키워드를 정해요.
  ❷ 검색하기: 정한 키워드로 정보를 찾아봐요.
  ❸ 정보 출처 확인하기: 찾은 정보가 어디서 온 건지, 믿을 만한 곳인지 확인해요. 교육기관이나 정부기관, 유명한 자연보호단체 같은 곳이면 좋아요.
  ❹ 정보 정리하기: 찾아낸 정보를 바탕으로 야생 동물에 대한 소개 자료를 만들어요. 중요한 정보는 간단히 정리하고, 눈에 띄는 재미있는 사실은 강조해 보세요.
  ❺ 발표하기: 어떤 부분이 가장 흥미로웠는지 이야기 나눠요.

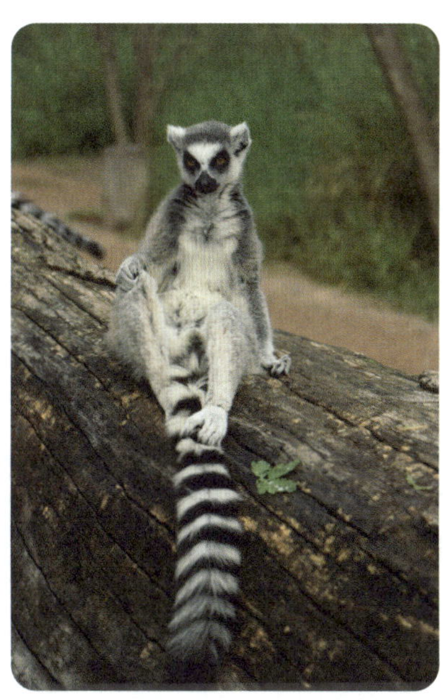

❶ **이름:** 아이아이 원숭이

❷ **생김새:** 길고 날카로운 앞니, 큰 귀, 가늘고 긴 손가락

❸ **특징:** 나무를 두드려 내부의 곤충을 찾아내는 독특한 사냥 방식

❹ **좋아하는 것:** 곤충과 과일

❺ **싫어하는 것:** 포식자

❻ **친한 동물:** 없음(주로 혼자 생활)

❼ **천적:** 아이아이를 사냥하는 포식자

❽ **현재 서식지:** 마다카스카르의 열대 우림

☆ 우리가 아는 새들 우리가 모르는 새들 권오준 글 · 사진 | 겨리 | 2014

이 책은 EBS 자연다큐 〈하나뿐인 지구〉의 '우리가 모르는 새 이야기'에서 다루지 못한 흥미로운 내용을 담고 있어요. 작가가 직접 관찰하고 촬영한 생생한 사진을 통해 우리 주변 새들의 숨겨진 세계를 자세히 소개하며, 새를 관찰하는 방법과 팁도 제공해요. 책에서 나온 방법대로 버드피더(새 모이통)를 활용하여 새를 집에 초대해 보고, 새 관찰 일기를 적어 봐요.

☆ 사계절 생태 캠핑 권오준 글 · 김영곤 그림 | 천개의바람 | 2019

자연과 깊이 교감하는 특별한 여정을 안내하는 책이에요. 매월 다양한 생태 활동을 통해 가족이 함께 모험을 즐기며 자연의 신비를 발견하도록 구성되었어요. 권오준 작가의 경험이 담긴 생생한 이야기로 캠핑 준비부터 실천까지의 과정을 담아내며, 자연과 하나 되는 법을 배울 수 있어요. 책에서 나온 활동 중 실제로 해 보고 싶은 것을 정하고, 실천을 위해 필요한 준비물을 정리해요.

☆ 나무들이 재잘거리는 숲 이야기 김남길 글 · 끌레몽 그림 | 풀과바람 | 2014

이 책은 숲과 나무의 중요성을 다루고 있어요. 숲의 생성부터 파괴까지의 과정을 통해 자연의 가치와 개발의 위험성을 생생하게 전하며, 아이에게 숲 지킴이의 역할을 깨닫게 해요. 책을 읽고 난 후 우리나라 숲을 파괴하는 것들이 무엇인지 짚어보고 해결 방안을 적어요.

☆ 내가 조금 불편하면 세상은 초록이 돼요 김소희 글 · 정은희 그림 | 토토북 | 2009

자연 보호의 중요성을 쉽고 재미있게 전달하는 책이에요. 생활에서 실천할 수 있는 환경 보호 방법을 소개하며, 아이가 환경 지킴이로 성장할 수 있도록 도와요. 환경 보호를 시작하고 싶지만 방법을 모르는 아이에게 구체적인 첫걸음을 제시해요. 책에서 소개되는 환경 보호 행동 중 내가 실제로 실천할 수 있는 행동을 목록으로 작성하고 실천해 봐요.

☆ 콩 한 쪽도 나누어요 고수산나 글 · 이해정 그림 | 열다 | 2018(개정판)

일상 속 다양한 나눔의 예를 통해 나눔의 아름다움을 쉽고 재미있게 알려주는 책이에요. 주인공의 따뜻한 이야기는 작은 행동이 큰 변화를 만들어 낼 수 있음을 깨닫게 해요. 나눔 일기장을 만들어 매일 실천한 나눔을 기록해 보세요. 작은 나눔이 쌓이며 행복과 자부심을 느낄 수 있을 거예요.

일기 고쳐 주는 아이

글 박선화
그림 김완진
펴낸 곳 잇츠북어린이
출간 2019
갈래 한국문학(판타지동화책)
주제 #나 #삶의 주인공 #꿈 #자기주도성 #정의

책 소개

이 책은 꿈과 현실, 그리고 진정한 행복이란 무엇인지 고민하는 아이들의 이야기를 따뜻하고 흥미롭게 그려낸 작품이에요. 현재는 글을 쓰는 것을 좋아하지만 집안 형편이 넉넉하지 않아 친구들의 일기를 대신 써주고 용돈을 받으며 꿈을 키워가요. 현재는 자신이 글을 잘 쓰는 것을 잘 알고 있고, 미래에는 작가가 되고 싶어 해요. 그리고 그런 현재의 꿈을 부모님은 응원하지요. 반면, 준모는 부유한 집에서 자란 아이예요. 비싼 옷을 입고, 원하는 것은 무엇이든 가질 수 있는 준모의 삶이 현재는 부러워요. 하지만 정작 준모는 자기 삶이 마냥 행복하지 않다고 느껴요. 그는 래퍼가 되고 싶지만, 부모님은 그 꿈을 인정해 주지 않기 때문이죠.

어느 날, 준모의 일기를 대신 써 주기로 한 현재는 뜻밖의 사건에 휘말리게 돼요. 골목길에서 만난 낯선 아저씨를 통해 준모의 삶을 경험하게 된 것이죠. 평소 부러워하던 준모의 삶을 직접 체험하면서 현재는 자신이 원하는 삶을 살 것인지, 아니면 남들이 부러워하는 삶을 선택할지 선택의 갈림길에 서게 돼요. 과연 현재는 어떤 선택을 할까요?

이렇게 읽어요

일기와 관련된 경험 공유하기

책의 제목을 보고 일기와 관련된 자신의 경험을 공유해요. 일기를 쓴 적이 있는지, 언제 일기를 쓰고 싶었는지, 그 경험이 어떠했는지, 기억에 남는 에피소드가 있다면 무엇인지, 그리고 일기 쓰기의 장점과 단점은 무엇인지 이야기 나눠요. 책의 주제와 자신의 경험을 연결 짓고 나면, 책 내용에 대한 흥미와 관심이 커질 거예요.

"일기를 써 본 적이 있어?"

"일기 쓰기의 좋은 점은 뭘까?"

"일기가 쓰기 싫었던 이유는 뭐였어?"

앞표지와 뒤표지를 보면서 내용 유추하기

책의 제목과 표지 그림을 활용해 이야기 내용을 추측하며 아이의 상상력과 호기심을 자극해요. 앞표지와 뒤표지에 등장하는 서로 다른 아이들에 주목하고, 그림에서 발견되는 차이점에 관해 이야기 나눠요.

"책의 제목을 보면 어떤 생각이 들어? 어떤 이야기가 펼쳐질 것 같아?"

"앞표지와 뒤표지에 등장하는 아이들은 어때 보여?"

표지를 보며 이야기의 분위기 예상해 보기

표지를 천천히 살펴보며 어떤 기분이 드는지 다양한 감정 어휘(예: 신난다, 무섭다, 슬프다, 기대된다 등)로 표현해요. 표지에 있는 그림, 색깔, 제목의 글씨체 등을 자세히 관찰해요. 아이가 떠올린 감정과 그 이유를 연결해서 이야기 나눠요.

"표지를 보면 어떤 기분이 들어?"

"이 책을 읽으면 어떤 기분이 들 것 같아?"

생각을 키우는 질문

- 현재가 다른 친구들의 일기를 대신 써 주기로 한 결정에 대해 어떻게 생각해?

- 가족들이 현재와 준모의 꿈과 삶에 어떤 영향을 미치는 것 같아? 내 꿈을 이루기 위해서는 가족의 지지가 필요할까?

- 현재와 준모는 모두 꿈을 가지고 있어. 그 꿈을 이루기 위해 극복해야 할 장애물이 무엇이었지?

인물 카드 만들기

두 명의 주요 인물의 인물 카드를 만들어 봐요.

- 이 책에서는 두 친구의 이야기를 살펴볼 수 있어요. 현재는 이야기의 중심에 자주 등장하지만, 준모 역시 중요한 역할을 하고 있어요. 두 아이가 무엇을 잘하고, 무엇이 부족하며, 무엇을 하고 싶어 하는지는 책에 나와 있어서 비교적 정리하기 쉬울 거예요. 하지만 성격을 설명하는 부분은 어려울 수 있어요. 그래서 현재와 준모를 묘사하는 데 도움이 되는 형용사 목록을 미리 준비해 두면 좋아요. 아이가 막힐 때 이 목록에서 단어를 골라 제시해 주세요. 이렇게 하면 더 쉽게 생각을 정리하고 이야기를 이해하는 데 도움이 될 거예요.

  "이야기는 누구의 목소리로 전개되고 있어?"
  "현재와 준모는 어떤 점이 같고, 다른 것 같아?"
  "현재와 준모를 생각하면 어떤 단어들이 머릿속에 떠올라?"

- 현재는 집안 형편이 좋지 않아서 자신의 재능을 살려 아르바이트를 해요. 준모는 겉으로 보기에는 남부러울 것 없이 모든 것을 다 가진 아이예요. 각 인물의 성격은 어떤가요? 잘하는 것은 무엇인가요? 갖고 있지 못한 것은 무엇일까요? 부족한 것은 무엇일까요? 하고 싶은 것은 무엇일까요? 각 질문의 대답을 카드에 정리해요.

현재	준모
❶ 성격: 　목표지향적이다.	❶ 성격:
❷ 잘하는 것: 　글을 잘 쓴다.	❷ 잘하는 것:
❸ 부족한 것: 　집안 형편이 좋지 않다.	❸ 부족한 것:
❹ 하고 싶은 것: 　돈을 벌고 싶어 한다.	❹ 하고 싶은 것:

현재가 되어 그림일기 쓰기

이야기 속 주인공이 되어 그림일기를 써 봐요.

- 일기 쓰기가 처음이라면 일기에 어떤 요소가 들어가는지 알려주세요. 이야기 속 주요 에피소드를 잘 기억하지 못할 때는 생각을 떠올릴 수 있도록 도와주는 질문을 함께 제시해 주세요.

  "현재에게 무슨 일들이 있었지?"

  "그 일이 일어났을 때 현재는 어떤 기분이었을까?"

  "현재는 왜 준모가 행복할 거라고 생각했어?"

  "현재는 자기 삶에서 어떤 점이 싫었어? 또 어떤 점이 좋았어?"

  "현재가 준모가 되었을 때 삶에 대해 만족했어? 아니면 만족하지 않았어?"

  "마지막에 현재는 결국 어떤 선택을 했지?"

> ※ 일기에 포함되는 요소
>
> 1. 날짜와 시간 (언제 일어난 일이야?)
> 2. 에피소드가 일어난 장소 (어디에서 일어났어?)
> 3. 일어난 일 (무슨 일이 일어났어?)
> 4. 일어난 일에 의해 생긴 감정과 생각 (그때 기분이 어땠어? 어떤 생각이 들었어?)
> 5. 일어난 일로 새로 알게 된 점, 감사한 점 (그 일이 일어난 후에 무엇이 변했어? 이제 어떻게 하려고 해?)

- 다른 사람의 일기를 쓰기 위해서는 정보가 필요해요. 내가 현재라면 어떤 에피소드를 일기로 쓰고 싶은지 아이에게 물어보세요. 현재의 이야기에서 가장 인상 깊었던 부분이나 장면을 선택할 수 있어요. 주인공 관점에서 그날 있었던 일, 느낀 감정, 특별히 기억에 남는 순간 등이 무엇이었을지 생각해 보고 상상해 볼 수 있도록 도와주세요. 육하원칙(누가, 언제, 어디서, 무엇을, 왜)에 따라 주인공에게 일어난 일을 먼저 정리해서 문장을 이어보게 하세요.

  "네가 만약 현재라면 겪은 일들 중에서 가장 기억에 남았으면 하는 일이 뭘까?"

  "다시는 떠올리고 싶지 않은 일은 뭘까?"

- 글을 쓰고 난 후에는 '내 일기를 쓸 때'와 '다른 사람의 일기를 쓸 때'의 공통점과 다른 점에 관해 이야기 나눠 보세요. 예를 들면 일기를 쓰는 과정에서 어떤 부분이 더 힘들었는지 또는 좋았는지에 대해 이야기해 볼 수 있어요.

❶ 언제: 부모님과 저녁 먹은 날

❷ 어디서: 고기 식당에서

❸ 일어난 일: 진짜 엄마를 만났다.

❹ 감정과 생각: 기억이 조금씩 사라지는 것 같아 무섭고, 엄마에게 미안했다.

❺ 알게 된 점: 내 기억이 정말 사라지고 내가 점점 준모가 되어 가고 있다. 너무 오래 준모로 있으면

진짜 엄마 아빠를 잃게 될 것 같다.

〈정보 수집〉

년 월 일 요일 날씨

	오	늘	은		부	모	님	과
함	께		고	기		식	당	에
갔	다	.	그	런	데		그	곳	에
서		진	짜		엄	마	를		만
났	다	.	처	음	에	는		엄	마
를		알	아	보	지		못	했	는

데	,	음	식	에		손	톱	이
들	어	가		아	빠	가		화	를
내	는		상	황	에	서		진	짜
엄	마	라	는		것	을		알	아
챘	다	.	엄	마	에		대	한
내		기	억	이		조	금	씩
사	라	지	고		있	다	.	무	섭
고	,	엄	마	에	게		미	안	했
다	.	이	렇	게		계	속		준
모	로		있	으	면		진	짜
엄	마		아	빠	를		잃	어	버
릴		것		같	았	다	.		

〈그림일기 템플릿〉

일기 퍼즐 맞추기

앞선 문해 활동에서 그린 그림일기의 그림을 12개의 조각으로 잘라 퍼즐을 만들어 봐요.

- 조각의 크기와 모양은 자유롭게 정할 수 있지만, 너무 작거나 복잡하지 않도록 하는 것이 좋아요. 앞서 그린 그림 일기를 12개의 조각으로 잘라서 준비한 후, 일기의 내용을 모르는 다른 가족 구성원이 퍼즐을 맞춰 보게 해요. 활동에 참여한 구성원이 퍼즐을 완성하면 그림을 보고 아이가 어떤 내용을 일기에 썼을지 추측하도록 해요. 그다음, 그림을 바탕으로 활동에 참여한 구성원의 예상과 아이가 실제로 쓴 일기 내용을 비교하면서 어떤 점이 비슷하고 다른지 이야기해 보면 좋아요.

- 활동 순서
  ❶ 준비물: 작성한 그림일기, 가위, 퍼즐 조각을 담을 수 있는 작은 상자, 풀
  ❷ 순서: 그림 완성 ⋯➤ 퍼즐로 구성 ⋯➤ 다른 가족 구성원이 맞춰보기 ⋯➤ 그림을 보고 실제 일기 내용 유추하기 ⋯➤ 유추한 내용과 실제 일기 내용 비교해 보기

내 삶의 보물 지도 만들기

자신이 꿈꾸는 미래를 이미지와 단어로 표현해 봐요.

- 보물 지도는 우리가 꿈꾸는 것, 이루고 싶은 목표를 종이 위에 그림이나 사진으로 붙여 만드는 특별한 지도예요. 예를 들어 내가 우주에 가고 싶다면, 우주선이나 우주비행사의 사진을 붙이고, 수영 선수가 되고 싶다면 수영장이나 수영복 사진을 붙이면 돼요.

- 우리는 꿈꿀 때 행복을 느끼죠. 아이가 가고 싶은 곳, 하고 싶은 일, 가지고 싶은 것, 되고 싶은 것 중에서 하나를 골라 목표를 세우도록 하세요. 이 목표와 관련된 이미지나 단어를 인터넷에서 찾아 인쇄해 A4용지에 배치해요

  "현재와 준모처럼 ○○에게도 꿈이 있니?"
  "○○의 꿈은 무엇이니?"
  "○○의 삶에서 중요하게 생각되는 것이 무엇이니?"
  "꼭 달성하고 싶은 목표가 있니?"

- 가장 중요한 것을 지도의 중심에 두고, 서로 관련된 아이디어나 목표는 가까이 배치해요. 이미지나 단어 사이에 선을 그어서 어떻게 연결되는지 표현할 수도 있어요. 활동을 마친 후 보물 지도를 만들면서 어떤 생각이 들었는지, 어떤 느낌이었는지 이야기 나눠 보세요. 가족 앞에서 자신의 보물 지도를 발표해 보면 좋아요.

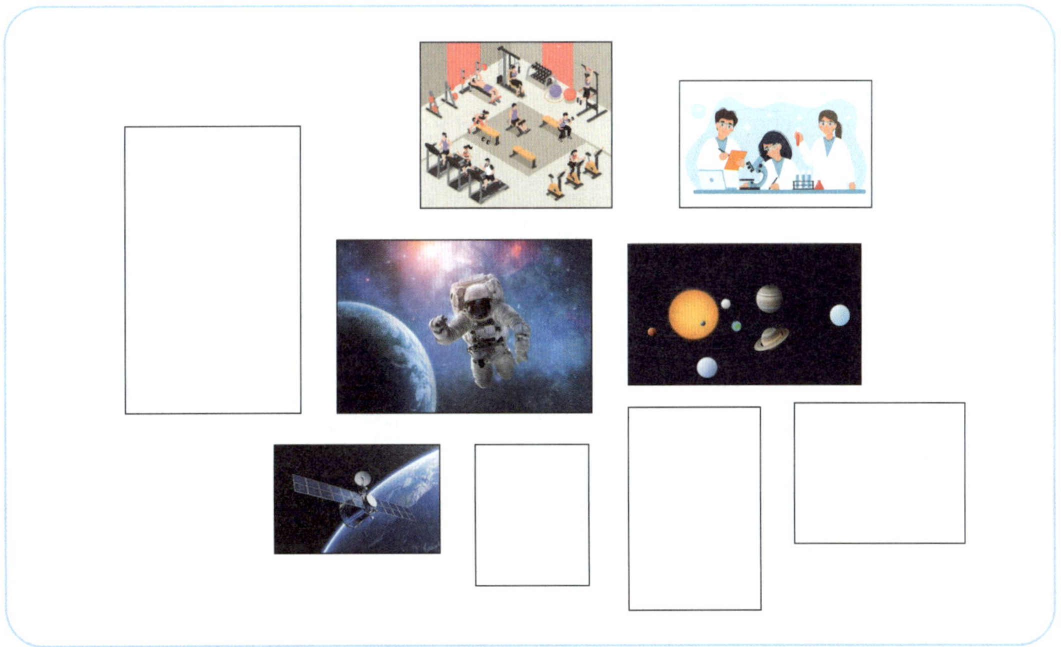

☆ 내 멋대로 나 뽑기 최은옥 글 · 김무연 그림 | 주니어김영사 | 2018

자신에 대해 만족하지 못하는 민주가 '다른 나'를 경험하게 되면서 자신이 진정으로 무엇을 중요하게 생각하는지, '나다움'이 무엇인지를 깨닫게 되는 이야기예요. 책을 읽은 후 10년 후의 '나'를 상상하고 그린 후 소개하는 글을 써 봐요.

☆ 일기 도서관 박효미 글 · 김유대 그림 | 사계절 | 2006

일기 쓰기가 어려운 민우는 벌 청소를 하다 '일기 도서관'을 발견해요. 남의 일기를 베끼며 두려움을 잊으려 하지만 결국 들통나고, 선생님에게 솔직한 마음을 털어놔요. 『일기 고쳐주는 아이』와 『일기 도서관』두 이야기 속 주인공(민우와 현재)이 일기를 대하는 태도와 감정을 비교하며 공통점과 차이점을 찾아요.

☆ 인싸가 되고 싶어 신은영 글 · 박현주 그림 | 크레용하우스 | 2021

SNS 인싸 안젤라처럼 되고 싶었던 주연이는 점점 진정한 친구와 자신을 잃어가요. 이 과정을 통해 진짜 행복과 소중한 인간관계의 가치를 되새기게 되는 이야기예요. 청소년과 SNS의 영향을 다루며, 자기 자신을 사랑하고 현명하게 SNS를 활용하는 방법을 고민하도록 도와줘요. 책을 읽은 후 인기가 많다는 것이 행복과 관련이 있을지에 관해 이야기 나눠요.

☆ 끝까지 초대할 거야 박현숙 글 · 조현숙 그림 | 잇츠북어린이 | 2016

이 책은 친구들 사이의 따돌림과 우정, 오해와 화해를 다루고 있어요. 따돌림당하는 아이와 따돌림을 가하는 아이의 입장을 앞뒤로 담았어요. 이야기를 통해 아이들이 따돌림의 양면성, 심각성, 소통의 중요성을 깨닫게 돼요. 독서 후 활동으로 따돌림과 관련된 경험에 대해 이야기 나눠요.

☆ 외계인 편의점 박선화 글 · 이경국 그림 | 소원나무 | 2019

우주와 외계인을 소재로 한 SF 코미디 판타지로, 다양한 가족 형태와 진정한 가족의 의미를 탐구하는 이야기예요. 우주 해적 헬크래브로부터 도망친 외계인 알파와 라우이는 지구에 불시착한 후, 초등학생 혜성과 만나면서 가족과 같은 관계를 형성하고 진정한 가족의 의미를 찾아가요. 책 속 주요 캐릭터의 관계를 생각하며 인물 관계도를 그려요.

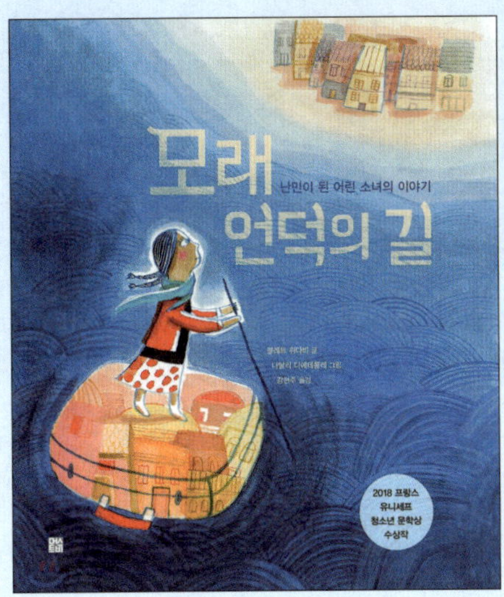

모래 언덕의 길

글 **콜레트 위다비**
그림 **나탈리 디에테를레**
옮김 **강현주**
펴낸 곳 **머스트비**
출간 **2018**
갈래 **외국문학(사실동화책)**
주제 **#가족 #용기 #전쟁 #난민**

 **책 소개**

갑작스럽게 난민이 된 탈리아와 가족이 평화를 찾아 떠나는 모험을 담은 책이에요. 탈리아는 고향인 아프리카 수단을 갑작스럽게 떠나 사막과 바다를 건너게 돼요. 그 여정에서 오빠 카말과 헤어지고, 여동생 아니사가 태어나면서 슬픔과 기쁨을 동시에 경험해요. 2018년 유니세프 문학상을 받았어요.

이 책은 일곱 살 소녀 탈리아의 시선을 통해 난민들이 겪는 어려움과 삶에 대한 의지를 사실적으로 전달해요. 아이들에게 다소 낯설고 무겁게 느껴질 수 있는 '전쟁과 난민'이라는 주제를 탈리아의 목소리를 통해 담담하게 풀어내요. 또한, 아프리카 출신 일러스트레이터의 그림이 감정과 희망을 풍부하게 표현해서 낯선 주제지만 어렵지 않게 이야기 나눌 수 있어요. 모래 언덕의 길에 이르기까지 탈리아와 가족이 경험한 사건과 감정, 난민 수용소에서 이어지는 삶의 모습에 대해 함께 이야기 나누며 전쟁이 가져오는 아픔과 일상의 소중함을 깨닫게 될 거예요. 더불어 국제사회에서 진행 중인 전쟁과 난민에 관한 사회문제에 대해 관심을 가지고 함께 생각해요.

이렇게 읽어요

난민 이해하기

난민에 대해 간단히 이야기 나누면서 이해하는 시간을 가져요. 난민이란 무엇인지, 왜 사람들이 고향을 떠나야 하는지 등에 대해 생각해요.

“난민이란 무엇일까? 왜 사람들은 고향을 떠나야 하지?”

“내가 만약에 고향을 떠나야 한다면 어떤 기분일 것 같아?”

“어떤 어려움이 있을까?”

국제사회와 난민 문제 생각해 보기

일상생활에서 접했던 난민 관련 기사나 뉴스에 대해 간략하게 이야기 나눠요. 현재 세계에서 난민 문제가 어떻게 진행되고 있는지, 우리가 할 수 있는 일은 무엇일지 등에 대한 생각을 공유해요.

“현재 세계에서 난민 문제는 어떻게 진행되고 있을까? 뉴스나 주변에서 들어본 적 있어?”

“국제사회는 난민을 어떻게 도와줄 수 있을까? 우리가 할 수 있는 일은 무엇일까?”

▶ **시리아 난민 위기**: 시리아 내전이 시작된 2011년 이후 수백만 명의 시리아인이 고향을 떠나 터키, 레바논, 요르단, 유럽으로 피난을 떠났습니다.

▶ **우크라이나 난민 위기**: 2022년에 발생한 러시아의 우크라이나 침공 이후, 많은 우크라이나인이 폴란드, 독일 등 유럽 국가로 피신했습니다.

표지 그림 읽기

표지를 보고 자유롭게 이야기해요. 여자아이가 타고 있는 것이 ‘배’가 아니라 ‘가방’임을 주의 깊게 살펴보고, 그림 작가가 이를 통해 무엇을 표현하려 했을지 이야기 나눠요.

“이 여자아이는 어디로 가고 있을까?”

“왜 배가 아니라 가방을 타고 있을까?”

“가방 안에는 어떤 그림이 있어? 이 그림을 왜 그렸을까?”

생각을 키우는 질문

- 『모래 언덕의 길』이라는 제목이 이야기와 어떻게 연결된다고 생각해?
- 우리나라에도 다른 나라에서 힘든 상황을 피해 온 사람들이 있어. 이런 사람들을 보면 어떤 마음이 들 것 같아?

한 단어로 표현하기

책을 읽은 후, 내가 느낀 감정을 한 단어로 표현해 봐요.

- 사실주의 동화는 우리가 직접 경험하지 못하지만, 세상 어딘가에서 일어나고 있는 이야기를 다루기도 해요. 이 책은 '전쟁과 난민'이라는 다소 낯선 주제를 담고 있어요. 아이가 책을 읽고 어떤 느낌을 받았는지 자연스럽게 물어보고, 자신의 감정을 솔직하게 표현할 수 있도록 도와주세요. 긍정적인 감정뿐만 아니라 슬픔, 불편함, 혼란 같은 감정도 괜찮다는 점을 강조해 주세요.
"이 책을 읽고 난 후 어떤 기분이 들었어?"
"왜 그런 감정이 느꼈어?"

- 아이가 느낀 것을 정확하게 말할 수 있게 자신의 느낌을 표현할 때 폭넓은 단어 선택을 할 수 있도록 표현의 폭을 넓혀 주세요. '좋다', '나쁘다' 같은 단순한 감정보다는 '슬프다', '생각하게 된다', '신비롭다', '무겁다' 등 구체적인 감정 표현을 사용할 수 있도록 어휘 예시를 제시해 주면 좋아요. 무엇보다 엄마와 아이가 느낀 감정이 서로 다를 수 있으므로 다양한 감정을 존중해 주세요. 전쟁과 난민이라는 주제가 익숙하지 않을 수 있으니, 책에서 느낀 각자의 감정과 생각을 편안한 분위기에서 자유롭게 나눠요.

- 아이가 결정적인 한 단어를 선택하는 것을 어려워한다면 세 단어 정도로 단어의 수를 늘려도 좋아요. 미리 감정 단어 카드를 여러 개 만들어 놓고, 그중에서 내가 느낀 감정과 가장 일치하는 것을 고르는 활동을 함께해도 좋아요.

책을 읽은 후, 나는

속상했다,

슬펐다,

안타까웠다...

- 각 공간에서 맞닥뜨리는 사건들 속에서 탈리아는 어떤 감정을 느꼈을까요? 그 감정의 배경은 무엇이었나요? 여러 이동 수단을 이용하며 각 장소에서 맞닥뜨리는 사건들이 탈리아의 감정에 어떤 영향을 주었는지, 그리고 그 감정의 배경이 무엇이었는지 생각해 보세요. 이 활동을 통해 인물의 감정 변화와 이야기가 어떻게 연결되는지 이해할 수 있어요. 주인공이 겪는 다양한 감정, 때로는 상반된 감정이 동시에 나타날 수 있다는 점을 깨달으면서 이야기의 흐름을 더 깊이 있게 파악하게 될 거예요.

  "탈리아는 집 앞에서 왜 슬픔을 느꼈지?"

- 이동 수단 또는 장소를 참고하여 이야기의 흐름을 함께 되짚어요. 각 이동 수단 또는 장소에서 어떤 일이 일어났는지 다시 한번 생각해 보고, 각 장면에서 탈리아가 느꼈던 감정을 구체적으로 이야기해요. 예를 들어 탈리아가 집 앞에서 느낀 슬픔과 안타까움, 바닷가에서 느낀 무서움과 슬픔 등 장소마다 감정 변화에 집중하세요. 감정의 배경이 무엇인지도 함께 설명할 수 있도록 질문해요.

  "아 슬펐을 것 같구나. 어떤 슬픔이었을까? 막막하고 절망적인 기분이었을까? 아니면 눈물이 멈추지 않을 만큼 마음이 아파 서글펐을까?"

- 감정에 대해 이야기를 나눌 때 하나의 장면에서 여러 감정을 동시에 느낄 수 있다는 점을 인식할 수 있도록 도와주세요. 예를 들어 탈리아가 배에서 느낀 절망과 동시에 여동생이 태어난 기쁨을 함께 경험한 것처럼, 인물이 복합적인 감정을 느낄 수 있다는 점을 알려줄 수 있어요. 이 과정에서 감정 표현에 대한 어휘를 확장할 수 있도록 도와줄 수 있어요.

  "하나의 장면에서 여러 감정을 동시에 느낄 수도 있어. 예를 들면 탈리아가 배에서는 오빠를 잃을 때 어떤 느낌이었을 것 같아? 그리고 여동생이 태어났을 때는?"

- 이와 더불어 감정을 둘러싼 원인과 결과를 정리하면서 감정이 단순히 순간적인 것이 아니라, 특정 사건이나 상황에서 비롯된다는 점도 짚어주세요. 이러한 과정을 통해 아이는 인물의 감정을 더 깊이 이해하고, 나아가 자신과 타인의 감정을 더 잘 이해할 수 있는 경험을 할 수 있어요.

감정 장소	탈리아의 감정	배경 / 이유
집 앞	슬픔, 안타까움	가장 친한 친구와 할아버지 등 누구에게도 인사할 시간도 없이 떠나야 했다.
택시와 트럭	재미있다, 싫증 나다, 기대감	마치 여행을 가듯 오빠와 장난을 쳐서 재미있었지만, 긴 여행에 이내 싫증이 났다. 새로 살게 될 나라에 대한 꿈을 가지게 되었다.
바닷가	무서움, 어지러움, 긴박함, 당황스러움, 슬픔	처음 본 바다의 거대함, 갑작스러운 오빠와의 이별
배	절망, 기쁨, 신비함	잃어버린 오빠 생각, 여동생의 탄생
난민수용소	희망, 즐거움, 그리움	수용소에서 새로운 정착, 친구를 사귀고 학교를 가는 일상, 오빠에 대한 그리움
부둣가	공포, 두려움, 행복, 기쁨	양철 더미 뒤 화로 주위에 서 있는 소년 무리와 탈리아를 따라오는 낯선 소년, 오빠와의 재회

나와 탈리아의 생활 비교하기

탈리아의 일상과 나의 일상을 비교하며 비슷한 점과 다른 점을 찾아봐요.

- 먼저, 다음 질문에 답을 적고, 그 외에 책을 읽으면서 발견한 탈리아의 일상과 나의 일상이 어떻게 다른지, 그 이유는 무엇인지 벤 다이어그램 안에 써요. 질문을 통해 탈리아와 가족의 상황을 이해하고, 자신의 일상과 연결해 생각해 봐요.

- 각 질문에 답을 작성한 후, 탈리아의 일상과 자신의 일상을 비교하고 차이점을 찾아보며 확장된 사고를 유도해요. 예를 들어 "탈리아의 가족이 갑자기 집을 떠나야 했던 이유는 무엇인가요?"라는 질문을 통해 '전쟁'이라는 큰 사회적 문제와 연결되어 있다는 점을 인식할 수 있어요. 그런 다음 벤 다이어그램을 사용해 탈리아와 자신의 일상에서 비슷한 점과 다른 점을 정리해 볼 수 있어요. 탈리아는 전쟁을 경험했지만 우리는 그렇지 않다는 점이 차이점이 될 수 있지요.

- 두 번째 질문에서는 우리는 자유롭게 이동할 수 있지만, 탈리아 가족은 전쟁으로 인해 이동이 제한되었다는 점을 비교할 수 있어요. 또한, 스카프를 머리에 두른 탈리아의 모습처럼 책 속의 문화적 요소를 발견하고 그 이유를 탐구할 수도 있지요. 탈리아가 스카프를 두른 이유가 어머니를 흉내 내고 싶었거나, 문화적 관습 때문일 수 있음을 설명하며 다양한 문화적 배경을 이해하도록 도와주세요. 이를 통해 전쟁과 난민의 상황을 이해하고 평화의 가치를 자연스럽게 느낄 수 있을 거예요.

- 이 활동은 단순한 독해를 넘어 비판적 사고력과 추론 능력을 키우는 데 도움이 돼요. 일상의 감사함과 전 세계 사람들이 겪는 다양한 어려움에 대한 공감 능력을 키우고, 우리가 당연하게 누리는 것들이 얼마나 소중한지 깨닫게 하며, 문화적 차이에서 오는 다양한 삶의 모습을 이해할 수 있게 해 줘요.

1. 탈리아의 가족이 갑자기 집을 떠나야 했던 이유가 무엇인가요?

> 탈리아의 가족은 전쟁 때문에 집을 떠나야 했다.

2. 탈리아의 가족이 비행기를 타지 않은 이유는 무엇일까요?

> 탈리아의 가족은 난민이 되었기 때문에 비행기를 탈 수 없었다. 난민은 돈이 없거나 나라에서 도와주지 않으면 비행기를 탈 수 없다.

3. 탈리아는 왜 엄마처럼 보이려고 스카프를 머리에 둘렀을까요?

> 탈리아는 엄마를 좋아하고 따라 하고 싶어서 스카프를 머리에 둘렀다.

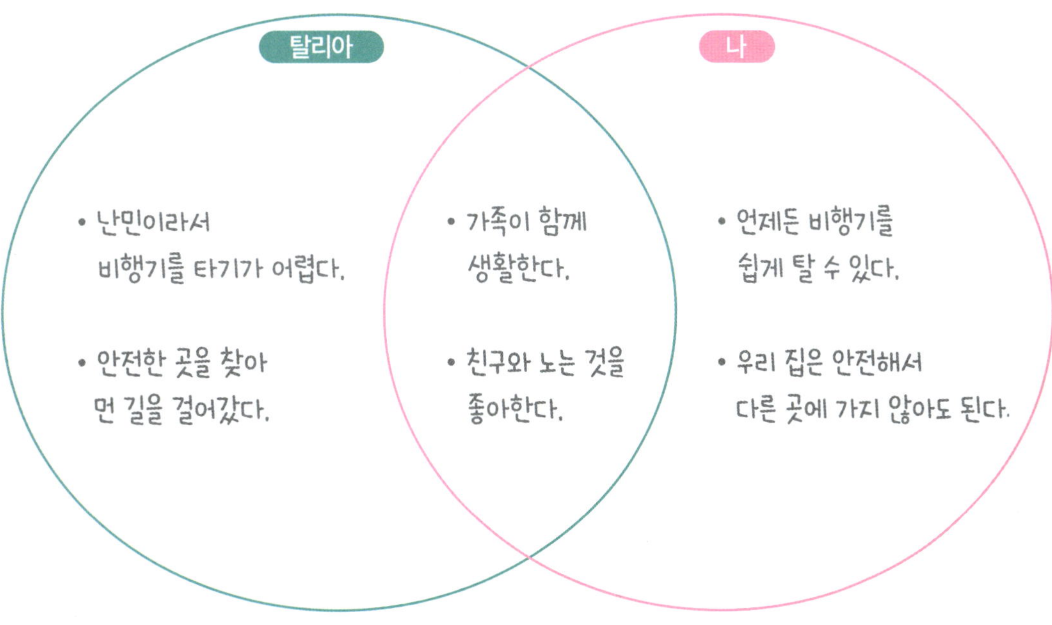

나만의 결말 더하기

탈리아 가족이 새로운 나라에 정착한 이후 어떤 일들이 펼쳐질지 상상해 봐요.

- 이야기가 끝날 때 탈리아는 오빠 카말과 재회하며 이제 절대 힘든 일이 없으리라 생각하지만, 과연 그럴까요? 탈리아 가족이 행복하게 살아갈지, 아니면 또 다른 어려움이 닥칠지, 결말을 열어 두고 자유롭게 이야기해 보세요. 탈리아 가족이 새로운 나라에서 겪을 수 있는 여러 가지 상황을 떠올리며 그들이 어떻게 살아갈지 아이가 상상력을 마음껏 펼칠 수 있도록 격려해 주세요.

  "이야기가 끝날 때 탈리아는 오빠 카말과 재회했고, 더 이상 힘든 일이 없으리라 생각했어. 정말 그럴까? 너의 생각은 어때?"
  "탈리아 가족이 이제부터는 행복하게 살아갈 수 있을 것 같아? 왜?"

- 아이가 결말을 쓸 때, 인물의 감정과 상황을 잘 연결할 수 있도록 도와주세요. 예를 들어 새로운 환경에서 탈리아가 어떤 감정을 느낄지, 오빠와의 재회가 가족에게 어떤 변화를 불러올지 등을 생각하게 하세요. 이 과정을 통해 인물의 감정 변화와 이야기가 유기적으로 연결되는 결말을 쓸 수 있게 도와주세요.

- 여기에는 정답이 없어요. 아이가 자유롭게 상상하고 자기만의 이야기를 쓸 수 있도록 하며, 아이의 결말을 존중해 주세요. 상상 속에서 탈리아 가족이 겪을 미래를 다양하게 그리며 창의성을 발휘할 수 있도록 해요.

우리 가족은 아직도 새로운 나라가 낯설고 조금 무서워요. 그래도 서류가 통과돼서 안심하고 살 수 있게 되었어요. 이제 가족이 같이 저녁도 먹고, 공원에도 가고, 매일 웃는 날이 많아졌어요. 집도 구하고, 부모님은 일하시고 우리는 학교에 다니면서 점점 익숙해지고 있어요. 가끔 힘들었던 옛날이 떠오르지만, 서로 도와주며 이겨내고 행복하게 살아요.

☆ 너는 탐험가야 샤르쟈드 샤르여디 글 · 가잘 파톨라히 그림 | 김영선 옮김 | 꼬마이실 | 2022

이 책은 난민 아이들의 현실을 사실적으로 보여줘요. 오빠와 동생은 자신들을 난민이 아닌 탐험가로 여기며 평화의 땅을 찾아 떠나요. 어려운 상황에서도 희망과 용기를 잃지 않는 모습이 감동을 전해요. 책을 읽고 나서 남매와 같은 상황에 처한 아이들에게 따뜻한 위로와 격려의 메시지를 적어요.

☆ 바람 잘 날 없는 지구촌 국제 분쟁 묘리 글 · 주형근 그림 | 뭉치 | 2021(개정판)

세계 곳곳에서 발생하는 다양하고 복잡한 국제 분쟁의 원인과 과정을 초등학생의 눈높이에 맞춰 설명해요. 다양한 교과 주제와 연관된 내용을 담고 있고, 사회 이슈도 함께 다루고 있어요. 토론과 논술에 적합한 내용으로 구성되어 있지요. 책을 읽고 나서 다양한 국제기구에 대해 알아보고, 각 국제기구의 역할과 중요성을 알아보는 시간을 가져 봐요.

☆ 시리아 난민 이야기 돈 브라운 글 · 그림 | 차익종 옮김 | 두레아이들 | 2019

시리아 내전으로 고향을 떠나야 했던 난민들의 가혹한 현실과 가슴 아픈 이야기를 담은 그래픽 노블이에요. 실제 난민들의 증언과 저자의 현장 취재를 바탕으로 한 생생한 이야기는 세계 난민 문제를 다시금 생각하게 해요. 책에 언급된 난민 통계를 조사하고, 난민 수, 주요 발생 국가, 연령 분포 등을 그래프로 정리해 보세요. 데이터를 바탕으로 난민 문제의 원인과 해결 방안을 논의하며 세계 난민 문제에 대한 이해를 넓혀 볼 수 있어요.

☆ 어린이를 위한 폭풍우 윌리엄 셰익스피어 원작 · 로이스 버뎃 글 | 강현주 옮김 | 찰리북 | 2009

윌리엄 셰익스피어의 마지막 작품인 『폭풍우』를 아이의 눈높이에 맞춰 각색했어요. 마법사, 요정, 괴물, 사악한 음모, 사랑, 용서 등 여러 흥미로운 요소가 담긴 아름다운 이야기예요. 책에서 감동적이거나 중요한 메시지가 담긴 대사와 문장을 찾아보세요. 이를 통해 이야기의 감정과 주제를 깊이 이해하고, 독자로서 느낀 개인적인 생각과 감정을 표현해 볼 수 있어요.

☆ 움직이는 집 샤를로트 르메르 글 · 그림 | 강현주 옮김 | 머스트비 | 2022

주인공 바나비는 스키를 단 집을 타고 친구 로뱅과 함께 신나는 모험을 떠나 새로운 사람들을 만나고, 집의 소중함을 깨달아요. 상상력 넘치는 이야기와 아름다운 그림이 어우러진 이 책은 집 걱정 없이 떠나는 여행의 설렘과 따뜻한 감동을 선사해요. 책을 읽고 난 후 주인공이 여행한 곳 외에 다른 장소를 상상하고, 그곳에서 어떤 모험이 펼쳐질지, 내 감정은 어떨지 이야기해요.

아빠의 불량 추억

글 장세련
그림 시은경
펴낸 곳 단비어린이
출간 2023
갈래 한국문학(사실동화책)
주제 #나 #가족 #추억 #사춘기

 **책 소개**

모범생으로만 보였던 아빠의 특별한 사춘기 일탈 에피소드를 통해 주인공이 갈등과 어려움을 극복하는 방법을 배우는 성장 이야기예요. 주인공은 평소 모범적이고 원칙적인 모습만 보였던 아빠가 사실은 사춘기 시절 크고 작은 일탈을 경험하고, 그 과정에서 시행착오를 겪고 성장했다는 사실을 알게 돼요. 이를 통해 부모님도 한때는 자신과 같은 고민을 했던 어린 시절이 있었음을 깨닫고, 가족의 사랑과 이해에 대해 다시 생각하게 돼요.

이 책은 가장 가까운 가족이지만 잘 알지 못했던 부모님의 어린 시절을 돌아보며 세대 간의 공감과 소통의 중요성을 일깨우는 감동적인 동화예요. 부모와 자녀가 함께 읽으며 서로를 더 깊이 이해하고, 가족 간의 유대감을 키울 수 있어요.

이렇게 읽어요

부모님의 어린 시절 상상하기

책의 주제와 자연스럽게 연결된 대화를 통해 아이가 부모님에 대해 어떤 생각을 가졌는지 알아봐요. 평소 부모님과 아이가 함께 나눴던 대화를 떠올리며 부모님의 사춘기 시절이 어땠을지 상상하고 이야기 나눠요. 아이의 상상력에 부모님의 실제 경험을 더해 추억을 공유하세요. 부모님은 과거를 되돌아보는 기회를, 아이는 부모님을 더 깊이 이해할 수 있는 시간을 가질 수 있어요.

“엄마가 초등학교 3학년일 때는 어떤 모습이었을까?”

“아빠도 이 책에 나오는 아빠처럼 일탈해 본 적이 있을까?”

“엄마가 가장 좋아했던 놀이나 취미는 뭐였을 것 같아?”

내가 해 보고 싶은 일탈 공유하기

자신이 꿈꿔본 작은 일탈이나 색다른 경험에 관해 이야기해요. 해 보고 싶었던 모험이나 평소와 다른 행동을 상상해 보는 거예요. 육하원칙 질문에 따라 자신의 이야기를 해 봐요.

“어떤 일탈을 해 보고 싶어?”

“언제 그런 생각을 했어?”

“어디에서 하고 싶었어?”

“왜 그 일탈을 꿈꿨니?”

“구체적인 계획은 있었어?”

표지 속 주인공의 생각 읽기

표지 속 주인공의 표정과 자세를 관찰하고 어떤 생각을 하고 있을지, 어떤 감정을 느끼고 있을지 이야기 나눠요.

“주인공은 어떤 표정을 짓고 있어?”

“주인공이 표지 속 장면에서 가장 하고 싶은 말은 무엇일까?”

“이 순간 주인공은 어떤 기분일까?”

생각을 키우는 질문

- [ ] • 작가는 왜 책의 제목을 『아빠의 불량 추억』이라고 지었을까?
- [ ] • 재우는 아빠의 이야기를 듣고 어떤 기분이었을까?
- [ ] • 재우는 아빠의 일탈에 대해서 어떻게 생각했을까?

읽지 않은 부분에 대해 생각하기

가출하고 싶다는 재우의 일기를 본 부모님의 입장을 깊이 생각하며 이야기 나눠 봐요.

- 재우의 일기를 읽은 후, 부모님이 재우에게 보인 행동과 말에서 부모님의 속마음이 어떠했을지 유추할 수 있어요. 책에서는 인물의 속마음이 명확하게 드러나지 않기 때문에 이를 추측하고 이해하는 과정이 필요해요. 아이는 인물의 마음과 행동의 이유를 상상하고 연결하는 경험을 하면서 사고력을 키울 수 있어요.

- 다음 질문에 대해 아이와 함께 생각해 보세요. 부모님이 갑작스럽게 행동을 바꾼 이유를 적어 보고, 아이가 자기 생각을 더 구체적으로 표현할 수 있도록 계속해서 질문을 확장하세요. 충분한 시간을 갖고 답하면서 확장적 사고를 경험할 수 있도록 돕는 것이 중요해요.

- 아래 질문의 확장 질문 예시

  1. "부모님은 왜 바로 일기에 대해 언급하지 않았을까? 재우의 기분을 배려한 것일까?"
  2. "부모님이 왜 이런 선택을 했을까? 재우가 학원에 다니면서 힘들어해서 그랬을까? 재우의 스트레스를 줄여주고 싶었을까?"
  3. "재우에게 무엇을 깨닫게 해 주고 싶었을까? 엄마 아빠 중 누구의 생각이었을까?"
  4. "재우는 아빠의 이야기를 듣고 아빠가 갑자기 친구처럼 느껴졌다고 그랬는데, 왜 그렇게 느꼈을까?"

1. 부모님께서 재우와 일기에 대해 이야기하기 전에 평소와 다르게 행동했어요. 왜 그랬을까요?

> 재우가 일기에 "가출하고 싶다"라고 쓴 것을 보고 부모님이 놀랐을 것 같다. 평소처럼 재우를 혼내면 마음을 더 닫아버릴 수 있기 때문에 조심스럽게 행동한 것 같다.

2. 부모님께서 방학 동안 재우가 다니던 학원을 모두 그만두게 했어요. 왜 그랬을까요?

> 재우가 학원에 다니면서 많이 힘들어한다고 생각한 것 같다. 공부보다 재우의 마음이 편해지는 것이 더 중요하다고 생각한 것 같다.

3. 부모님은 왜 재우를 산속에 있는 집으로 데려갔을까요?

> 재우를 보면서 아빠의 어릴 적 기억이 떠올랐을 것 같다. 또한, 자연을 보면 마음이 편안해질 것 같아서 데리고 간 것 같다.

4. 재우는 아빠의 이야기를 듣고 어떤 기분이 들었을까요?

> 재우는 아빠를 친구처럼 느꼈을 것 같다. 완벽한 줄만 알았던 아빠도 실수하고 고민했던 적이 있다는 것을 알게 되면서 아빠와 더 가까워진 기분이 들었을 것 같다.

갈등 해결법 찾기

아빠가 겪은 갈등 상황을 분석한 후, 내가 아빠라면 어떻게 해결했을지 생각해 봐요.

- '아빠의 가출 사건(96~110쪽)'을 다시 읽고, 다음 순서대로 진행해요.

❶ **이야기 속 갈등 상황 분석**: 이야기에서 나온 아빠의 가출 사건에 대해 가볍게 대화해요. 아이가 갈등을 더 쉽게 이해할 수 있도록 사건의 흐름을 시간 순서대로 정리하며 이야기해요. 이때 갈등을 단순한 행동이 아니라 감정적 원인과 연결해 생각하도록 유도하세요. 활동지에 적을 때도 단순히 사건을 나열하는 것이 아니라, 아빠가 왜 그런 행동을 했는지, 당시 감정이 어땠을지 생각해서 적어요.

"아빠는 왜 그렇게 행동했을까?"

"아빠가 느꼈을 감정은 무엇일까?"

❷ **나만의 해결 방법**: 갈등 상황 분석이 끝나면 아이가 아빠의 입장에서 자신이라면 어떻게 행동했을지 상상해요. 아이가 상상하는 과정을 돕는 질문을 던져 주세요. 질문을 통해 구체적인 상상을 할 수 있도록 해요.

"이 상황에서 내가 아빠라면 어떻게 행동했을까?"

"왜 그렇게 행동했을까?"

"어떻게 행동했으면 더 나은 결과를 얻을 수 있었을까?"

❸ **우리의 해결 방법**: 각자 자신의 해결책을 적어본 후, 이를 공유하고 가장 좋은 해결책이 무엇인지 이야기 나눠요.

❹ **결론**: 마지막으로 아빠가 실제로 선택한 해결 방법과 아이가 생각한 해결책을 비교해요. 해결책의 결말이 어떻게 다를지, 혹은 비슷할지 이야기하고, 각 해결책의 장단점을 분석해요. 이 과정을 통해 아이가 스스로 좋은 결과를 도출할 수 있도록 유도해 주세요.

"아빠가 가출해서 결국 어떻게 되었지?"

"우리가 생각한 것처럼 했으면 어땠을까?"

<table>
<tr><td>

갈등 상황 분석

1. 할머니께서 아빠가 어렸을 때 집안일을 많이 시켰다.

2.

3.

</td><td>

나만의 해결 방법

1. 할머니께 아빠의 마음을 솔직하게 이야 기한다.

2.

3.

</td></tr>
</table>

우리의 해결 방법

솔직하게 마음의 이야기를 하는 것

결과 비교

<table>
<tr><td>

이야기 속 결과

아빠가 가출했다.

</td><td>

상상 속 결과

할머니께서 아빠의 마음을 조금이나마 이해하고 집안일을 줄여 주었을 것 같다.

</td></tr>
</table>

인터뷰 질문 구성해 보기

부모님의 어린 시절에 대해 상상하고 궁금한 점을 질문 목록으로 만들어 봐요.

- 아이에게 부모님의 어린 시절에 대해 궁금한 것이 있는지 물어보고, 주제(예: 학교생활, 가족과의 추억, 어린 시절의 꿈 등)를 정해요. 아이가 질문 주제를 정할 수 있도록 해 주세요. 부모님의 어린 시절을 상상하게 하면서 질문 주제를 쉽게 떠올릴 수 있도록 유도해요.

  "엄마 아빠도 어렸을 때 친구들과 장난을 쳤을까?"
  "엄마 아빠는 어렸을 때 어떤 꿈을 꿨을까?"

- 주제를 정한 후, 해당 주제를 바탕으로 창의적이고 재미있는 질문을 만들 수 있도록 도와주세요. 하나의 주제에 맞게 다양하고 구체적인 질문을 구성하는 거예요. 만약 아이가 특별히 궁금해하는 것이 없다면, 부모님이 어렸을 때 겪은 재미있는 에피소드를 먼저 들려주는 것도 좋아요. 그 이야기를 바탕으로 아이가 다양한 질문을 만들어 낼 수 있도록 유도하세요. 질문을 만드는 연습은 아이의 사고력과 창의력을 키우고 호기심을 확장하는 데 중요한 역할을 해요. 요즘은 '질문의 시대'라고 할 만큼, 질문을 잘하는 것이 중요한 역량이지요. 질문을 잘하기 위해서는 질문을 만들어 내는 연습이 필요한데, 나와 가장 가깝고 편한 부모님을 대상으로 시작하는 것은 좋은 방법이에요.

- 단답형 대답을 유도하는 질문보다는 연속적이고 확산적인 질문을 할 수 있도록 도와주세요. 대화를 확장하며 꼬리에 꼬리를 무는 질문을 할 수 있음을 알려줘요.

인터뷰 질문지

1. 엄마, 아빠는 학교 다닐 때 친구들이랑 어떤 재미있는 장난을 쳤어요?

2. 왜 그런 장난을 쳤어요?

3. 그 장난을 하고 나서 어떤 일이 벌어졌어요?

4. 만약 다시 그 상황으로 돌아간다면 똑같은 장난을 할 것 같아요?

부모님의 추억 장소 함께 가보기

부모님의 추억 속 장소 중 한 곳을 골라 함께 방문하고, 그곳에서 새로운 경험을 하며 일기를 써 봐요.

- 방문하기 전에 그 장소에 대해 이야기 나누며, 왜 부모님께 특별한 기억으로 남아 있는지, 그곳이 엄마 아빠에게 어떤 의미가 있는지, 그리고 가족과 함께 방문하고 싶은 이유에 대해 이야기해요. 차 안에서 편안하게 대화하며 부모님의 추억을 들려주면 좋아요. 장소에 도착한 후 아이와 함께 그곳을 즐긴 뒤, 부모님의 추억을 바탕으로 아이가 짧은 일기를 작성하는 활동으로 이어 가세요.

- 장소에 도착하기 전에 장소 관련하여 자연스럽게 대화를 나눠요.
  "이 장소가 왜 특별한가요?"
  "이 장소에서 어떤 일이 있었나요?"
  "그때의 기분이나 감정은 어땠나요?"

- 현장에 방문하여 아이의 감정과 생각을 물어봐 주세요.
  "이 장소에서 어떤 감정을 느꼈어?"
  "우리 이야기와 실제 ○○가 방문했을 때 느낌이 달랐어? 같았어?"

- 집에 돌아와서 일기를 작성하기 전에 다음 질문에 대해 생각해 보고 이야기 나눠요.
  "무엇이 가장 기억에 남아?"
  "장소에서 어떤 감정이나 생각이 들었어?"
  "내(부모님) 이야기를 들으면서 ○○(아이)는 어떤 경험(일)이 생각났어?"

_______ 년 ____월____일

가족과 함께 엄마가 어릴 때 자주 놀았던 놀이터에 다녀왔다. 엄마는 어릴 때 이곳에서 친구들과 숨바꼭질을 하기도 하고, 그네를 타면서 하루 종일 놀았다고 한다. 지금은 그네가 새것으로 바뀌었고, 미끄럼틀도 더 커졌다고 했다.

나는 엄마가 어릴 때 놀던 그네를 타 보았다. 엄마는 어릴 때 여기서 그네를 타면 "하늘을 나는 기분이었어!"라고 했는데, 나도 정말 하늘을 나는 것처럼 신나고 기분이 좋았다.

엄마는 어릴 적 이야기도 들려주었다. 친구들과 놀다가 갑자기 비가 와서 온몸이 젖은 채 집에 갔던 적이 있다고 했다. 그 이야기를 듣고 웃음이 나왔다.

엄마는 어렸을 때 어떤 모습이었을까? 문득 궁금해진다. 다음에는 아빠의 추억이 있는 장소도 가보고 싶다!

☆ 귀 큰 토끼의 고민 상담소 김유 글 · 윤예지 그림 | 시공주니어 | 2019

이 책은 친구를 사귀고 싶은 토끼가 숲속 동물들의 고민을 들어주며 펼쳐지는 따뜻하고 유쾌한 이야기예요. 고민을 해결하는 과정에서 점점 커진 토끼 귀는 동물들의 도움으로 원래대로 돌아와요. 생동감 넘치는 삽화와 함께 초등 저학년이 쉽게 즐길 수 있는 책이에요. 상담소에 찾아올 다음 손님을 상상해 보며 이어서 써요.

☆ 시크릿 키 장세련 글 · 권혜수 그림 | 연암서가 | 2023

시골 학교로 전학 온 이진이와 친구들이 사소한 갈등과 화해를 통해 우정을 쌓아가는 이야기예요. 신비로운 열쇠를 통해 닫힌 마음을 열고, 다름을 받아들이며 성장하는 모습을 담았어요. 이야기 속 갈등과 해결 장면을 살펴보며 원인, 전개, 결과를 정리해요. 갈등이 해결된 과정과 자신이라면 어떻게 행동했을지 글로 써요.

☆ 까만 사탕의 비밀 박그루 글 · 이지오 그림 | 한림출판사 | 2023

친구 관계에서 겪는 외로움과 갈등을 통해 우정의 의미를 탐구하는 따뜻한 생활 판타지예요. 소외감을 느끼던 은공이가 신비로운 사탕을 통해 모험하며 성장하는 이야기로, 친구 관계 속에서 자신의 가치를 깨닫는 과정을 담고 있어요. 친구 감정 지도를 만들어 보세요. 도화지 중앙에 자신을 그리고 주변에 친구들의 이름을 배치해요. 친구들과 느끼는 감정을 선의 형태(굵기, 점선, 물결선 등)로 표현하며 관계의 변화를 시각적으로 나타내요.

☆ 황금똥을 누는 고래 장세련 글 · 황여진 그림 | 단비어린이 | 2022

여덟 편의 이야기를 통해 작고 소외된 존재들의 의미와 가치를 발견하는 책이에요. 다름을 인정하고 편견 없이 세상을 바라보며, 자신을 사랑하는 것의 중요성을 깨닫게 하죠. 자연과 삶이 조화롭게 어우러진 따뜻한 이야기가 아이에게 새로운 시각을 선사해요. 내 주변에서 평소에는 주목받지 못하지만 중요한 역할을 하는 사소한 존재를 찾아봐요.

☆ 내가 왜요? 장세현 글 · 유재엽 그림 | 단비어린이 | 2022

이 책은 아이들의 눈으로 세상을 바라보며, 오해와 편견 속에서 겪는 상처와 성장을 그린 일곱 편의 이야기예요. 상처받으며 성장하는 아이들을 따뜻하게 보듬는 어른들의 모습에서 부모님도 많은 것을 배울 수 있어요. 책 속에 등장하는 아이들의 미래를 상상해 보고, 그들의 성장과 변화에 대해 함께 이야기 나눠요.

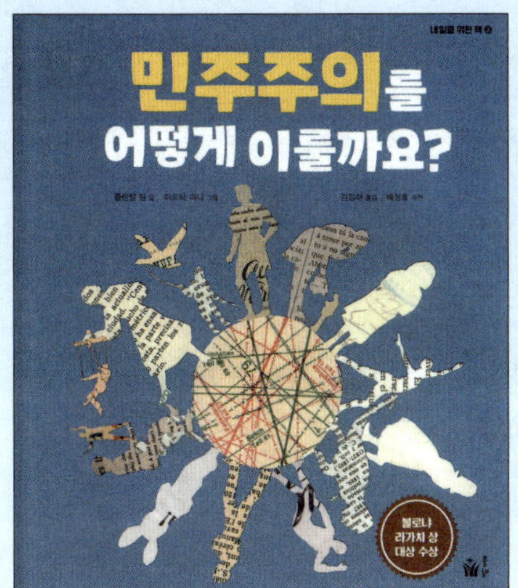

민주주의를 어떻게 이룰까요?

글 플란텔 팀
그림 마르타 피나
옮김 김정하
펴낸 곳 풀빛
출간 2017
갈래 외국문학(정보그림책)
주제 #민주주의 #정치 #콜라주 #볼로냐라가치상

책 소개

민주주의의 의미와 중요성을 쉽게 이해할 수 있도록 돕는 책이에요. 민주주의를 '모두가 함께하는 놀이'에 비유하며 법과 정당, 선거 등 민주주의의 핵심 요소를 아이들의 눈높이에서 설명해요. 특히 민주주의가 모든 국민의 참여와 노력이 필요하다는 메시지를 강조하며, 아이들이 미래의 주인공으로서 민주주의를 어떻게 지켜나가야 하는지 생각해 보게 해요.

이 책에는 독특한 콜라주 기법의 그림이 가득해 민주주의에 대한 깊이 있는 생각을 정리할 수 있는 문제들을 제공해요. 초등 사회 교과서 집필 위원인 배성호 선생님이 감수한 이 문제들은 정답이 없는 대신, 아이들이 책을 읽고 느낀 점을 자유롭게 표현할 수 있도록 구성되어 있어요. 민주주의의 가치를 알려주고, 더 나은 내일을 만들기 위한 첫걸음을 떼도록 이끌어주는 어린이 필독서예요.

이렇게 읽어요

민주주의 관련 키워드 브레인스토밍하기

책을 읽기 전에 민주주의가 무엇인지 생각해요. 민주주의의 핵심 개념을 미리 탐구하고, 자기 생각을 정리할 수 있도록 돕는 활동이에요. "민주주의란 무엇일까?"라는 질문으로 시작해, 아이들과 함께 민주주의를 이루는 중요한 단어들을 나열해요. 나열한 단어들을 중심으로 마인드맵을 완성해도 좋아요. 책을 읽으면서 아이들이 생각한 단어들의 의미가 책에서 어떻게 설명되는지 비교해요.

그림책에서 사용된 콜라주 기법 살펴보기

이 책은 '콜라주'라는 독특한 미술 기법을 사용하여 그림을 완성했어요. 콜라주란 다양한 재료(예: 종이, 사진, 천, 스티커 등)를 오려 붙여 하나의 작품을 만드는 기법이에요. 이 기법은 단순히 그림을 그리는 것보다 더 풍부하고 다채로운 표현이 가능하며, 여러 가지 요소를 조합해 새로운 의미를 만들어 낼 수 있어요.

"이 그림 속에 여러 가지 다른 재료들이 섞여 있는데, 이것을 콜라주라고 해."

이 책에서 콜라주 기법을 사용한 이유는 아마도 민주주의가 다양한 사람들의 의견과 생각이 모여 만들어지는 것처럼, 다양한 재료가 모여 하나의 그림을 완성하는 것과 비슷하기 때문일 거예요. 콜라주의 조각조각이 모여 하나의 작품이 되는 과정은 모두가 함께 참여하고 협력하는 민주주의의 모습을 상징적으로 보여주지요. 아이와 함께 다양한 콜라주 그림을 탐색하고, 콜라주 기법을 작가가 사용한 이유를 생각해요.

"표지에서 어떤 그림이 보이니?"

"콜라주로 그림을 표현했을 때 어떤 느낌이 들어?"

"왜 작가가 콜라주 기법을 사용했을까?"

아이와 함께 인터넷에 '민주주의'를 검색해요. 검색 엔진의 뉴스 카테고리를 활용해도 좋고, 어린이동아, 어린이조선일보, 어린이경제신문과 같은 어린이 신문 웹사이트에 들어가서 '민주주의'라는 키워드로 검색해요. 검색된 기사의 헤드라인을 읽으며 민주주의가 일상생활에서 어떻게 언급되고 있는지 알아볼 수 있어요.

"민주주의를 검색해 보니 어떤 기사를 읽을 수 있니?"

"헤드라인을 읽으면서 민주주의가 어떻게 적용되고 있는지 알게 된 부분이 있니?"

"우리나라가 민주주의 국가가 아니라면 이 기사 속 상황은 어떻게 달라졌을까?"

생각을 키우는 질문

- [ ] • 민주주의는 왜 모두가 함께하는 '놀이'에 비유되었을까?
- [ ] • 민주주의를 어떻게 이룰 수 있을까?
- [ ] • 민주주의를 지키기 위해 우리가 할 수 있는 일은 무엇이 있을까?

나침판 전략으로 책 정리하기

나침반 전략을 사용하여 민주주의에 관한 생각을 정리하고 줄거리를 요약해 봐요.

- 나침반 전략(Compass Points)이란 논픽션 책의 내용을 정리하거나 주요 주제에 대한 비판적 사고를 확장하는 데 사용할 수 있는 전략이에요. 나침반의 동쪽(East)에는 흥미로운 점(Excited). 서쪽(West)에는 걱정되는 점(Worrisome), 북쪽(North)에는 더 알고 싶은 점(Need to Know), 남쪽(South)에는 의견이나 제안(Stance or Suggestion for Moving Forward)을 적어요.

- 아이와 함께 EWNS 형식에 따라 질문하고 답변을 정리해요. 이를 바탕으로 책의 내용을 다시 이야기하며 민주주의에 대해 다양한 관점을 탐구하도록 이끌어주세요.
  - E: "이 책에서 가장 흥미롭거나 재미있게 느낀 점은 무엇이니?"
  - W: "책에서 다루지 않았지만 민주주의와 관련해 궁금하거나 걱정되는 점은 무엇이니?"
  - N: "민주주의에 대해 더 알아보고 싶은 것은 무엇이니?"
  - S: "민주주의를 실천하기 위해 우리가 할 수 있는 일은 무엇일까?"

중요 문장을 골라 의미 설명하기

책에서 중요하다고 생각하는 문장을 골라 문장의 의미를 설명해 봐요.

- 책에서 중요하다고 생각하는 문장을 찾고 문장의 의미를 설명하면 책의 핵심 메시지를 이해하고 자신의 관점에서 글을 해석하는 능력을 기를 수 있어요.

- 아이와 함께 책을 읽으면서 민주주의와 관련해 중요한 메시지를 담고 있다고 생각되는 문장을 찾아보세요. 아이가 고른 문장을 적고 문장의 의미와 중요한 이유를 아이와 함께 토론하고 작성해요.

"이 책에서 중요하다고 생각하는 문장은 어떤 문장이니?"
"이 문장을 선택한 이유는 무엇이니?"

내가 생각하는 중요한 문장	문장의 의미	중요한 이유
민주주의는 모든 사람이 함께 만드는 거예요.	민주주의는 특별한 몇 사람이 결정하는 것이 아니라 모든 사람이 함께 참여하고 의견을 나누는 것이다.	민주주의에서는 우리의 의견이 소중하고 모두의 힘이 필요하다는 것을 알려준다.
민주적으로 되기 위해서는 타협할 줄 알고 공정해야 해요.	민주주의에서는 서로 다른 생각이 있을 때 내 생각만 고집하지 않고 서로 양보하고 공평하게 결정하는 것이 필요하다.	민주주의는 모든 사람이 공평하게 대우받는 것과 의견 충돌이 있을 때 평화롭게 해결하는 과정이 중요하다.

- 아이들에게 그림을 통해 이야기를 해석하고 자기 생각을 표현할 기회를 제공해요. 비언어적 메시지를 이해하고 창의적으로 해석하는 능력을 키우는 데 도움을 줘요.

  "이 그림이 왜 이 책에서 중요하다고 생각하니?"

  "이 그림을 보고 어떤 제목을 붙이면 가장 잘 어울릴 것 같아?"

- **활동 순서**

  ❶ 인상 깊거나 중요한 순간이 담긴 그림을 선택하세요.

  ❷ 선택한 그림에 어울리는 제목을 붙여요.

  ❸ 선택한 그림이 중요한 이유에 대해 이야기 나눠요.

  ❹ 선택한 그림을 복사하거나, 직접 그려 액자를 완성해요.

제목 : 민주주의 보드게임

그림 설명: 민주주의는 모두가 함께하는 놀이예요. 또 보드게임처럼 꼭 지켜야 하는 규칙이 있어요.

그래서 이 내용을 담아 소개했고, 제목은 '민주주의 보드게임'이라고 했습니다.

우리나라 민주주의 콜라주 완성하기

민주주의의 개념과 원리를 바탕으로 우리나라의 민주주의를 콜라주로 완성해 봐요.

- 그림책을 읽으며 배운 민주주의의 기본 개념을 이해하고, 현재 우리나라의 민주주의 상황을 반영하여 콜라주 기법을 활용해 창의적으로 표현해 보세요.

- 활동 순서
  ❶ 법, 선거, 정당, 참여 같은 민주주의의 기본 개념에 관해 이야기해요.
  ❷ 우리나라 민주주의가 어떻게 이루어지고 있는지 함께 찾아봐요. 앞서 추천했던 어린이 신문을 다시 읽어요.
  ❸ 신문, 잡지, 그림 등에서 자료를 찾아보고, 콜라주 아이디어를 구상해 자료를 모아요.
  ❹ 모은 자료들을 잘라 마음에 드는 대로 붙여 콜라주 작품을 완성해요.

제목 : 우리나라 민주주의

그림 설명: 우리나라의 민주주의 모습을 태극기와 동상으로 표현했다.

☆ 독재란 이런 거예요 플란텔 팀 글 · 미켈 카살 그림 | 김정하 옮김 | 풀빛 | 2017

이 책은 독재와 민주주의의 차이, 독재자의 특징 등을 아이의 눈높이에 맞게 쉽게 설명하는 책이에요. 세련된 그림과 함께 독재에 대한 중요한 개념을 배우고 생각할 수 있게 해요. 두 책에서 배운 독재와 민주주의의 특징을 비교하는 표를 만들어 보세요. 각각의 차이점과 공통점을 찾아보고, 왜 민주주의가 중요한지 이야기 나눠요.

☆ 정정당당! 우리 반 선거 대장 나민주가 간다! 안선모 글 · 송효정 그림 | 가나출판사 | 2015

초등학생인 나민주의 학급 선거와 마을 지방 선거를 통해 민주주의와 정치 참여의 중요성을 배우는 이야기예요. 학급 회장으로 뽑힌 민주는 공약 문제로 생긴 갈등을 민주적으로 해결하며, 선거와 지방 자치의 의미를 깨달아요. 아이들이 정치를 일상에서 이해하고, 지역 사회의 문제에 관심을 두게 하지요. 내가 만약 대통령, 시장, 또는 전교 회장이 된다면 어떤 공약을 만들고 싶은지 이야기 나눠요.

☆ 우리 역사에 숨어 있는 민주주의 씨앗 박미연, 권은희 글 · 유영주 그림 | 북멘토 | 2019

신라의 화백 회의부터 조선의 개혁 정책, 현대의 촛불 집회까지 우리 역사 속 민주주의의 발전 과정을 담은 책이에요. 아이들이 민주주의의 씨앗이 어떻게 자라 현재의 민주사회로 이어졌는지 배우고 성숙한 시민으로 성장할 수 있게 도와요. 책에서 소개된 역사적 사건들 중 하나를 선택하여 현대의 민주주의 제도와 비교해요.

☆ 겁 없는 민주주의 김하늘 글 · 청명 그림 | 모난돌 | 2020

억압과 갈등을 겪던 공모환이라는 주인공이 민주적인 방법으로 자신의 권리를 찾아가는 과정을 담은 이야기책이에요. 아이의 일상에서 민주주의의 개념을 쉽고 자연스럽게 이해할 수 있어요. 조금 어려운 단어와 개념이 나오는데, 앞뒤 문장과 전체 흐름을 살펴보며 단어의 의미를 스스로 추측할 수 있도록 지도해 주세요.

☆ 우리들의 광장 김명희 글 · 백대승 그림 | 길벗어린이 | 2020

대한민국의 근현대사를 광장을 중심으로 들려주는 그림책이에요. 고종의 대한제국 선포부터 촛불혁명까지 광장에서 일어난 주요 사건들을 통해 민주주의의 발전 과정을 보여 줘요. 세밀한 일러스트와 은행나무를 화자로 한 독특한 구성으로 역사를 쉽고 재미있게 전달해요. 서울 광장이나 광화문 광장을 직접 방문해 보세요. 탐방 후 느낀 점과 광장의 모습을 글과 그림으로 표현해요.

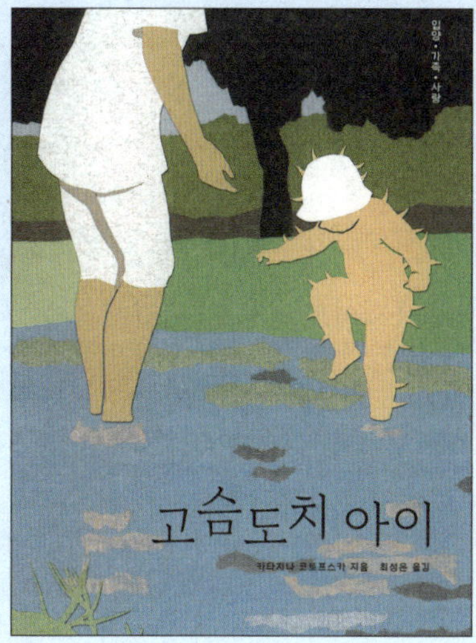

고슴도치 아이

글·그림 카타지나 코토프스카
옮김 최성은
펴낸 곳 보림
출간 2019(개정판)
갈래 외국문학(창작동화책)
주제 #입양 #가족 #사랑 #진심 #자유 #돌봄 #회복

 **책 소개**

멋진 집을 짓고 아이를 낳길 소망하던 부부는 아무리 기다려도 아이를 가질 수 없었어요. 그러던 어느 날 부부는 아이가 다른 곳에서 태어나 자신들을 기다리고 있을 것이라는 생각을 하게 돼요. 그들은 핏줄이 아니라 마음으로 이어진 가족이 될 준비가 되어 있었고, 이미 누군가를 통해 태어나 있을 자신들의 아이를 찾아 먼 길을 떠나요. 그렇게 도착한 곳이 바로 여왕님의 어린이집이었고, 운명과도 같이 아이를 만나게 돼요. 그러나 아이는 온몸이 고슴도치처럼 가시로 가득했어요. 부부는 가시에 찔려 아프면서도 한순간도 망설이지 않고 아이를 품에 안았어요. 사랑과 인내로 아이를 감싸며, 함께 울고 웃으며 진짜 가족이 되는 여정을 시작했지요. 부모의 곁에서 따뜻한 온기를 느끼며 아이의 몸에서 가시는 하나둘씩 떨어져 나갔고, 시간이 흐르면서 아이는 점점 편안해져요.

이 책은 입양을 통해 완전해지는 한 가정의 이야기로, 부모의 깊은 사랑이 이루어낸 따뜻한 기적을 만난 작가의 경험이 담겨 있어요. 그렇다고 해서 단순히 입양 가정만의 이야기가 아니에요. 우리는 모두 크고 작은 가시를 지닌 채 살아가며, 서로의 다름을 이해하고 품어주는 과정을 통해 더 단단한 관계를 만들어가요. 남자와 여자가 고슴도치 아이를 있는 그대로 사랑하며 기다려 주었듯, 우리 역시 다른 사람의 상처를 보듬고 함께 성장할 수 있지요. 책 속에서 아이는 성장하여 자신의 날개를 펼치고 세상으로 나아가요. 이제는 부모의 품이 아닌, 스스로 날 수 있는 존재로 성장해요. '진짜 가족이란 무엇일까?'라는 질문을 던지는 이 책은 사랑과 신뢰만이 가족을 이루는 유일한 요소임을 조용히 일깨워 줘요.

우리 가족에 관한 이야기 나누기

우리 가족에 대해 이야기 나눠요. 부모님의 사랑을 느꼈던 기억이나 가족과의 추억을 떠올려 볼 수 있도록 해 주세요. 이를 통해 고슴도치 아이의 마음에 공감하고 이야기에 몰입하도록 도울 수 있어요.

"우리 가족 구성원으로 누가 있지?"

"우리 집에서 가장 즐거웠던 기억이 있다면 뭐야?"

다양한 가족에 관한 이야기 나누기

이 책에 등장하는 입양가족 외에도 재혼가족, 확대가족, 핵가족, 한부모 가족, 조손가족, 다문화가족 등 다양한 형태의 가족이 있어요. 아이가 알고 있는 여러 가족 형태에 관해 이야기해 보고, 가족에 대한 새로운 개념을 접하게 해 주세요. 주변 사람의 이야기를 들려주거나 다양한 가족의 이야기가 담긴 다큐멘터리 영상물을 함께 시청하며 형태가 달라도 따뜻함을 나누는 가족들의 여러 사례를 만나 봐요.

"이 세상에는 다양한 모양의 가족이 있어. 엄마와 아이가 함께 사는 가족도 있고, ○○이네처럼 엄마, 아빠, 남매가 함께 사는 가족도 있지. 또 어떤 가족이 있을까?"

"이 책은 작가가 입양한 아이, 피오트르에게 주기 위해 만든 책이라고 해. 입양가족은 어떤 가족을 의미하는 것 같아?"

감동이 느껴지는 문장 공유하기

한 아이의 상처가 따뜻한 사랑으로 치유되는 내용의 감동적인 이야기예요. 책을 읽고, 마음에 와닿는 문장을 찾아 표시해요. 그리고 그렇게 느낀 이유를 설명할 수 있도록 질문해 주세요. 이를 통해 글 속에서 감동을 찾는 재미를 경험할 수 있고, 글로 따스한 감성과 감동을 전하는 방법을 생각할 수 있어요.

"인상 깊었던 문장을 책에 어떻게 표시할 수 있을까?"

"어떤 장면이 감동적이었어? 어떤 점에서 감동이 느껴졌어?"

생각을 키우는 질문

- [ ] '마음으로 본다'라는 것은 어떤 것을 의미할까?
- [ ] 이 책에서 이야기하는 '진짜 부모'는 어떤 사람들일까?
- [ ] 무엇이 피오트르의 몸에서 가시가 떨어져 나가게 했을까?

다양한 가족 모양 그리기

우리 가족만의 특별한 모양을 만들어 봐요.

- 우리 가족과 친구 가족 구성원의 얼굴을 그리고 점을 이어 모양을 만들어요. 우리 가족의 모양을 소개하고, 다른 형태의 가족을 표현함으로써 다양성에 대해 이해하고, 존중하는 마음을 키울 수 있어요.

- 활동 순서

  ❶ 우리 가족 구성원의 수만큼 점을 찍고, 각 구성원의 얼굴을 그려요.

  ❷ 점을 이어 모양을 만들고 색연필로 색칠해 우리 가족의 개성을 표현해요.

  ❸ 친구 가족 모양을 직접 그려보거나, 친구와 함께 활동할 때에는 함께 가족 모양을 공유해요.

  ❹ 다큐멘터리나 책 속에서 발견할 수 있는 여러 가족의 구성원을 관찰하고 가족 모양을 그려요.

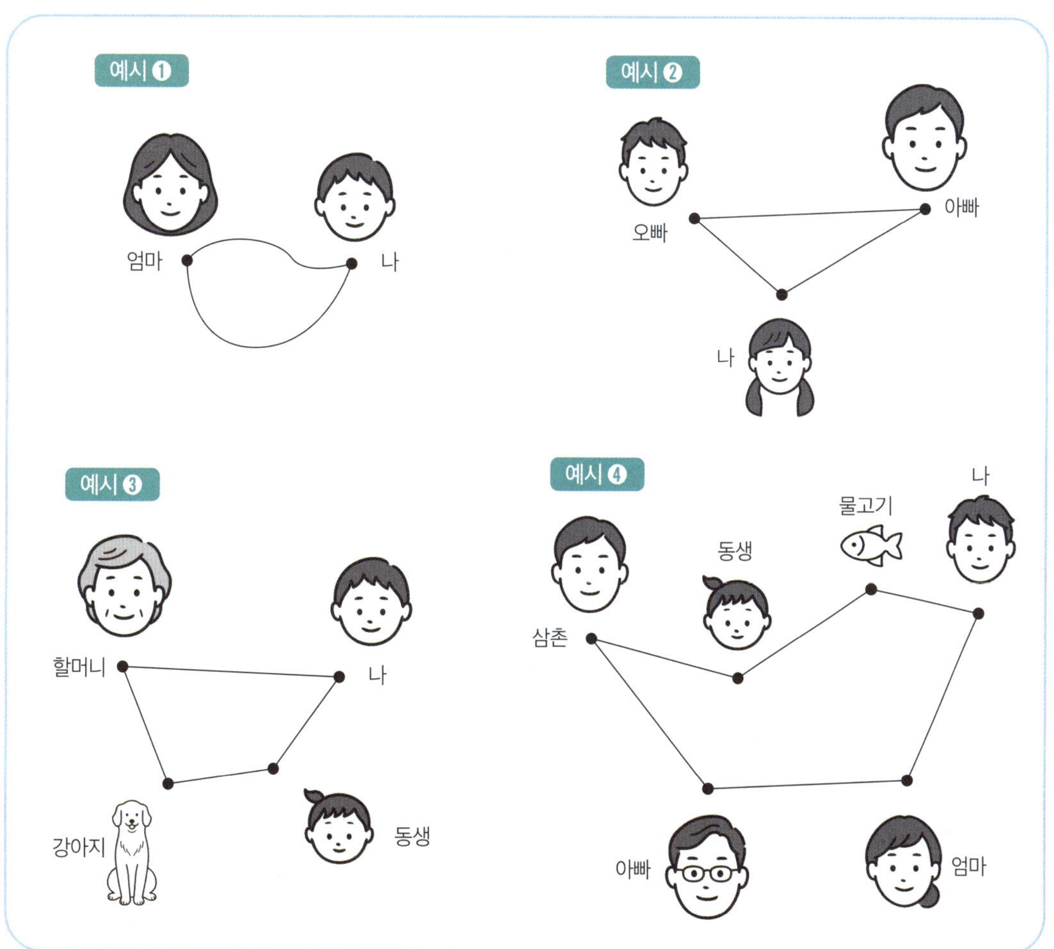

추상적인 개념 이해하기

'사랑, 진심, 자유'와 비슷한 단어들을 적어 그림을 완성해 봐요.

- 아이를 찾기 위해 남자와 여자는 '세상 모든 것을 다 아는 할머니'를 만나 도움을 간절히 구해요. 이때 할머니는 가난한 부부가 무엇을 아이에게 줄 수 있는지 물어보았고, 남자와 여자는 아이에게 '사랑, 진심, 자유'를 주겠다고 대답해요. 남자와 여자가 아이에게 주었던 사랑과 진심, 자유를 책 속에서 찾아보고 사랑, 진심, 자유를 느꼈던 경험에 대해 이야기 나눠요.

  "책의 어떤 부분에서 아이를 향한 남자와 여자의 사랑, 진심, 자유를 느낄 수 있었어?"
  "자유랑 비슷한 단어에는 어떤 것이 있을까?"
  "사랑, 진심, 자유와 같은 단어를 '추상적인 단어'라고 해. 추상적인 건 우리가 직접 보거나 만질 수 없는 개념들을 의미하는데, 또 어떤 단어들이 추상적이라고 할 수 있을까?"

- 아이가 책 속에 나오는 추상적인 주요 단어에 담긴 뜻을 이해하고, 언어로 표현하도록 도와주세요. 구체적인 문장이 아닌 동의어를 적어요. 이를 통해 한 단어에 대한 의미를 충분히 탐색할 수 있어요.

- **활동 순서**
  ❶ 가위로 별, 창문, 이파리 모양의 조각을 잘라요.
  ❷ 별 모양의 카드에는 '진심'과 비슷한 단어를, 창문 모양에는 '사랑', 이파리 모양에는 '자유'와 비슷한 단어를 적어요.
  ❸ 각 조각을 알맞은 자리에 풀로 붙여요.
  ❹ '추상적인 것'이 무엇을 뜻하는지 언어로 정의해 보고, 다양한 추상적인 단어들을 떠올려요.

가시가 돋게 하는 것, 사라지게 하는 것

나의 마음에 가시가 돋게 하는 것과 떨어져 나가게 하는 것을 적어 봐요.

- 피오트르는 몸에 가시가 돋아 있었어요. 가시는 엄마 아빠와 시간을 보내며 서서히 떨어져 나가, 마침내 몸에 하나도 남지 않게 되었지요. 우리 마음에도 가시가 돋을 수 있어요. 어떤 말과 행동이 마음에 가시가 돋게 만드나요? 돋은 가시도 사라지게 만드는 말과 행동이 있다면 무엇인가요? 활동지에 적어보고 이야기를 나눠 봐요.
  "○○이의 마음에 가시가 돋게 하는 것은 무엇이야?"
  "무엇이 ○○이의 마음에 돋은 가시를 떨어져 나가게 할 수 있을까?"

- 피오트르의 몸에 가시가 잔뜩 돋아나 있었던 이유에 대해 유추해요. 피오트르의 몸에서 가시가 떨어져 나갔던 순간도 글 속에서 찾아요. 내 마음에 가시가 돋았던 경험과 어떤 말과 행동이 우리 마음에 돋은 가시를 뽑을 수 있을지에 관하여 이야기 나눠요.
  "피오트르는 왜 몸에 가시가 잔뜩 돋아나 있었을까?
  "피오트르의 몸에서 가시가 떨어져 나간 이유는 무엇일까?"

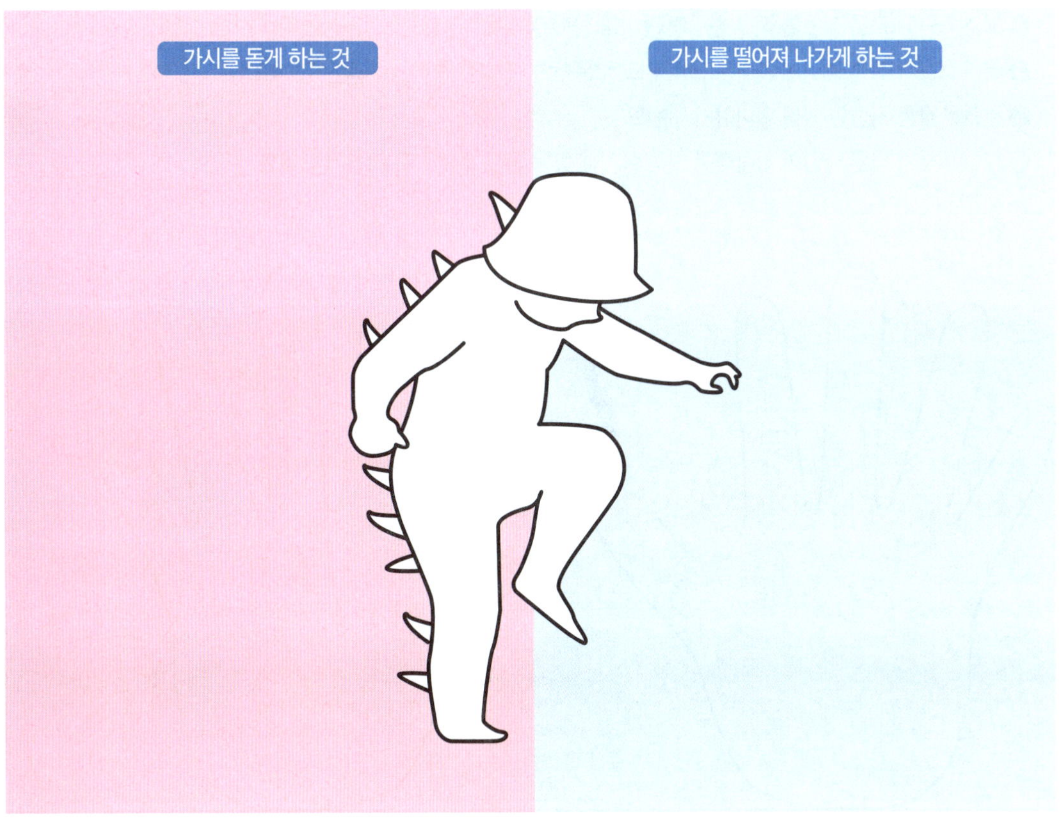

나를 소개하는 열 손가락

'나'에 대한 열 가지 정보를 열 손가락에 적고 다양성을 이해해 봐요.

- 모든 사람은 서로 다르기에 특별해요. 그런 모두가 모인 이 세상은 다채로운 아름다움을 품고 있지요. 우리는 제각기 다른 모양의 가족뿐 아니라 다른 외모, 경험, 생각 등을 가지고 살아가요. 열 손가락에 자신을 소개할 수 있는 열 가지 정보를 적고, 친구와 함께 공유하며 같은 점과 다른 점을 비교해 보세요. 가장 친한 친구더라도 다른 점을 발견할 수 있을 거예요. '나'를 둘러싼 세상을 배워가는 시기의 아이들이 타인을 존중하며 이해하는 다문화적 시각을 기르는 기반을 마련해 줄 거예요.

- **활동 순서**
  ❶ 준비한 도화지에 손바닥을 펼치고 색연필로 따라 그려요.
  ❷ 양 손바닥 그림을 가위로 오려요.
  ❸ 각 손가락에 어떤 정보를 적을지 친구와 이야기 나눠요.
    예: 머리 스타일, 좋아하는 색깔, 싫어하는 색깔, 특기, 잘하고 싶은 것, 좋아하는 음식, 싫어하는 음식, 좌우명, 여행하고 싶은 나라, 가족 구성원 등
  ❹ 열 손가락에 모든 정보를 적고 친구와 종이를 함께 펼쳐요.
  ❺ 다른 정보가 적힌 종이 손가락은 펼쳐두고, 같은 정보가 적힌 종이 손가락은 접어요.
  ❻ 완전히 같은 사람이 있을지 이야기 나눠요.
  ❼ 세상에 각기 다른 다양한 사람들이 모여 살기에 좋은 점은 무엇일지 이야기 나눠요.

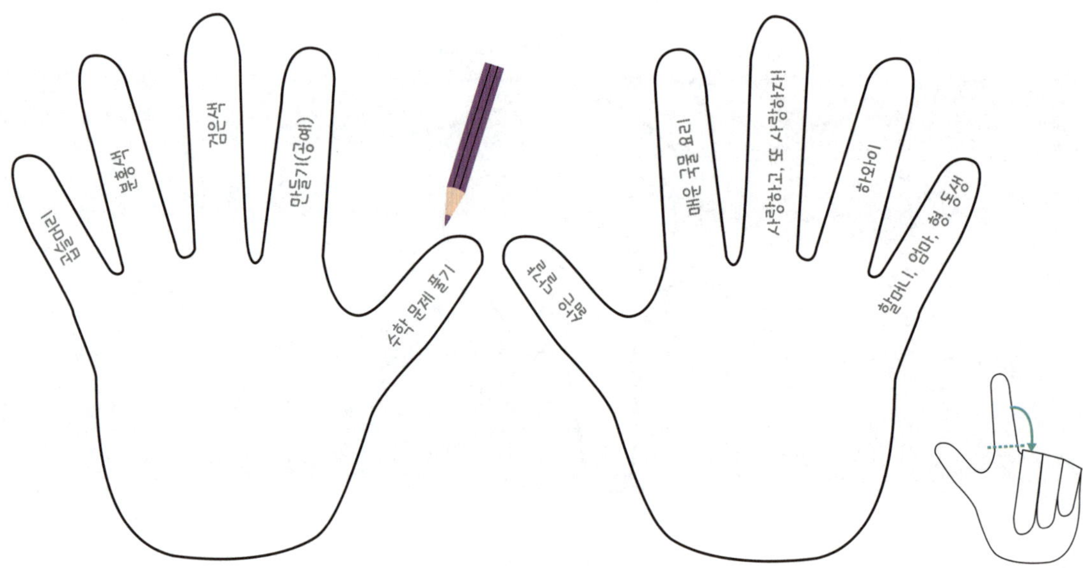

☆ 우리 가족의 보물을 찾아라! 박은아 글·김잔디 그림 | 휴먼어린이 | 2022

다양한 가족의 형태를 이해하고, 행복한 가족 관계의 의미를 탐구하는 책이에요. 행복반 친구들이 보물찾기를 통해 여러 가족을 만나며, 서로 다른 모습의 가족들이 지니는 보물에 대해 고민하고 발견해 가요. 이 책을 통해 가족의 소중함과 협력의 중요성을 이해하고, 가족 구성원 간의 관계를 발전시키는 방법을 알아볼 수 있어요. 책을 읽고 우리 가족이 지닌 특별함과 가족이 소중한 이유에 대해 이야기 나눠요.

☆ 우리 동네 별별 가족 최은영 글·김정진 그림 | 아르볼 | 2020

사회를 구성하는 가장 작은 단위인 가족에 관한 이야기예요. 사회 변화에 따라 변화하는 가족의 다양성을 소재로 주인공인 은우가 중심이 되어 다양한 가족 형태와 에피소드를 만나지요. 이 책을 통해 다문화가족, 한부모가족, 재혼가족, 입양가족, 조손가족, 동거가족 등 여러 형태의 가족이 어떻게 삶을 살아가는지 그림과 함께 살펴볼 수 있어요. 다양한 가족의 모습을 접하며 세상의 다양성을 이해하고 존중하는 태도를 기를 수 있어요.

☆ 밤티 마을 큰돌이네 집 이금이 글·한지선 그림 | 밤티 | 2024(개정판)

『밤티 마을』 시리즈의 첫 번째 책으로 다양한 가족의 형태와 의미를 생각해 볼 수 있는 이야기예요. 큰돌이와 집을 떠난 엄마, 말과 행동이 거친 아빠, 입양 간 동생과 장애가 있는 할아버지, 그리고 새 엄마인 팥쥐 엄마가 그려내는 이야기는 가족의 희노애락과 서로를 이해하려는 따스한 노력을 담고 있어요. 이를 통해 가족이 혈연으로만 이루어지는 것이 아니라, 함께 살아가며 서로를 품어주는 관계라는 점을 배울 수 있어요. 특히 '나쁜 새엄마'라는 고정된 편견을 깨고 새엄마와 만들어가는 가족의 모습을 그리고, 입양된 영미를 통해 '우리 가족'의 의미를 다시금 묻게 해요.

☆ 엄마 사용법 김성진 글·김중석 그림 | 창비 | 2012

엄마를 주문하여 직접 조립하고, 함께 생활하며 진정한 가족이 되어가는 한 가정의 이야기예요. 임신한 엄마가 아기의 탄생을 설렘으로 고대하듯 현수도 부푼 마음으로 '생명 장난감' 엄마가 깨어나길 기다려요. 아이가 엄마에게 세상을 알려주는 참신한 소재예요. 이야기 속 성장하는 엄마를 보며 우리 엄마의 마음을 생각해요.

☆ 다정한 말, 단단한 말 고정욱 글·릴리아 그림 | 우리학교 | 2022

이 책에는 자신의 마음을 단단하게 해 줄 수 있는 말, 친구와 가족에게 건네면 좋을 다정한 말이 담겨 있어요. 단순히 언어적인 따뜻한 표현을 배우는 것을 넘어 한 권의 시집을 읽는 것과 같은 감동과 위로를 아름다운 삽화와 함께 경험할 수 있는 그림책이에요. 책을 감상하며 자신의 언어습관을 점검하고, 실생활에서 다정하고도 단단한 말을 실천해 보세요. 책에 등장한 고운 말과 비슷한 단어를 떠올려요.

앵무새 초록

글 이향안
그림 오승민
펴낸 곳 웅진주니어
출간 2022
갈래 한국문학(창작동화책)
주제 #반려동물 #공존 #생명존중 #동물권

 **책 소개**

반려견을 키웠던 작가의 경험을 바탕으로 한 이야기예요. 주인공 은솔이는 앵무새 초록이를 서서히 가족으로 받아들이게 돼요. 초록이와의 만남부터 일상, 그 안에서의 어려움 등이 시간의 흐름에 따라 드러나는데, 반려동물이 인간을 위해 당연하게 희생되는 것에 대한 은솔이의 고민이 담겨 있어요. 생명을 존중하며 동물과 행복하게 공존할 수 있는 방법을 찾기 위해 고군분투하는 은솔이를 보며 인간과 함께 살기 위해 날지 못하는 새가 되는 반려조, 목줄에 묶여 산책하는 강아지, 좁은 동물원 우리에 갇힌 야생 동물 등 동물권에 대해 진지하게 생각할 수 있는 계기가 될 거예요.

이 책은 단순히 반려동물을 키우는 과정에서의 기쁨과 책임을 이야기하지 않아요. 반려동물이 인간의 삶에 맞춰 길들고, 인간의 편의를 위해 희생당하는 현실을 사실적으로 그려내며 깊은 고민을 던져요. 은솔이가 초록이와 함께하는 과정에서 느끼는 감정들은 아이들의 현실과도 맞닿아 있어요. '사랑한다면 책임져야 한다'라는 메시지는 반려동물뿐만 아니라 인간관계에도 적용될 수 있는 보편적인 이야기지요.

이렇게 읽어요

반려동물 기르는 사람들 살펴보기

주변에는 반려동물과 함께 사는 친구들도 있고, 그렇지 않은 친구들도 있을 거예요. 반려동물을 키우는 친구들에게 그들의 일상이 어떤지 물어보세요. 또는 반려동물이 없는 친구들과의 하루 일상이 어떻게 다른 지 비교하는 것도 좋아요. 아이와 함께 생각하고, 대화하고, 의견을 물어보세요.

반려동물이 인간과 함께하기 위해 무엇을 포기해야 하는지 생각하기

반려동물을 키워본 경험이나 반려동물을 키우는 주변 사례에 대해 이야기 나눠요. 반려동물은 어떠한 이유에서 사람들의 집에 들어오게 되고, 어떤 모습으로 어떠한 환경에서 살고 있는지 구체적으로 떠올리며 동물들이 사람들과 함께 살기 위해 희생하는 것들을 생각해 봐요. 새장에 갇힌 새, 유리 창문 앞에 진열된 강아지, 목줄을 한 강아지, 우리에 갇힌 야생 동물 등에 대해 이야기 나누며 사람과 반려하는 가족이 되기 위해 포기하는 것들을 살펴봄으로써 여러 생명과 더불어 살아가는 세상을 이해해요.

"'반려동물'이란 무슨 뜻일까?"

"동물을 보며 불쌍하거나 안타까운 감정을 느낀 적이 있어?"

"새는 왜 새장에서 살게 되었을까?"

설득한 경험에 관한 이야기 나누기

은솔이는 초록이에게 윙컷*을 시키지 않고, 함께 살아갈 수 있도록 엄마를 설득해요. 은솔이처럼 누군가를 설득하려 노력했던 경험과 어떠한 방법을 사용했는지 이야기 나눠요. 설득할 때 고려해야 할 점에 대해 고민하면서 자신과 타인의 다름을 이해하고, 존중하며 소통하는 방법을 배울 수 있어요.

"나와 생각이 다른 사람을 설득해 본 경험이 있어?"

"설득하는 것은 내 생각을 이야기하는 것과 어떤 차이점이 있을까?"

"설득이 되지 않으면 어떻게 해야 할까?"

* **윙컷**: 새장에서 탈출해 야생으로 날아가도 살아남기 어려워서 날아가는 것을 방지하기 위해 날개깃 아래 일부분을 자르는 것

생각을 키우는 질문

- [ ] • 반려동물로 키우기에 딱 좋은 동물은 어떠한 특징을 가진 동물일까?
- [ ] • 윙컷논쟁에 대한 의견을 말해 볼래?
- [ ] • 반려동물과 가족이 된다는 것의 의미는 무엇일까?
- [ ] • 초록이는 위험하더라도 집을 떠나 하늘을 자유롭게 날고 싶을까?
- [ ] • 은솔이는 왜 초록이에게 미안하다는 감정을 느꼈을까?

나의 반려동물 소개하기

키우고 있거나 키우고 싶은 동물을 인터넷에 검색하고 그림으로 표현해 봐요.

- 우리 집에서 키우는 반려동물이나, 함께 살고 싶은 동물을 생각하고 인터넷으로 정보를 검색해 그림으로 표현해요. 왜 그 동물을 키우게 되었는지, 혹은 키우고 싶은지에 대해 이야기하고, 오해했던 정보와 새롭게 알게 된 정보를 찾아 적어요.

  "우리 집 △△이(반려동물 이름)를 처음 만났던 날을 기억해?"

  "우리는 어떻게 △△이를 데려오게 되었지?"

  "△△이와 함께 살아서 좋은 점/불편한 점이 무엇일까?"

  "키우고 싶은 동물이 있어?"

  "인터넷은 전문가를 포함하여 수많은 사람들의 의견이 있어서 필요한 정보를 찾기 좋아. 검색창에 키우고 싶은 동물을 적어 보자."

  "이 동물과 함께 살고 싶은 이유는 뭐야?"

  "(인터넷에서 찾은 정보를 보고) 오, 이 점은 엄마가 처음 알게 된 정보네. ○○이도 새롭게 알게 된 점이 있을까?"

- 책 속에서 은솔이가 인터넷을 활용하였듯이 디지털 미디어를 활용하여 수많은 정보 중에 필요한 것을 선택하고 활용하는 과정에서 정보문해력을 키울 수 있어요.

초록이의 마음 돌보기

초록이의 감정이 어떻게 변했는지 살펴봐요.

- 앵무새 초록이가 태어나 은솔이를 만나고, 성장하며 여러 변화를 맞이했어요. 책을 넘기며 삽화를 중심으로 초록이의 성장 과정을 살펴요.

  "이번에는 책의 그림만 살펴보자."

- 그림 속 삽화를 책 속에서 찾아 펴고, 그 시기의 초록이를 보며 은솔이가 느낀 감정을 이야기해요.

  "이때 은솔이가 초록이를 보며 어떤 생각을 했을까?"

- 초록이는 어떤 감정을 느끼고 있었을지 예측하여 자유롭게 이야기하고 적어요. 초록이의 감정을 예측하여 적는 활동을 통해 인간과 함께 살아가는 반려동물의 입장, 나아가 동물의 권리를 의미하는 동물권의 필요성을 느낄 수 있어요.

  "그럼 초록이는 이때 어떤 마음이었을까?"

- 책 속에 없는 그림이나 사건에 대해 초록이의 생각이나 감정을 이야기해도 좋아요.

  "초록이는 어떤 말을 하고 싶었을까?"

  "○○이가 초록이었다면, 날지 못하게 되었다는 것을 깨달았을 때 어떤 기분이었을 것 같아?"

은솔이를 처음 만났을 때	은솔이를 졸졸 따라다닐때	집안에서 '말썽꾸러기'로 불리던 때

처음으로 날았을 때	윙컷을 하고 날지 못하게 되었을 때	날개가 자라 다시 날아올랐을 때

반려동물과 야생 동물 비교하기

집 안의 반려동물과 밖에서 사는 동물을 떠올리고 차이점과 공통점을 이야기해 봐요.

- 길에 사는 길고양이, 도시에 사는 비둘기, 산에 놀러 가면 볼 수 있는 다람쥐와 청설모 등 동물원이나 가정 등 실내가 아닌 곳에서도 우리는 동물들을 쉽게 만날 수 있어요. 그들도 우리와 같은 공간을 공유하며 살아가죠. 동물을 존중하며 공존하기 위해 우리가 할 수 있는 일은 무엇일까요? 반려동물과 야생 동물을 떠올리고 차이점과 공통점을 이야기하며 소중한 생명의 가치에 대해 생각해 봐요.

- 가정이 아닌 밖에서 동물들을 만났던 경험에 관해 이야기해요.
  "사람들이 집에서 키우는 반려동물 말고, 거리나 숲에서 어떤 동물을 만날 수 있을까?"

- 반려동물과 밖에서 사는 동물들의 특징들에 대해 말하고, 차이점과 공통점을 적어요.
  "반려동물과 밖에 사는 동물인, 야생 동물은 어떤 공통점을 가지고 있을까?"

- 밖에서 사는 동물들이 처해있는 어려움에 대해 이야기 나눠요. 같은 집에서 살고 있지 않지만, 지구라는 환경을 함께 공유하고 있다는 점을 떠올릴 수 있게 질문해요. 인간이 동물들을 존중하며 공존하기 위해 할 수 있는 일을 이야기해요.
  "밖에 사는 동물들은 어떤 위험과 어려움이 있을까?"
  "사람이 집에서 기르는 동물들은 어떤 어려움이 있을까?"
  "지구라는 커다란 공간을 함께 공유하는 동물들을 위해 우리는 무엇을 실천할 수 있을까?"

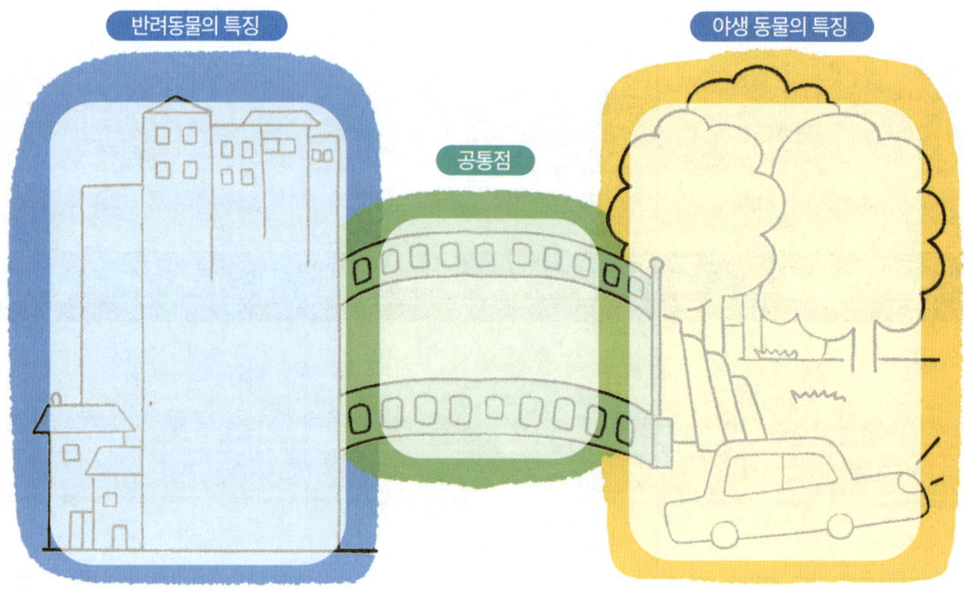

동호회 만들기

좋아하는 것을 공유할 수 있는 동호회를 떠올리고, 타인을 존중하며 소통할 수 있는 규칙을 만들어 봐요.

- 기찬이와 은솔이는 새를 좋아하는 사람들이 모인 동호회에 가입하여 새에 대한 정보를 공유할 수 있는 사람들을 만났어요. 은솔이는 동호회를 통해 앵무새에 대한 새로운 사실을 알게 되기도 하고, 초록이를 키우며 고민이 생겼을 때 글을 올려 도움을 요청하기도 해요.

- 나는 어떤 것에 관심이 있고, 그것에 대해 궁금한 점이 생겼을 때 누구에게 질문하나요? 내가 좋아하는 것에 대해 자유롭게 이야기하고, 같은 관심사를 가진 사람들과 결성할 수 있는 동호회의 이름을 지어요. 그리고 동호회를 통해 만난 사람들과 어떤 활동을 하고 싶은지 생각하고, 모임의 규칙도 만들어요. 지구 반대편에 있는 사람들과 같은 주제에 대해 공유할 수 있는 다양한 방식(글·소리, 영상 등)을 이해하고 타인을 존중하며 관심을 가진 것에 대해 공유하는 의사소통 방식을 말할 수 있는 활동이에요

- 활동 순서
  ❶ 요즘 좋아하는 것과 그것에 관심을 가지게 된 이유에 관해 이야기해요.
  ❷ 동호회를 만든다고 상상하여 동호회 이름을 만들고, 동호회에서 할 수 있는 것을 적어요.
  ❸ 여러 사람이 모인 곳은 서로를 존중하는 규칙이 필요해요. 내 동호회에는 어떤 규칙이 필요할지 이야기해요.
  ❹ 나의 동호회를 홍보할 방법으로 어떤 것들이 있을지 이야기 나눠요.

☆ 애니캔 은경 글 · 유시연 그림 | 별숲 | 2022

주인공 새롬이는 인간이 원하는 성격과 생김새에 따라 반려동물을 맞춰 제공하는 애니캔 상점에서 강아지 한 마리를 데리고 와요. 애니캔 부작용으로 반려견이 아프게 되면서 새롬이와 친구들은 거대한 애니캔 회사에 맞서 동물권을 지켜주기 위해 다양한 활동을 시작해요. 인간의 편리함을 위해 생명을 가볍게 여기는 사회의 문제점을 지적하고 환경을 함께 공유하는 동물의 권리를 또 다른 에피소드 속에서 생각할 수 있어요. 인간이 원하는 대로 생명의 생김새, 성격, 수명 등을 설정하게 되면 좋은 점과 문제가 되는 점은 어떤 것인지 이야기 나눠요.

☆ 휴머니멀 크리스토퍼 로이드 글 · 마크 러플 그림 | 명혜원 옮김 | 우리동네책공장 | 2021

인간에게 다양한 언어가 존재하듯 동물도 저마다의 언어로 생각과 감정을 공유하며 도구를 사용하고 문제를 해결해요. 작가는 이를 설명하기 위해 인간을 뜻하는 단어 'Human'과 동물을 의미하는 'Animal'을 합친 '휴머니멀(Humanimal)'을 제시해요. 이 책에서는 인간만이 생각과 감정을 가진 유일한 존재가 아니라는 관점을 뒷받침하는 다양한 정보를 만날 수 있어요.

☆ 365일 앵무새 키우기 3season 편저 | 이진원 옮김 | 라의눈 | 2018

앵무새의 종류와 습성, 돌봄 방법, 훈련 방법, 놀아주는 방법, 건강관리 방법 등 반려조에 대한 정보를 볼 수 있어요. 이 과정을 통하여 반려동물을 맞이할 때 공부해야 하는 이유에 대해 느낄 수 있으며 이와 더불어 책임감에 대해서도 생각할 수 있어요.

☆ 열세 살의 걷기 클럽 김혜정 글 · 김연제 그림 | 사계절 | 2023

요즘 아이들에게는 '동호회'보다 '동아리 혹은 클럽'이라는 단어가 더 익숙할 거예요. 좋아하는 대상 및 활동을 다른 사람과 공유할 수 있는 공동체를 이루는 여러 방법을 책 속에서 찾아볼 수 있어요. 또래와의 건강한 관계 형성이 중요한 이 시기에 걷기 클럽에서 '더불어 살아가는 것'의 필요성과 그 노하우를 만나볼 수 있어요.

☆ 가짜 뉴스 엘리즈 그라벨 글 | 노지양 옮김 | 아울북 | 2023

미디어의 종류가 다양해지며 정보가 넘쳐나는 이 시대에는 가짜 뉴스와 진짜 뉴스를 구별하는 능력인 정보문해력의 필요성이 더욱 높아지고 있어요. 이 책은 수많은 정보 속에서 만들어진 거짓 뉴스에 속지 않고 진실한 소식을 알아보는 시각을 가질 수 있는 길잡이가 되어줘요. 이를 통해 정보의 바다에서 진실과 거짓이 섞여 있음을 알고, 수동적으로 받는 것이 아닌 올바른 정보를 구별하여 선택할 권리에 대해 생각해요.

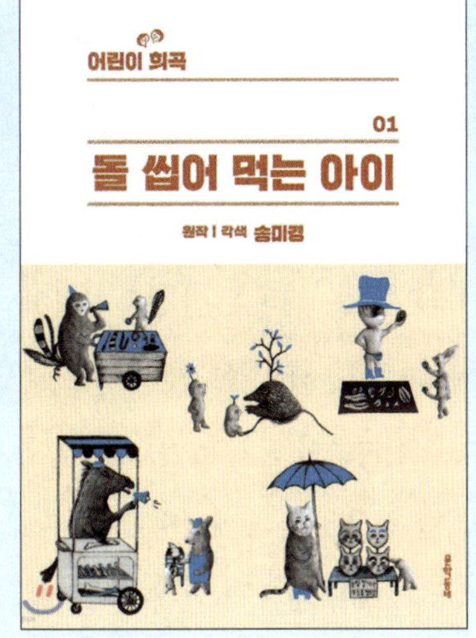

어린이 희곡
돌 씹어 먹는 아이

원작 · 각색 송미경
펴낸 곳 문학동네
출간 2019
갈래 한국문학(희곡)
주제 #교훈 #여운 #기묘한 #감동 #단편 #연극

 **책 소개**

2014년에 출간된 동화집 『돌 씹어 먹는 아이』의 일곱 편의 동화 중 〈혀를 사 왔지〉, 〈나를 데리러 온 고양이 부부〉, 〈돌 씹어 먹는 아이〉를 희곡으로 구성한 책이에요. 온종일 달려도 지치지 않는 뼈, 귓속말을 다 들을 수 있는 큰 귀, 정수리에 심는 씨앗 등 무엇이든 살 수 있는 시장에서 혀를 산 시원이가 속마음을 거침없이 이야기하게 되는 이야기, 부모님과 다른 성향을 가지고 있던 지은이에게 '진짜 부모'라며 나타난 고양이 부부 이야기, 몰래 돌을 먹는 연수와 못, 흙, 손톱, 지우개를 먹는 아빠와 엄마, 동생이 감춰 두었던 각자의 비밀을 나누는 이야기가 연극 대본 형식으로 각색되었어요. 문학작품으로서와 동시에 연극을 위한 대본으로 활용할 수 있도록 구성되어 있어서 교실에서 직접 연극을 연출하기 좋은 책이에요. 연극은 일상에서 즐기는 문화 콘텐츠 역할을 하지요. 2015 개정 국어 교육과정에서는 초등학교 5학년 2학기, 6학년 1/2학기 국어 교과에 연극 단원을 신설하여 본격적인 연극 교육이 이루어지기 시작해요.

이 책은 희곡이 교육과정에서 본격적으로 다뤄지는 고학년뿐만 아니라, 더 어린 학년에서도 희곡을 자연스럽게 접할 수 있는 줄거리와 등장인물로 구성되어 있어요. 희곡을 통해 문학을 새롭게 만나고 직접 극을 구성해 언어와 몸짓으로 표현하며, 소통과 협동을 경험할 수 있어요.

연극에 관한 생각 나누기

책을 본격적으로 읽기 전, 연극을 감상하였던 경험을 이야기 나누거나 연극 영상물을 검색하여 감상하세요. 그림책 혹은 동화를 원작으로 하는 연극이나 희곡에 기반한 연극을 보면 좋아요. 연극을 감상한 후, 연극의 대본이 되는 희곡에는 어떤 요소가 있을지 함께 이야기 나누며 유추해요. 희곡은 연극으로 공연할 수 있도록 구성된 글로, 배우가 무대에서 연기할 수 있도록 대사와 지문이 담겨 있어요. 희곡에는 등장인물과 대사가 짝을 지어 대화 형식으로 작성되어 있지요. 이러한 형식은 단체 채팅방에서 이어지는 말풍선, 그룹 가수들의 노래 가사가 적힌 형식과도 비슷해요. 연극을 보며 극과 극의 대본이 되는 희곡에 대한 흥미를 돋워요.

"지난번에 연극 보았던 거 기억나?"

"연극은 장면이 바뀔 때 어땠지?"

"연극을 만들기 위해 배우 말고도 어떤 사람들이 필요할까?"

"희곡은 연극의 대본이 되기도 해. 희곡에는 어떤 것들이 담겨 있어야 할까?"

이야기에 담긴 교훈 생각해 보기

이 책에 담겨 있는 세 편의 희곡 〈혀를 사 왔지〉, 〈나를 데리러 온 고양이 부부〉, 〈돌 씹어 먹는 아이〉는 내용이 예측하기 어려울 만큼 톡톡 튀면서도 신선한 소재가 특징이에요. 다양한 상상을 자극하면서도 교훈을 담고 있는 창작 동화를 기반으로 각색된 각각의 희곡은 아이들에게 어떤 교훈을 전해 줄까요? 낯선 희곡이라는 형식 안에 녹아 있는 작가의 메시지를 찾아보세요. 그리고 이야기를 문학으로써 온전히 음미하며 주제를 깊이 생각하도록 질문해 주세요.

"〈혀를 사 왔지〉에서 시원이가 말을 못 할 때 어떤 기분이었을까?"

"하고 싶은 말을 다 하는 것의 장단점은 무엇일까?"

"〈나를 데리러 온 고양이 부부〉에서 느껴지는 교훈이 있다면 무엇이니?"

"○○이는 어떤 동물처럼 행동하는 것 같아? 엄마와 어떤 점이 다를까?"

"〈돌 씹어 먹는 아이〉에서 가족들이 각자 다른 사람들과 다른 점을 가지고 있었지. 다른 점을 왜 숨기고 싶었을까?"

"'고백'이란 무엇일까? 가족끼리 숨겨왔던 비밀을 고백하며 이야기를 나눌 때 어떤 감정이 들까?"

대사 생동감 있게 읽기

극에서 활용되도록 작성된 희곡은 소리 내 읽는 모든 이를 배우로 만들어줘요. 연기하는 모습을 상상하며 작성된 글을 아이와 생동감 있게 읽어 보세요. 지문이나 대사로 나타나 있지 않아도 배역의 성격과 상황에 어울리는 숨소리, 즉흥 대사, 몸짓 등 자유롭게 추가해 표현하며 감상해요. 희곡 속 인물의 감정에 공감하며 문학을 놀이처럼 즐기는 새로운 경험을 할 수 있을 거예요.

"이 등장인물은 어떤 성격을 가진 것 같아?"

"어떤 습관을 가지고 있을까?"

"어떤 감정을 느끼고 있을까?"

"이 등장인물은 어떤 목소리가 어울릴까?"

"대사로 나타나 있지 않지만, 어떤 몸짓이나 말을 넣어보면 더욱 생동감이 느껴질까?"

생각을 키우는 질문

- [ ] 무대 뒤에서는 어떤 일이 일어나고 있을까?
- [ ] 각각의 이야기에서 등장하는 생쥐, 고양이와 같은 동물들은 이야기를 전개하는데 어떤 역할을 할까?
- [ ] 79쪽에 있는 고양이 1의 대사 "여긴 정말 돌 씹어 먹는 아이들이 많이 있네" 옆에, '객석의 아이들을 가리키며'라는 지문이 적혀있어. 고양이 1이 대사를 읊을 때 관객들을 가리키면 어떤 효과가 있을까?
- [ ] 시원이는 왜 혀를 다시 팔았을까?
- [ ] 지은이는 살고 있던 집을 떠나고 싶을까?
- [ ] 지은이가 정말 고양이 부부의 아이일까?

다양한 전개 상상하기

책 속에서 하나의 이야기를 선택하고 희곡 형식에 맞추어 이어지는 이야기를 창작해 봐요.

- 세 편의 희곡은 신비하고 기묘한 소재를 바탕으로 독자의 집중을 강하게 끌어당기는 매력을 가지고 있어요. 이 활동은 책 속에 나타난 결말을 아이의 뛰어난 상상력으로 다시 열어보는 활동이에요.

- 창의성은 자유로운 토론, 스토리텔링, 브레인스토밍 등 여러 관점에서 유연하게 바라보는 연습을 통하여 발달시킬 수 있어요. 묵혀두었던 이야기를 쏟아내고 혀를 되팔게 된 시원이는 어떤 손님을 만났을지, 집을 나와 고양이 부부를 따라나선 지은이는 어떤 일을 맞이할지, 비밀을 공유한 가족들이 다른 사람들에게도 비밀을 털어놓게 될지 등 무궁무진한 전개를 상상하며 아이의 창의성 발달을 도와주세요.

  "이 이야기의 결말을 보며 어떤 궁금증이 생겼어?"
  "다음 이야기는 어떻게 이어질까?"
  "〈혀를 사 왔지〉에서 시원이가 다시 팔게 된 혀는 누구에게 팔렸을까?"
  "〈나를 데리러 온 고양이 부부〉에서 부모님과 함께 살던 집을 떠나 고양이 부부와 함께 살게 되었는데, 어떤 일이 벌어졌을까?"
  "〈돌 씹어 먹는 아이〉의 가족들은 다른 사람들에게 비밀을 공유했을까? 돌을 먹는 다른 친구를 만나게 되면 어떨까?"
  "새롭게 등장하는 인물이 있어도 좋겠는걸?"

- 활동 순서
  ❶ 세 이야기의 결말에 대해 이야기 나눠요.
  ❷ 세 이야기 중 이어질 내용을 창작해 보고 싶은 희곡을 골라요.
  ❸ 책에서 맺어진 결말을 요약하여 사각형 안에 작성해요.
  ❹ 이어질 내용에 대해 이야기 나누고 세 가지 전개를 상상하여 써 봐요.
  ❺ 각 전개에 따라 어떤 대사가 나오면 좋을지 순서대로 작성해요.

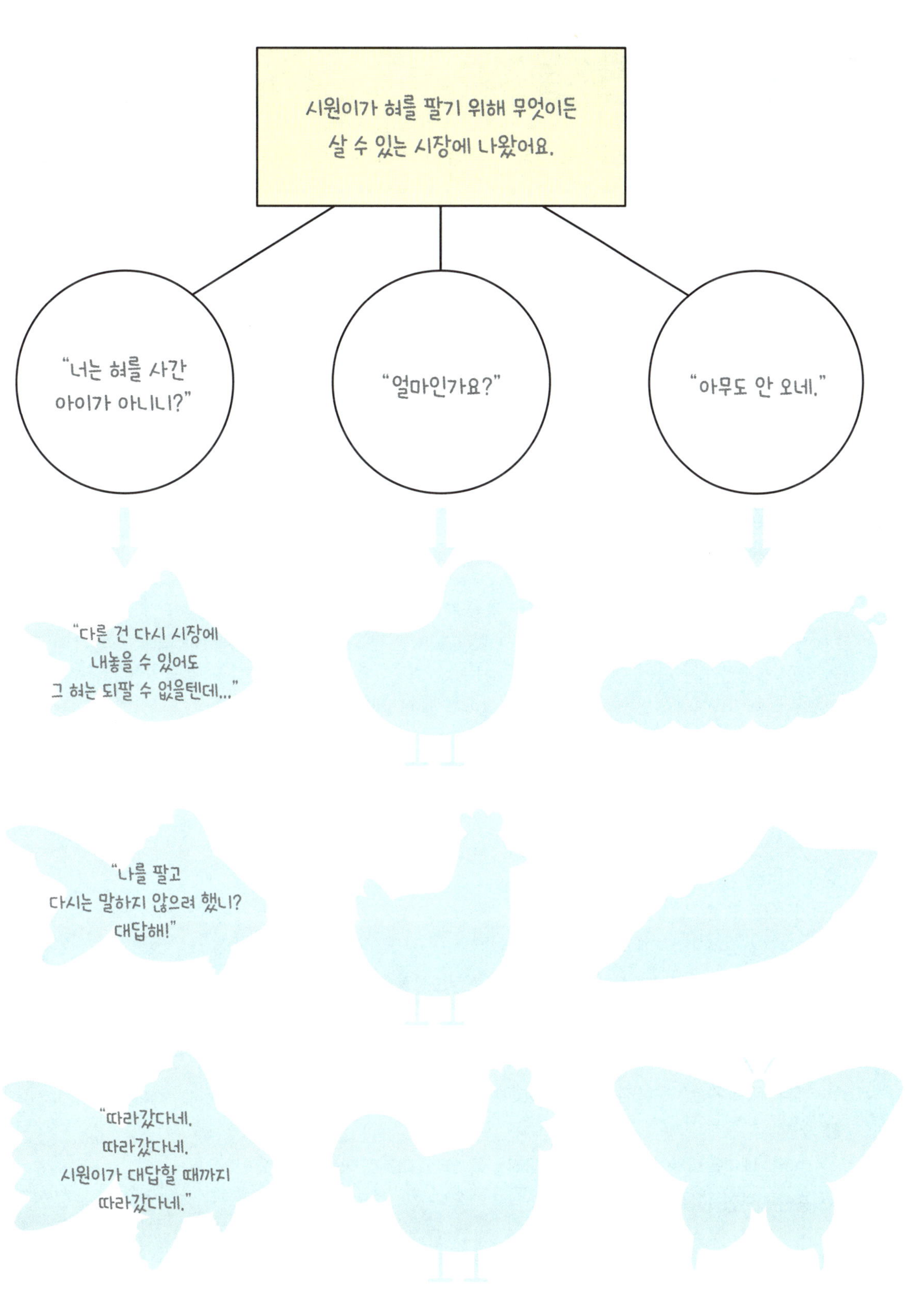

시원이가 혀를 팔기 위해 무엇이든 살 수 있는 시장에 나왔어요.
"너는 혀를 사간 아이가 아니니?"
"얼마인가요?"
"아무도 안 오네."
"다른 건 다시 시장에 내놓을 수 있어도 그 혀는 되팔 수 없을텐데…"
"나를 팔고 다시는 말하지 않으려 했니? 대답해!"
"따라갔다네. 따라갔다네. 시원이가 대답할 때까지 따라갔다네."

작은 극장 만들기

책에 담긴 희곡을 바탕으로 작은 무대를 연출하고, 배역을 연기하여 극을 표현해 봐요.

- 희곡은 하나의 문학 장르이자 연극의 구성 요소 중 하나예요. 이 희곡집은 아이가 직접 연출하고 공연할 수 있도록 지문과 설명이 함께 담겨 있어서 연극을 준비해 보기에도 좋은 책이에요.

- 우리 집 책상 위에서 작은 연극을 공연하는 활동으로, 무대 연출부터 배경음악 선정, 목소리 연기까지 연극에 참여하는 다양한 역할을 경험할 수 있어요. 목소리로 함께 연기하는 과정에서 극 중 인물의 감정을 이해하고 표현하며 자신감과 자기 표현력, 공감 능력을 기를 수 있어요.

  "희곡은 연극에서 사용되는 대본이기도 해. 세 편 중 어떤 희곡을 연극으로 직접 연출하고 싶어?"

  "무대에 어떤 것들을 놓으면 좋을지, 어떤 배경음악이 필요할지, 등장인물이 어떤 행동을 해야 할지 알려주는 글을 '지문'이라고 해. 희곡 속의 지문을 다시 읽으면서 각 장을 대표하는 장면을 이 카드에 그려 보자."

  "지문에 나타난 '사람들이 사는 보통의 동네'는 어떤 모습일까? 빵 가게와 과일 가게도 있대."

  "배경음악에 대한 지문이 없다면, ○○이가 장면에 잘 어울린다는 생각이 드는 음원을 선택하자."

  "아하, 그래서 이 음원을 선택했구나. 정말 외롭고 고독한 느낌이 드는 음악이네? 음악을 들으며 관객들도 인물의 감정에 공감할 수 있을 것 같아."

  "우리는 세 명이니까 두 개씩 맡아볼까? 어떤 역할을 맡아 연기하고 싶어?"

  "촬영해서 오늘 저녁에 가족들이 모두 모이면 함께 감상해 볼까? 초대 티켓을 만들어도 재미있을 것 같아!"

  "우리 집 극장 이름은 무엇으로 할까?"

- 활동 순서
  ❶ 무대 만들기
    - 연극으로 표현하고 싶은 희곡을 선택해요.
    - 지문을 참고하여 카드에 장면을 묘사해요.
    - 등장인물을 그려 오리고, 삼각형 모양의 종이 스탠드를 붙여 준비해요.
    - 카드를 끼워 넣을 수 있는 틀을 풀로 붙여 만들어요.
  ❷ 배경음악 선정하기
    - 배경음악에 관한 지문을 참고하여 인터넷에서 적절한 음원을 선택해요.
  ❸ 공연하기
    - 가족과 배역을 나누어 맡아 역할에 어울리는 목소리와 어조로 대사를 읽어요.
    - 공연을 촬영하여 다시 감상해도 좋아요.

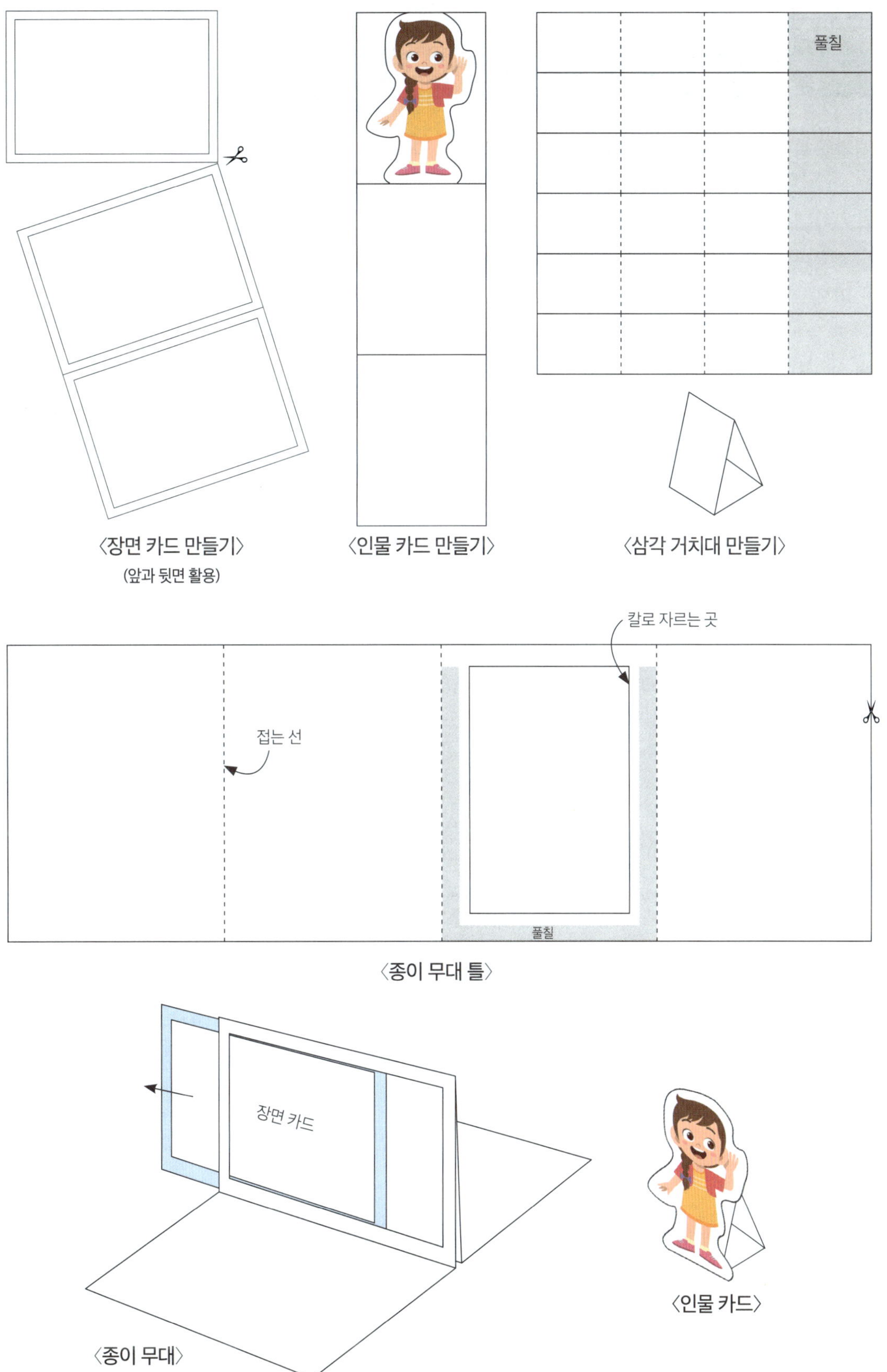
풀칠
〈장면 카드 만들기〉
(앞과 뒷면 활용)
〈인물 카드 만들기〉
〈삼각 거치대 만들기〉
칼로 자르는 곳
접는 선
풀칠
〈종이 무대 틀〉
장면 카드
〈종이 무대〉
〈인물 카드〉

일기를 희곡으로 바꾸기

일기를 희곡 형식으로 바꿔 두 가지 형식의 글을 비교해 봐요.

- 희곡, 일기, 시, 편지, 설명문, 이야기글 등 글의 형식은 다양해요. 일기를 희곡으로 바꾸며 글의 형식이 어떻게 달라지는지 경험해요.

- 일기를 잘 살펴보면 글을 쓰는 사람은 '나'지만 등장하는 인물들은 다양한 것을 발견할 수 있을 거예요. 나에게 있었던 일, 오늘 느낀 감정을 담은 일기를 희곡 형식으로 바꾸어 작성해요. 같은 사건이라도 인물의 대사와 행동을 통해 다르게 표현될 수 있음을 경험할 수 있어요. 일상적인 경험을 희곡 형식으로 바꿔 보면 이야기 구성의 흐름을 이해하고, 인물 간의 대화를 글로 표현함으로써 감정을 더욱 생생히 전달하는 방법을 익힐 수 있어요.

  "일기는 하루 동안 있었던 일과 그때의 감정을 나만의 방식으로 자유롭게 쓰는 글이지만, 희곡은 등장인물들이 대화를 주고받으며 이야기가 전개되는 형식이야. 그래서 같은 내용을 쓰더라도 일기에서는 '나는 오늘 신나는 일을 했다'라고 쓸 수 있지만, 희곡에서는 '(신난 표정으로) 오늘 정말 멋진 일이 있었어!'처럼 대사와 행동을 넣어 표현할 수 있어. 글의 형식에 따라 내용을 표현하는 방법이 달라지고, 전달하는 느낌이 달라지는 거지."

  "어떤 날의 일기를 써 볼까? 기왕이면 ○○이가 생생하게 기억하는 이야기를 글로 표현하면 좋을 것 같아."

  "○○이의 일기에 어떤 사람들이 등장했지? 그 사람들에 대해 잘 모르는 사람들이 읽는다고 생각하면서 자세히 설명해 보자."

  "어떤 느낌의 음악이 배경에 깔리면 어울릴 것 같아?"

  "희곡에 생쥐가 등장해서 인물에 대해 설명해 준 것처럼 ○○이도 상상 속 캐릭터를 희곡에 추가해도 좋아."

- 활동 순서

  ❶ 일기를 써요. 오늘이 아닌 기억에 남는 사건이 있었던 날에 대한 일기를 참고해도 좋아요.

  ❷ 희곡으로 일기를 표현할 거예요. 상단에 희곡의 제목을 짓고, 일기에 등장하는 인물들과 배경에 대한 안내를 아래에 적어요.

  ❸ 중간에 분위기나 인물의 감정을 표현하기 좋은 음악에 대한 설명, 인물의 행동을 알려주는 지문을 추가해요.

○○   (이)의 일기

2025 년 10 월 10일

제목 : 생일은 즐거워

　생일은 매년 돌아오지만, 매번 특별하게 느껴진다. 이번 생일은 어릴 적에 살던 동네로 놀러가 오랜만에 가영이와 수아를 만났다. 우리는 만나자마자 사랑분식으로 향했다. 사랑분식의 돈가스는 여전히 달콤하고 고소하니 참 맛있었다. 돈가스의 맛도, 사랑분식도, 친구들도 한결같이 자리를 지키고 있는 것을 보니 언제나 나를 사랑하는 우리 엄마가 자꾸만 떠올랐다. 엄마는 내가 열 살이 되기까지 아침마다 이마에 뽀뽀를 해 주었다. 물론

오늘 아침에도 달콤한 뽀뽀를 하고, 잘 다녀오라며 나를 품에 꼭 안아주었다.

　돈가스를 먹는데, 엄마가 생각나서 문자를 보냈다. 단무지 하나가 남았을 즈음, 휴대폰이 울렸다.

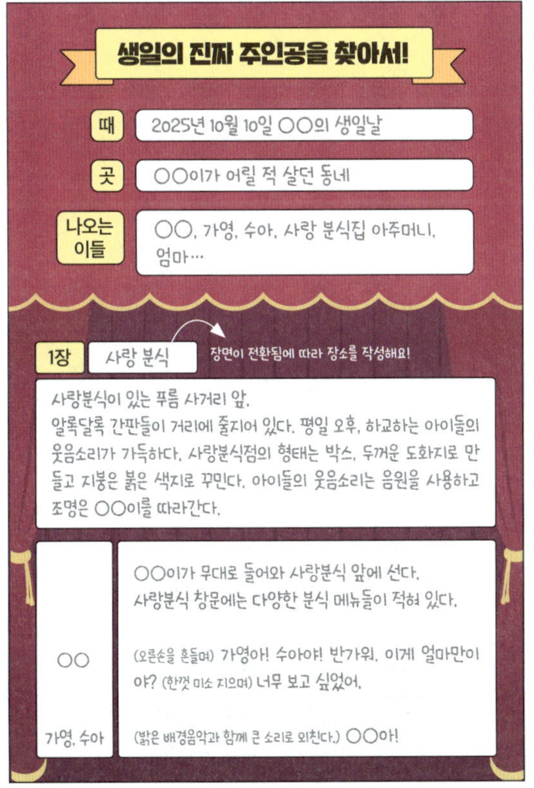

동화집과 비교하기

동화집 『돌 씹어 먹는 아이』를 읽고, 동화의 특징과 희곡의 특징을 비교해 봐요.

- 동화집과 희곡집 모두 재미있는 이야기 글이지만 그 표현 방법에는 다른 점이 있어요. 원작 동화집을 활용한다면 다른 형식으로 작성된 같은 이야기를 확인하고, 비교할 좋은 기회가 될 거예요. 동화는 주로 서술을 통해 이야기가 전개되며, 글쓴이가 인물의 마음을 직접 설명하거나 배경을 자세히 묘사하는 특징이 있어요. 반면, 희곡은 대사와 지문을 중심으로 이야기가 진행되기 때문에 인물의 감정이나 상황이 대화와 행동을 통해 표현돼요.

- 동화를 희곡과 비교하면서 같은 이야기도 형식이 달라지면 표현하는 방식과 분위기가 달라진다는 것을 알 수 있어요. 앞선 문해 활동에서 일기를 희곡으로 바꾸어 보며 글쓴이의 입장에서 차이점을 느꼈다면, 이번에는 같은 내용을 다른 형식으로 표현했을 때의 차이를 독자의 관점에서 경험하고, 글의 형식에 따라 받아들이는 느낌이 어떻게 달라지는지 생각할 수 있어요.

- **활동 순서**
  ❶ 동화집 『돌 씹어 먹는 아이』에서 희곡집에 나온 한 편의 이야기를 편안하게 읽어요.
  ❷ 희곡집에서 동일한 이야기를 펼쳐 읽어요.
  ❸ 두 형식의 공통점과 차이점에 관해 이야기를 나누고, 독자의 관점에서 어떤 글이 더 재미있었는지 이야기해요.

☆ 돌 씹어 먹는 아이(그림책) 송미경 글·세르주 블로크 그림 | 문학동네 | 2019

희곡집의 또 다른 버전의 그림책이에요. 그림책은 그림이 글보다 많아 글 없이도 내용을 느끼고 감상할 수 있다는 특징이 있어요. 그래서 글로 상세하게 표현되지 않은 부분은 그림을 통해 상상하고 해석할 수 있지요. 아이는 그림을 보며 스스로 이야기를 확장해 나갈 수 있어요. 같은 이야기라도 그림의 색감이나 구도에 따라 분위기가 달라질 수 있어 보는 사람마다 조금씩 다르게 느낄 수도 있어요.

☆ 함께 연극을 즐겨요 지슬영 글·그림 | 현북스 | 2022

이 책은 연극에 대한 다채로운 내용을 담고 있어요. 연극을 위해서는 무엇이 필요한지, 연극 용어, 한국의 연극에 대한 내용, 무대에서 배우들이 미리 준비하는 활동부터 무대 위 다른 놀이, 인형극과 그림자극, 가면극, 마당극, 영화로 만드는 방법에 관한 이야기 등이 있어요. 희곡이 한 편 수록되어 있어서 아이들이 직접 연극할 때 활용해요.

☆ 학교 가기 싫은 아이들이 다니는 학교 송미경 글·윤지 그림 | 웅진주니어 | 2010

송미경 작가의 또 다른 창작 동화예요. 새롭고 기묘한 소재와 교훈이 숨겨져 있는 작가의 글을 재미있게 읽은 아이라면 이 책을 추천해요. 이 책은 주인공 시원이가 원하던 대로 학교가 움직이는 것을 경험하는 내용이에요. 지각이 필수인 학교, 급식 대신 과자를 마음껏 먹을 수 있는 학교에서 시간과 기억을 대가로 일탈을 누리는 이야기이지요. 단단한 교훈을 담고 있지만 아이들의 공감을 끌어내는 주제로 예측불허의 줄거리를 이어가요.

☆ 셰익스피어 셰익스피어 원작 | 이안 엮음 | 미래엔아이세움 | 2019

윌리엄 셰익스피어는 널리 사랑받는 극작가예요. 500여 년 전에 쓰인 그의 작품에는 지금은 사용하지 않는 어휘가 많고, 대사로 이루어진 희곡이라 이야기에 푹 빠져 읽기 어려울 수 있어요. 수많은 희곡 중에서 『로미오와 줄리엣』, 『겨울 이야기』, 『폭풍우』를 포함한 12편의 이야기가 담겨 있어요. 다채롭고 아름다운 그림이 그려져 있어서 그림책을 보는 듯한 감동과 즐거움을 느낄 수 있어요.

☆ 어린이희곡 하루와 미요 임정자 원작·김수희, 임정자 각색 | 문학동네 | 2019

동화 『하루와 미요』는 3학년 1학기 국어 교과서에 수록되어 있어요. 용감하게 처음 보는 길을 걸어 나가는 강아지 하루와 겁이 나지만 목표한 바를 포기하지 않고 도전하는 고양이 미요의 이야기예요. 넘어져도 씩씩하게 다시 일어나 달려가는 둘의 모습에 나도 모르게 응원하게 되지요. 이를 통해 아이들도 소중한 무언가를 위해 흔들려도 힘을 내어 나아갈 수 있다는 희망의 메시지를 마음에 품을 수 있길 바라요.

그래프를 만든 괴짜

글 헬레인 베커
그림 마리 에브 트랑블레
옮김 정주혜
펴낸 곳 담푸스
출간 2019
갈래 외국문학(인물이야기책)
주제 #인물 #일생 #발명 #그래프 #아이디어

우리가 일상에서 흔히 접하는 선그래프, 막대그래프, 원그래프를 만든 윌리엄 플레이페어의 이야기예요. 산업혁명 시대에는 숫자가 가장 중요한 정보 전달 수단이었기 때문에 사람들은 데이터를 오직 숫자로만 기록하고 분석해야 한다고 생각했어요. 하지만 윌리엄 플레이페어는 숫자를 그림으로 표현해 더 쉽고 효과적이게 정보를 전달할 수 있는 혁신적인 아이디어를 떠올렸어요. 그림이 단순한 상상력의 산물로 치부되던 환경 속에서 윌리엄은 기존의 고정관념을 깬 거죠. 과학과 수학에서 그림을 유용한 도구로 활용할 수 있음을 증명했어요.

 이 책은 한 인물의 삶을 담은 전기이자, 관련 배경지식을 전달하는 정보 그림책이에요. 그래프가 만들어진 이야기를 접함으로써 딱딱하고 어려운 수학적 장치가 아닌 유용하고 세상을 이해하는 친근한 도구로 바라볼 수 있을 거예요. 더불어 정보를 효과적이고 시각적으로 전달하는 방법에 대해 생각해 볼 수 있어요. 작은 아이디어가 세상을 바꿀 수 있다는 가능성과 새로운 시각의 힘을 경험할 수 있길 기대해요.

이렇게 읽어요

그래프 활용법 고민하기

 그래프는 오늘날 신문, 책, 잡지, 텔레비전, 인터넷 등 우리 생활 속에서 쉽게 발견할 수 있어요. 그래프는 숫자나 글자로만 보면 이해하기 어려운 정보도 한눈에 비교할 수 있도록 도와주고, 다양한 시각 자료로 활용돼요. 예시로는 날씨 변화, 운동 기록, 인기투표 결과, 상품 판매량 등이 있지요. 우리가 일상 생활에서 얼마나 자주 그래프를 접하고 있는지 떠올리며 어떤 상황에서 그래프가 유용하게 쓰이는지 생각해요. 그래프를 활용하여 어떤 정보를 전달하고 싶은지, 어떤 방식으로 표현하면 더 쉽게 이해할 수 있을지 대화를 나눠요. 이를 통해 그래프 활용법에 대해 더욱 깊이 있게 탐구할 수 있을 거예요.

"그래프를 언제, 어디에서 보았어?"

"글이나 숫자로만 설명하는 것과 그래프로 설명하는 것은 어떤 차이가 있을까?"

"그래프가 없었다면 어떤 점이 불편했을까?"

"어떤 정보를 그래프로 표현하면 더 이해하기 쉬울까?"

"어떤 주제로 그래프를 만들어보고 싶어?"

"여러 가지 그래프 중에서 어떤 그래프가 가장 익숙해?"

"그래프보다 더 편리한 정보 전달 방법이 있을까?"

틀에 박힌 생각과 틀을 벗어난 생각 되돌아보기

윌리엄 플레이페어는 그림은 상상력의 산물이라는 틀에 박힌 생각에서 벗어나, 그림을 과학과 수학에서 유용한 도구로 활용한 사람이에요. 이처럼 당연하다고 여겼던 것들을 때로는 새로운 시각으로 바라볼 때, 우리는 새로운 것을 발견하거나 창작할 수 있어요. '틀에 박힌 생각'과 '틀에서 벗어난 생각'이 무엇인지 이야기 나누고, 고정관념 혹은 기발한 아이디어를 가졌던 경험을 나눠요. 이를 통해 사소한 아이디어도 가치 있는 발견이 될 수 있다는 자신감을 얻게 될 거예요. 창의적인 생각은 언제나 일상에서 자연스럽게 탄생하지요.

"'틀에 박힌 생각'이란 어떤 걸까? 반대로 '틀에서 벗어난 생각'은 어떤 걸까?"

"고정관념이란 무엇일까?"

"○○이는 틀에 박힌 생각을 해 본 적이 있어?"

"○○이가 떠올린 아이디어 중에서 가장 기발했다고 생각하는 건 무엇이야?"

"'이런 게 가능할까?' 하고 궁금했던 적이 있어?"

"불가능하다고 생각했던 것이 실제로 이루어졌던 것을 본 경험이 있어?"

시대적 배경 알아보기

윌리엄 플레이페어가 살던 시대에 대해 알아봐요. 관련된 정보들이 페이지 한쪽에 적혀 있어요. 윌리엄의 이야기를 읽으며 추가로 마련된 배경지식을 꼭 함께 읽어 보세요. 1700년대 스코틀랜드에서는 많은 사람들이 과학적 방법이라는 새로운 사고방식을 따르고 그림을 상상력의 산물로만 여겼어요. 이 시기는 산업혁명이 일어난 시기이기도 해요. 프랑스 혁명이 일어났던 1789년에는 루이 16세가 왕위를 빼앗겨 윌리엄도 도망쳐야 했어요. 이와 같이 책에 등장한 역사적 배경에 대해 이야기 나누고 궁금한 부분이 생긴다면 관련 도서를 통해 더 알아봄으로써 스스로 정보를 찾아보는 탐구심과 문제해결 능력을 기를 수 있어요. 당시의 시대적 흐름과 윌리엄 플레이페어의 삶을 더 깊이 이해해 봐요.

"그 당시에는 그림을 상상력의 산물로만 여겼다고 하는데, 왜 그렇게 생각했을까?"

"과학적 방법을 따르던 과학자들은 어떤 일이 일어나는 이유에 대해 생각하고 실험으로 확인해 보았대. 그럼 과학적 방법과 반대되는 방법은 무엇일까?"

"프랑스 혁명은 왜 일어났을까?"

"산업혁명이 사람들의 삶을 어떻게 바꿔놓았을까?"

"이야기의 배경이 되는 시대에 대해 더 깊이 알고 싶다면, 어떤 방법으로 탐구할 수 있을까?"

생각을 키우는 질문

- [ ]
- [ ] • 윌리엄이 계속해서 사업에 실패했을 때 어땠을까?
- [ ] • 엉뚱하다는 것은 좋은 것일까?
- [ ] • 윌리엄에게 형인 존은 어떤 존재였을까?
- [ ] • 윌리엄의 이야기를 읽고 어떤 점을 느꼈어?
- [ ] • 윌리엄이 개발한 그래프가 그가 살아있을 때 유용한 도구로 많은 사람들에게 인정받았다면 어땠을까?
- [ ] • 윌리엄의 삶을 통해 깨닫게 된 점이 있어?

인물 이야기를 써 보기

내가 잘 아는 사람, 나에게 의미 있는 사람, 혹은 존경하는 사람에 대한 전기를 작성해 봐요.

- 이 책은 윌리엄 플레이페어의 이야기이자 전기예요. 전기는 어떤 사람의 삶에 관한 이야기가 담긴 책이며 위인전도 전기의 한 종류로, 한 사람의 어린 시절과 성장 과정, 극복한 어려움, 업적과 세상에 남긴 것 등이 담겨 있어요.

- 인물의 삶을 깊이 있게 들여다보고 전기 형식에 맞추어 글을 써 보면서 이야기의 흐름을 정리하는 연습을 해요. 전기가 단순한 기록이 아닌 영감을 주는 글이기도 함을 알려주며 아이가 정한 인물이 아이에게 어떤 영향을 주었는지 생각하도록 해요.

  "○○이가 잘 아는 사람 중에 존경하는 사람은 누구야?"

  "그 사람을 존경하는 이유가 뭐야?"

  "그 사람이 ○○이에게 어떤 영향을 주었어?"

  "그 사람을 통해 어떤 것을 깨달았어?"

  "인물에 대해 알고 있는 점을 빈 종이에 일단 적으면 좋아."

  "이 중 어떤 이야기를 전기에 적으면 좋을까?"

- **활동 순서**

  ❶ 내가 잘 아는 사람 중에 나에게 의미 있는 사람, 존경하는 사람을 떠올려요.

  ❷ 인물책의 제목과 인물의 이름을 적도록 해 주세요.(①번)

  ❸ 그 사람의 어린 시절, 극복한 어려움, 업적, 그리고 나에게 의미 있는 이유나 내가 존경하는 이유 등을 이야기해요.(②~⑨번)

  ❹ 인물에 관한 내용을 한 가지씩 적을 수 있도록 칸을 마련해 주세요.

  ❺ 종이 끝(⑨번)을 ①번 칼선에 끼워 넣어 완성할 수 있게 해 주세요.

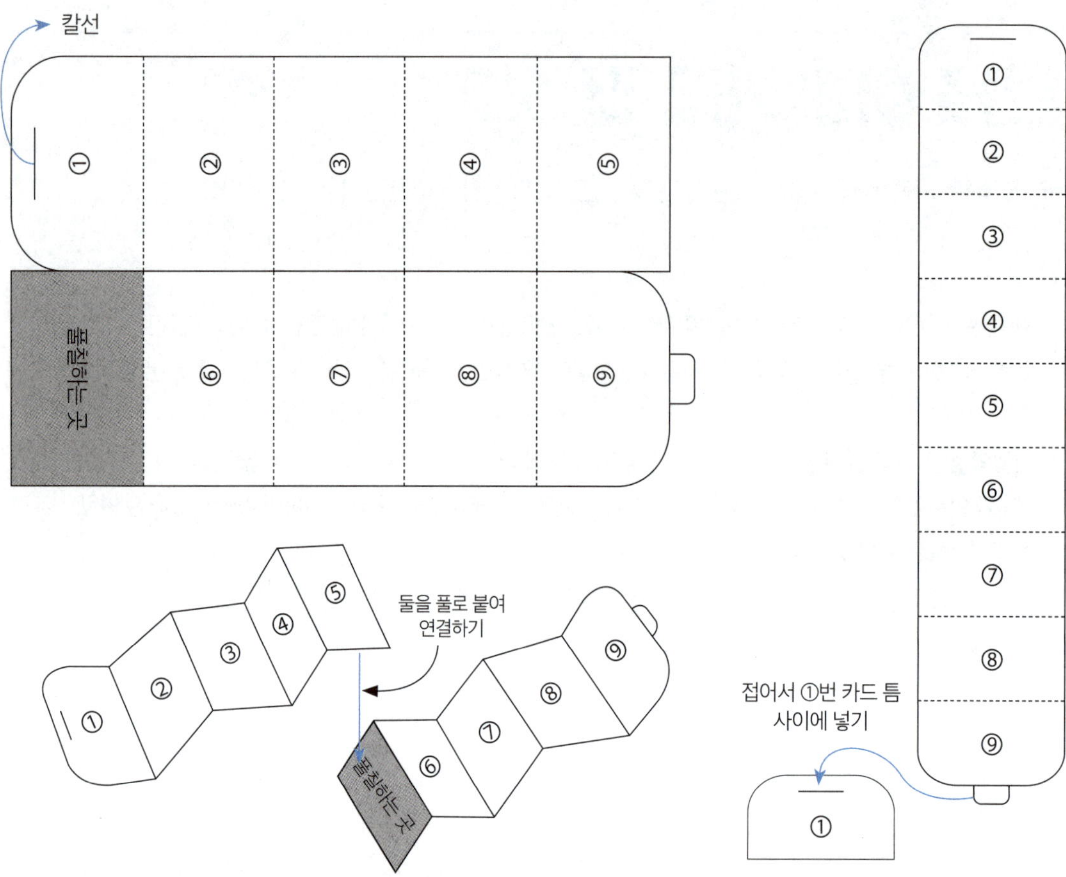

❶ 제목: 슈퍼맨 우리 아빠 / 이름: ○○○

❷ 우리 아빠는 어릴 때 건축가라는 꿈이 있었어요. 하지만 동생들을 위해 돈을 많이 버는 것이 중요했어요.

❸ 아빠는 자신의 꿈을 뒤로 하고, 건축일과는 아무 관련 없는 회사에 들어갔어요. 그곳에서 하루도 빠짐없이 일했어요.

❹ 그러던 어느 날, 아빠는 상냥한 회사 동료와 사랑에 빠졌어요. 그 사람이 바로 우리 엄마예요. 아빠는 지금도 엄마가 보물이래요.

❺ 아빠는 친절하고 재미있는 사람이라 곁에 미소가 가득한 사람들이 함께했어요. 아빠의 성실함과 따뜻함을 닮고 싶어요.

❻~❽ 아빠의 삶에서 중요한 것은 ~

❾ 저도 언젠가 아빠가 될 거예요. 그때 우리 아빠가 살아온 길을 떠올릴래요. 누군가에게 저도 좋은 아빠가 되고 싶어요.

행복 그래프 그리기

윌리엄 플레이페어가 만든 선 그래프, 막대그래프를 활용하여 인생 그래프를 만들어 봐요.

- 우리의 삶은 기쁨도 슬픔도 모두 담긴 다채로운 그릇이라고 할 수 있어요. 자신의 인생에서 기억에 남는 순간들을 돌아보고, 행복감을 시각적으로 표현해 봐요. 기쁘고 행복했던 순간은 그래프가 올라가고, 힘들거나 어려웠던 순간은 내려가는 식으로 표현하여 나만의 이야기를 한눈에 볼 수 있는 그래프로 표현해요.

  "○○이의 삶에서 가장 행복했던/슬펐던/힘들었던 순간은 언제였어?"

  "○○이가 생각하는 나이별 행복지수를 점으로 표현해 보자."

  "점을 이어서 선그래프를 만들었네. 어떤 모양 같아?"

  "행복 그래프가 평평한 것과 굴곡이 있는 것 중 어떤 게 더 좋다고 생각해?"

  "행복지수를 그래프로 표현하니까 어떤 점이 좋아?"

  "나이에 따라 변하는 행복지수를 다른 방법으로 표현할 수 있을까?"

- 이를 통해 책 속에 등장한 그래프의 장점을 이해하고 직접 활용할 수 있어요. 그래프를 사용하여 단순한 숫자의 나열뿐만이 아니라 이야기를 담아내는 새로운 방법을 맛볼 수 있지요.

- 활동 순서

  ❶ 나이에 따른 행복지수를 점으로 표시한 후, 점을 이어 선그래프로 만들어요.

  ❷ 막대그래프를 오려서 각 나이 글자 위에 열 개의 막대그래프를 풀로 붙이세요.

  ❸ 점의 높이에 맞게 막대그래프를 가위로 잘라낸 후, 점선에 맞춰 접어 올려요.

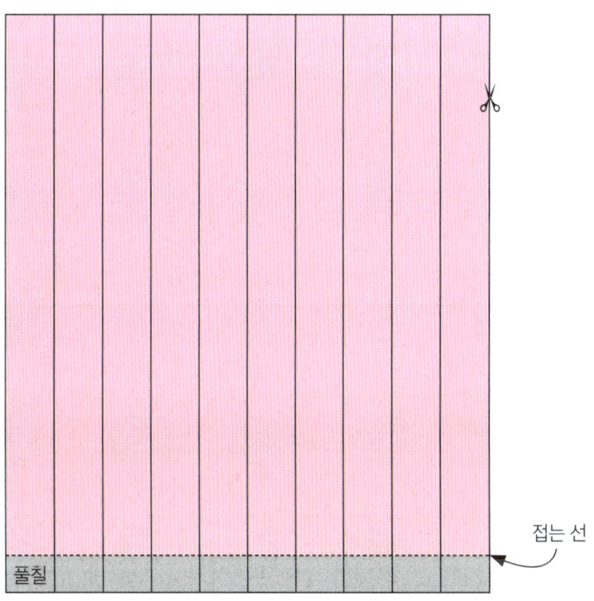

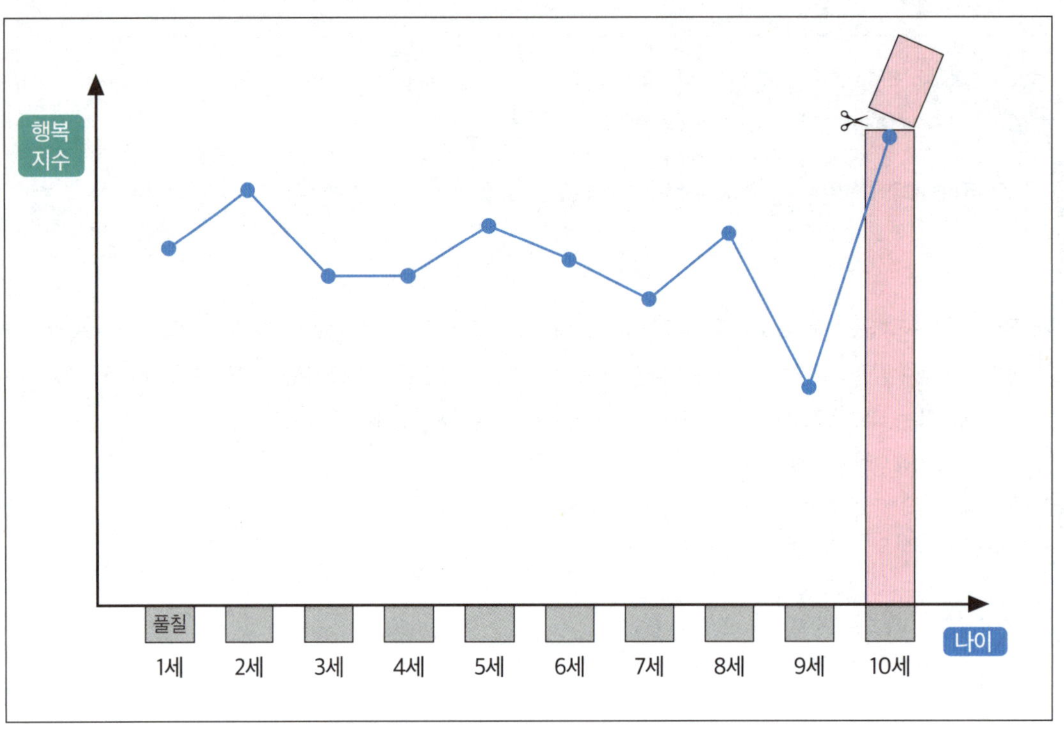

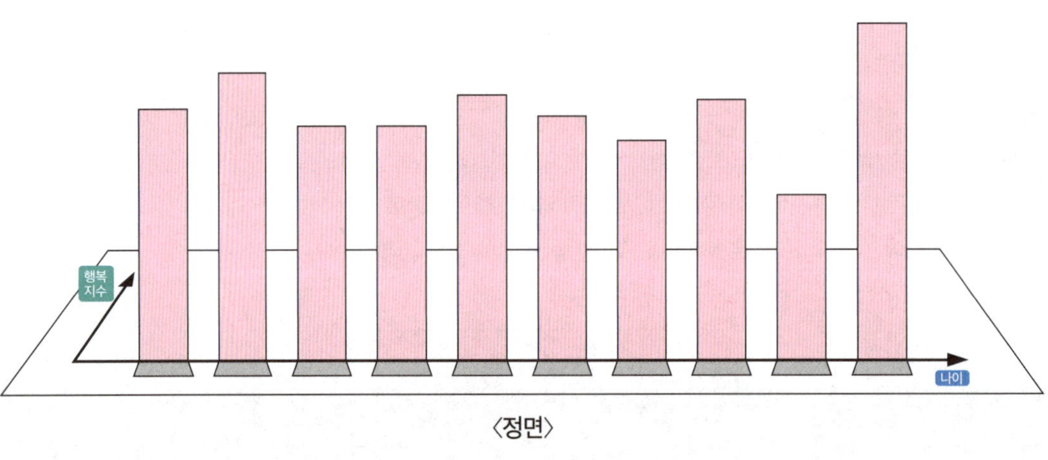

〈정면〉

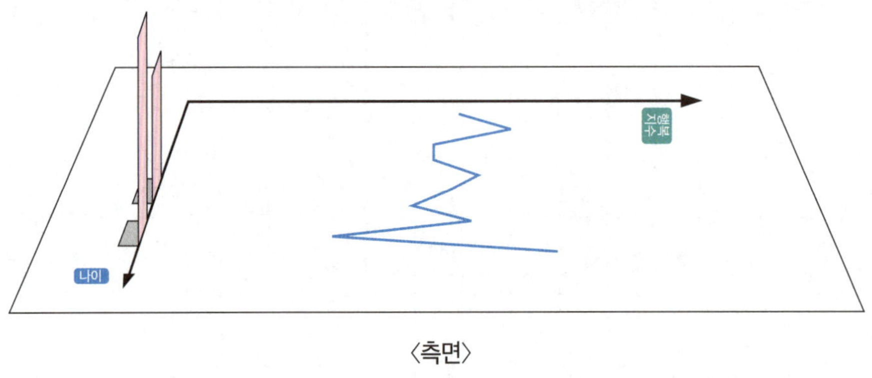

〈측면〉

발명품 소개하기

발명품을 구상하고 발명품의 이름과 용도, 사용 방법 등을 소개해 봐요.

- 윌리엄 플레이페어는 기술자, 세공사, 경제학자, 작가, 기업가이자 그래프를 만든 발명가예요. 손으로 만질 수 있는 물건, 장치뿐만 아니라 새로운 개념이나 표현 방법을 만드는 것도 발명이라고 할 수 있어요. 이번에는 내가 발명가가 되어 나의 발명품을 소개해 봐요.

- 이미 있는 사물이나 개념에 조금의 변화를 주어 새로운 발명품을 탄생시킬 수 있어요. 아주 사소하더라도 생활 속에서 경험했던 불편함을 떠올려요. 순서대로 아이의 생각을 확장하고 표현할 수 있게 도와주세요. 이를 통해 우리 주변을 새롭게 바라보고, 작은 아이디어가 큰 변화로 이어지는 것을 꿈꾸게 될 거예요. 나아가 나만의 발명품을 상상하고 소개하는 과정에서 창의적인 사고력을 키우고, 문제를 해결하는 재미를 느낄 수 있어요.

  “‘발명’은 무엇이라고 생각해?”

  “이 세상에 어떤 발명품이 있을까?”

  “거창한 발명품이 아니어도 괜찮아. 생활하면서 느꼈던 작은 불편함을 먼저 떠올려 보자.”

  “물건을 사용하면서 불편함을 느꼈던 경험이 있어? 어떤 부분을 조금 바꾸면 더 편리할까?”

  “우리가 매일 사용하는 연필, 책상, 의자, 가방 같은 물건을 어떻게 색다르게 바꿔볼 수 있을까?”

  “이 발명품에 어떤 이름이 어울릴까?”

  “이 발명품을 사용하는 방법에 대해 사람들이 쉽게 이해할 수 있도록 어떻게 설명하면 좋을까?”

  “실제로 이런 발명품이 있는지 인터넷에 검색하여 알아보자.”

- 활동 순서

  ❶ 일상에서 불편함을 느꼈던 경험을 떠올려요.

  ❷ 어떤 점을 보완하면 좋을지 이야기 나눠요.

  ❸ 발명품의 이름을 짓고, 사물의 용도, 발명 계기, 사용 방법을 적어요.

  ❹ 발명품의 모습을 그림으로 표현해요.

- **발명품의 이름은 무엇인가요?**

  어디로든 화분

- **발명품의 용도는 무엇인가요?**

  집 안을 아름답게 꾸미고, 향긋한 꽃향기를 언제나 맡을 수 있도록 해 주는 화분입니다.

- **발명하게 된 계기가 무엇인가요?**

  우리 집에서 가장 예쁘고 커다란 화분은 볕이 잘 드는 거실에 있습니다. 밤에 일기 쓸 때 예쁜 화분을 책상에서 보고 싶었어요. 그런데 너무 무거워서 가져올 수 없으니 아쉬운 마음이 들었어요. 해가 진 밤에 방에서 손쉽게 가져오고 싶어서 발명하였습니다.

- **사용 방법을 자세히 설명해 주세요.**

  화분 밑에는 아주 부드러운 천이 붙어 있습니다. 바퀴보다 더 부드러운 천이에요. 화분 중앙에는 꽃과 어울리는 노란색의 튼튼한 줄이 달려 있어요. 언제든 접어서 숨겨둘 수 있지요. 이동을 원할 때는 줄을 꺼내어 원하는 방향으로 당기면 됩니다. 화분을 당기는 방향으로 부드럽게 움직일 거예요.

발명품
그리는 칸

미래를 내다보는 자서전 작성하기

나의 미래를 상상하여 자서전을 미리 작성해 봐요.

- 자서전은 스스로 자신에 관한 이야기를 쓴 책이에요. 전기는 한 사람의 삶에 대해 다른 사람이 쓴 글이지만, 자서전은 자신이 직접 자신의 어린 시절, 경험, 느낀 감정, 성공과 실패 등에 대해 적은 글이죠.

- 책에서 글쓴이가 윌리엄이 꿈꾸던 미래를 돈, 명예, 영광이라고 표현하였듯이, 내가 꿈꾸는 '나의 미래'에서 이루고 싶은 가장 중요한 가치가 무엇인지 작성해요. 이를 통해 내가 어떤 삶을 꿈꾸는지, 나에게 중요한 것이 무엇인지 깊이 생각할 수 있어요. 또한 자서전을 미리 작성해 봄으로써 앞으로의 삶을 계획하고 꿈을 구체화하는 의미 있는 과정이 될 수 있어요. 내가 이루고 싶은 목표나 소중하게 여기는 가치를 글로 표현하며, 스스로에게 보내는 응원의 메시지를 남기는 의미 있는 시간이 될 거예요.

- **활동 순서**
  ❶ 말려진 종이에 가려져 있는 글이 무엇일지 상상하여 이야기 나눠요.
  ❷ 열 다섯 살, 스무 살, 서른 살, 마흔 살에 어떤 일과 생각을 할지 소망을 담아 작성해요.
  ❸ 내가 꼭 이루고 싶은 가장 중요한 가치를 단어로 표현하여 아래에 적어요.

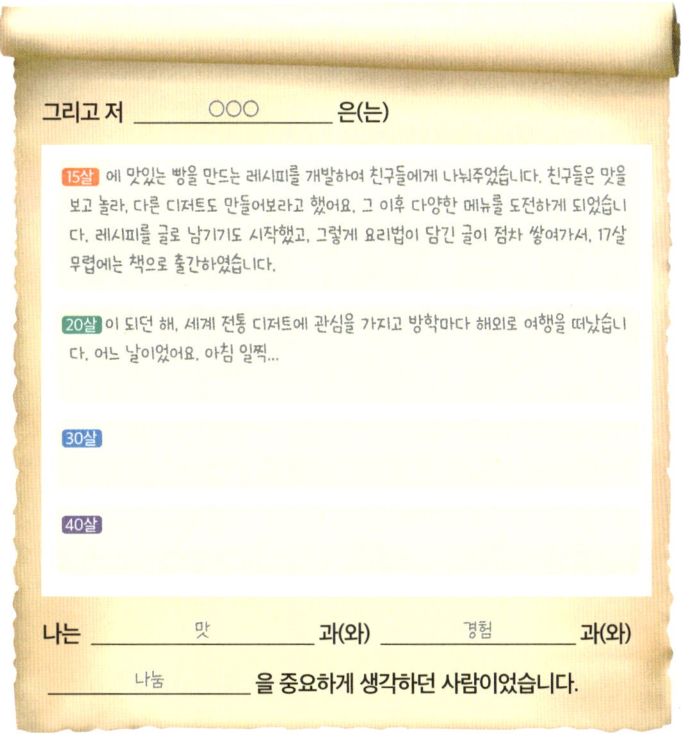

☆ 외계인도 수학을 할까? 김성화, 권수진 글 · 김다예 그림 | 와이즈만북스 | 2023

'외계인도 수학을 한다'라는 재미난 생각에서 시작하는 책이에요. 스마트폰, TV 채널, 신호등, 채소에도 수학이 쓰인다는 흥미로운 이야기부터 갓난아기도 수 감각이 있다는 소식, 피타고라스가 돌멩이를 가지고 발견한 수학의 규칙 등 다채로운 구성과 전개로 수학에 대한 아이들의 흥미를 끌어내요. 이 책을 읽고 "만약 세상에 숫자가 없다면?"을 상상하며 이야기 나눠요.

☆ 그래프가 쭉쭉 김성화, 권수진 글 · 한성민 그림 | 만만한책방 | 2021

초등학교 저학년 수학 교과과정부터 그래프에 관련된 단원들을 다뤄요. 딱딱하고 어려운 수학적 도구라고 생각하기 쉬운 그래프를 이 책을 통해 친근하고 유쾌하게 접할 수 있어요. 재미있고 사랑스러운 그림체로 아이들이 그래프의 개념을 쉽게 이해할 수 있도록 도와줘요.

☆ 똑똑한 표와 대단한 그래프 스튜어트 머피 글 · 테레사 벨론 그림 | 정희경 옮김 | 봄나무 | 2022

정보를 보기 좋게 전달하는 그림인 인포그래픽에 대한 이야기를 담은 그림책이에요. 세상의 많은 정보들을 한곳에 모아 표현하는 방법인 표와 그래프를 어떻게 활용하고 그리는지 다양한 사례와 함께 만날 수 있어요. 책을 읽고 우리 집에서 가장 많이 사용하는 단어나 표현을 표와 그래프로 나타내요.

☆ 역사를 바꾼 새로운 물건들 김온유 글 · 임덕란 그림 | M&Kids | 2020

안경, 거울, 전깃불, 전화, 커피, 사진기, 감자, 야구 등 지금은 친근한 것들도 오래전에는 신문물이었어요. 나라와 나라 사이 이루어졌던 왕래를 통해 우리나라에 들어오게 된 물건들이 어떻게 우리 곁에 정착하게 되었는지 살펴볼 수 있어요.

☆ 누가 맨 먼저 생각했을까 이어령 글 · 정성화 그림 | 푸른숲주니어 | 2009

지금의 아이들은 정보의 바다에 살고 있어요. 이 책에는 아이들이 기존의 지식을 활용하여 창의적인 생각을 탄생시킬 수 있도록 돕는 다양한 방안들이 흥미로운 사례를 바탕으로 담겨 있어요. 우연한 아이디어를 놓치지 않을 수 있는 방법을 이야기 나누고 언제든 떠오르는 창의적인 생각을 메모할 수 있는 '아이디어 수첩'을 만들어요.

딱 한마디 미술사

글 안소연
그림 이해정
펴낸 곳 천개의바람
출간 2021
갈래 한국문학(미술역사책)
주제 #예술 #미술 #역사 #화가 #말 #감상

책 소개

말은 하는 이의 마음을 들여다볼 수 있는 창문이 되기도, 듣는 이의 마음을 울리기도 하지요. 이 책에서는 미술사의 흐름이 화가들의 말 한마디를 바탕으로 다뤄져요. 미술사의 변화를 이룬 시대적 배경과 회화 기법, 재료 등도 함께 다루어져 있어 명화를 깊이 있게 감상하는 시각도 기르도록 도와요. 예술의 거장들로 알려진 레오나르도 다빈치, 미켈란젤로, 밀레, 모네, 세잔, 고흐, 뭉크, 마티스, 몬드리안, 달리 등 르네상스 시대부터 바로크 시대, 현대미술에 이르기까지 그 흐름을 파악할 수 있어요.

이 책을 통해 다빈치의 〈모나리자〉, 미켈란젤로의 〈천지창조〉, 모네의 〈수련〉, 고흐의 〈별이 빛나는 밤〉, 뭉크의 〈절규〉, 몬드리안의 〈구성 No.10〉 등 미술 작품에 관한 비하인드 스토리도 만나며 작품과 친숙해져요. 이와 더불어 화가가 중요하게 여기던 가치, 화가의 삶과 예술관, 작품세계 등을 탐구하는 시간이 될 거예요. 책을 읽으며 '아름다움'과 '예술'이 지닌 의미에 대해 느끼고 이야기로 생각을 나눠 보세요.

이렇게 읽어요

'잘 그린 그림의 기준' 정의 내리기

'잘 그린 그림'에 대한 의견은 다양해요. 미술사 속에서도 시대에 따라 좋은 그림은 다르게 평가되었지요. 사람이나 사물, 풍경과 똑같이 그림을 그리는 것이 잘 그렸다고 평가되었던 시대가 있었던 반면, 화가가 느끼는 감정, 생각을 색과 선을 활용하여 자신만의 독창적인 세계로 표현하는 것이 인정받던 시대도 있었어요. 계속해서 그 기준은 변화하고 있지요. 아이에게는 어떤 그림이 잘 그린 작품으로 느껴지는지 이야기 나눠보고 그렇게 생각하는 이유에 대해 말로 표현해 보도록 해요. 이를 통해 예술을 바라보는 다른 관점을 이해하고 예술을 자신의 기준으로만 평가하는 것이 아니라 다양한 표현 방식을 존중하는 태도를 기를 수 있어요.

"(책을 읽기 전) 어떤 그림이 '잘 그린 그림'이라고 생각해?"

"책을 읽고 나니, '잘 그린 그림'에 대한 생각이 바뀌었어?"

"○○이는 무언가를 똑같이 그려낸 그림과 감정을 담아 그린 그림 중 어떤 작품이 마음에 들어?"

"'아름다운 그림'과 '잘 그린 그림'은 다른 것일까?"

"어떤 시대의 작품이 아름답게 느껴져?"

"지금 멋있는 그림으로 인정받는 그림이 과거에도 좋은 그림으로 평가될까?"

"시대에 따라 예술에 대한 사람들의 기준이 변화하는 이유가 무엇일까?"

"예술은 무엇이라고 생각해?"

"돈으로 예술의 가치를 매길 수 있을까?"

작품에 사용된 재료와 기법 알아보기

이 책은 시대의 흐름에 따라 펼쳐진 명작들을 만나볼 수 있어요. 글의 중간중간 재료에 대한 소개와 작품 사진 하단에 사용된 재료가 적혀 있어요. 익숙한 도구와 재료, 기법도 있지만, 처음 접한 것들도 있을 거예요. 작품을 보며 같은 색감이라도 질감과 밀도, 두께, 세밀한 표현 등에 어떠한 차이가 있는지 이야기하고 재료에 대한 정보를 인터넷, 서적, 혹은 직접 화방에 방문하여 탐색해요. 각기 다른 재료로 구성된 미술 작품에 보다 흥미를 느끼고 화가의 표현 기법과 작품의 특징을 더욱 깊이 있게 이해할 수 있을 거예요. 더불어 작품이 만들어지는 과정을 이해하는 심층적인 감상 능력을 키울 수 있길 기대해요(미술 작품을 표현하는 용어 예시: 질감, 밀도, 두께, 세밀한 표현, 명암, 빛과 그림자, 색의 대비, 구도, 동세, 원근법 등).

"이 작품에 사용된 재료는 무엇일까?"

"이 재료는 ○○이가 아는 것 중에 어떤 재료를 닮았어?"

"프레스코와 템페라에 대한 설명이 적혀 있어. 어떻게 생겼을까? 냄새는 어떨까? ○○이가 학교에서 다루어본 물감과
　어떤 차이가 있을까?"

"연필과 목탄은 두께에 있어서 어떤 차이가 있을까?"

"이 그림이 좀 더 세밀하게 그려졌다면 어떤 느낌이 들었을까?"

"이 재료는 어떻게 만들어졌을까?"

"물감을 섞어서 바르는 것이 아닌 점묘법을 사용하여 작품을 그린 이유가 무엇일까?"

"신기하게 느껴지는 기법이 있어?"

"그림은 영원히 보존될 수 있을까?"

미래의 미술 상상하기

역사는 흐른다고 하지요. 미술의 역사도 예술의 형태도 계속해서 변화하고 있어요. 이전에는 없었던 새로운 기술이 등장하기도 하고, 그에 따라 기계와 인공지능을 활용한 예술(프린팅 아트, VR 혹은 AR 미술, 인공지능의 그림 등)도 나타났어요. 또한 자기 작품을 SNS를 통해 전 세계 사람들에게 손쉽게 공유할 수 있지요. 앞으로의 미술의 형태는 어떻게 변화하고 사람들은 작품을 어떤 방식으로 감상하고 생각을 나누게 될지 이야기 나눠요. 기술과 예술이 어떻게 융합될지 상상하며 미술이 과거로부터 남겨진 고정된 유산이 아닌, 계속해서 변화하는 분야라는 점을 깨닫고 '살아있는 예술'의 의미를 이해할 수 있을 거예요. 창의성을 발휘하여 미래를 그리는 과정을 통해 계속해서 미술사에 흥미를 키워갈 수 있길 기대해요.

"아주 오래전에 연필과 물감이 없던 때에는 어떻게 그림을 그렸을까?"

"카메라와 컴퓨터는 예술가에게 어떠한 영향을 주었을까?"

"기술이 발전함에 따라 작품을 만들 수 있는 다양한 도구와 새로운 형태의 전시장이 생겼어. 어떤 것들이 있을까?"

"인공지능도 그림을 그릴 수 있다면, 사람의 예술 작품이 AI의 작품보다 더 가치 있을까?"

"미래에는 예술가가 어떤 새로운 방식으로 미술 작품을 만들고 사람들에게 공유하게 될까?"

"기술이 더 발전하여도 사람들은 기계가 아닌 손으로 그림을 그릴까?"

생각을 키우는 질문

- ☐ • 추상주의 칸딘스키 그림을 보니 어떤 느낌이 들어?
- ☐ • '마티스의 뱃속에는 태양이 들어있다!'라는 건 무슨 뜻일까?
- ☐ • ○○이는 이 그림을 보았을 때 어떤 감정이 느껴져?
- ☐ • 화가는 어떤 감정과 생각을 이 그림에 담았을까?
- ☐ • ○○이가 이 그림 속에 있다면 어떤 냄새와 소리를 느낄 수 있을 것 같아?
- ☐ • 화가의 다른 명작들을 좀 더 찾아보자. 어떤 화가의 작품을 더 감상해 보고 싶어?

딱 한마디 내 작품

관심 있는 것을 주제로 그림을 그리고, 나와 작품을 나타낼 수 있는 '딱 한마디'를 써 봐요.

- 책 속에 소개된 많은 화가들은 자신이 관심 있는 것을 그림으로 표현했어요. 아이가 흥미와 관심을 두고 있는 것은 어떤 것인가요? 내가 관심 있는 것을 그림으로 표현할 수 있게 재료를 지원해 주세요.

  "많은 화가들은 자신이 흥미 있는 걸 그림으로 표현했지? ○○이가 관심 있고 좋아하는 건 어떤 거야?"

  "어떤 재료를 사용해 볼까?"

- 그림 속에 자신의 관심사나 감정을 시각적으로 표현해 창의력을 키우고 생각을 정리하며 자신을 더욱 깊이 이해하는 기회를 가질 수 있어요. 또한 작품에 대한 정보를 그림 하단에 형식에 맞춰 작성함으로써 작품을 설명하는 능력과 표현력을 기를 수 있지요.

  "그런 의미를 담고 싶구나. 어떻게 표현하면 좋을까?"

  "작품을 설명하는 일반적인 형식이 있어. 책에도 가득 담겨 있지. ○○이의 작품에 대한 정보도 이 형식에 맞춰서 적어 보자."

  "작품의 정보를 나타내는 것에 있어서 일반적인 형식이 생겨난 이유가 뭘까?"

  "다른 형식으로 쓰고 싶어? 어떤 식으로 적으면 보는 사람이 더 이해하기 쉬울 것 같아?"

- 나의 그림은 어느 시기 그림과 비슷한지, 그림 속에 담은 의미에 관해서도 이야기하게 해 주세요.

  "○○이가 작품을 그릴 때, 담았던 의미를 설명해 줄래?

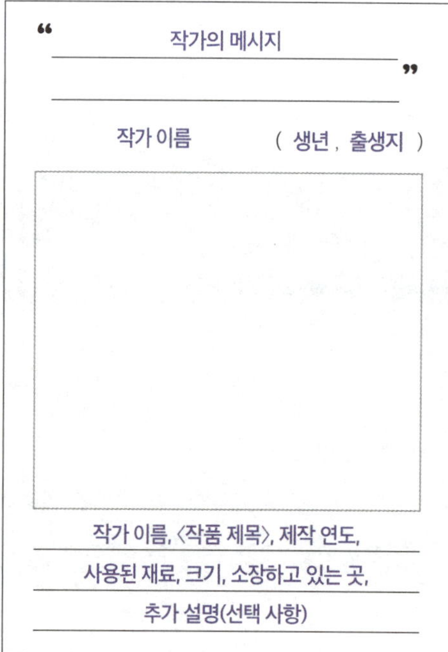

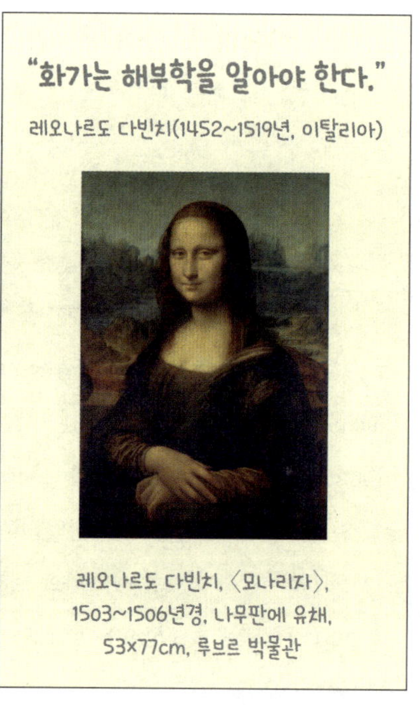

책에 나온 작품 전시하기

책 속 작품 중 인상적인 5개의 작품을 큐레이션 해 봐요.

- 미술관 그림들이 전시된 것은 누군가 사람들이 그림을 재미있게 감상할 수 있도록 특별한 순서와 주제로 기획하고 걸어두었기 때문이에요. 이렇게 작품을 선정하고, 정리하고, 설명을 담아 전시하는 일을 큐레이션(curation)이라고 해요.

- 큐레이터는 큐레이션을 하는 사람이에요. 직접 큐레이터가 되어 하나의 주제로 책 속 작품 중 5개를 골라 큐레이션 해 봐요. 작가별로 구별된 그림들을 나만의 주제로 다시 한곳에 모을 수 있으며 주제는 색깔, 감정, 계절 등 자유롭게 정할 수 있어요. 예를 들어 '행복이 느껴지는 그림', '나에게 소중한 추억들'이라는 주제로 전시할 수도 있지요.

- 캔버스에 작품을 따라 그리고 직접 큐레이션 한 전시 작품을 소개하는 글을 작성하세요. 생각을 정리하고 표현하는 능력을 기를 수 있어요. 주제를 선택한 이유와 어떤 기준으로 그림을 골랐는지 설명하며 논리적으로 사고하는 힘도 키울 수 있지요. 그림들이 각각의 주제와 어떻게 연결되는지 글로 표현하며 작품을 감상하는 시각을 확장해요.

  "책 속 작품 중 어떤 그림들이 인상적이었어?"
  "인상 깊었던 작품들은 어떤 공통점이 있는 것 같아?"
  "이 책의 작가는 어떤 것을 주제로 작품을 큐레이션 한 거라고 생각해?"
  "○○이가 인상 깊었던 작품들을 모아서 전시를 연다면 전시 제목을 어떻게 지으면 좋을까?"
  "전시를 통해 관람객들에게 어떤 메시지를 전달하고 싶어?"
  "그림 순서를 어떻게 배치하면 전시를 보는 사람들이 더 잘 이해할 수 있을까?"

- **활동 순서**
  ❶ 인상 깊었던 작품들에 대해 이야기 나눠요.
  ❷ 전시 주제를 정하고, 책 속 작품 중 5개의 그림을 골라 큐레이션 해요.
  ❸ 액자에 화가의 그림을 따라 그려요. 똑같지 않아도 괜찮으니 자신의 감상을 담아 자유롭게 그려요.
  ❹ 큐카드도 만들어요. 큐카드에 큐레이션 한 작품들을 설명하는 글을 간단히 적어요.
  ❺ 큐카드를 참고하여 전시 작품을 가족이나 친구에게 소개해요.

작품 그리기
작가 이름, 작품 제목

큐카드

① 〈앞표지〉 전시 제목 적는 곳 주제 선정 이유	② 전시 소개	③ 첫 번째 그림 소개	④ 두 번째 그림 소개
⑤ 세 번째 그림 소개	⑥ 네 번째 그림 소개	⑦ 다섯 번째 그림 소개	⑧ 〈뒤표지〉 전시를 준비하며 느낀 점

〈일상의 아름다움〉 평소에는 보지 못했던 일상의 아름다움을 발견하게 해 준 그림들을 모았다.		① 모네의 「수련」 학교 연못이 있다. 매일 같은 자리에 있어서 연못을 보지도 않고 지나치는 날들이 많았다. 수련의 색감이 돋보이는 모네의 작품을 보니 벚꽃잎이 둥둥 떠다니던 봄날의 학교 연못이 떠올랐다. 참 아름다웠다.	
			익숙해서 지나쳤던 것들도 각기 소중한 면모를 지니고 있었다는 걸 느꼈다. 주변 곳곳에 숨겨져 있는 아름다움을 좀 더 찾아보고 싶다.

화가와의 대화 상상하기

작가에게 궁금한 점을 메시지로 보내고, 답변을 상상하여 적어 봐요.

• 인상 깊었던 화가의 삶과 작품에 대해 이야기 나누고 궁금한 점에 대해 생각해요.

  "기억에 남는 화가와 그와 관련된 이야기, 화가가 했던 말은 무엇이었어?"

  "화가가 했던 말 중에 인상 깊었던 이야기는 무엇이야? 이유는?"

  "책에 담겨 있는 이야기는 아니지만, 화가가 그림에 숨겨둔 비밀이 있다면 무엇일까?"

  "만약 화가에게 메시지로 질문할 수 있다면, 어떤 것을 물어보고 싶어?"

  "화가는 ○○이에게 어떤 답변을 해 줄 것 같아?"

• 화가에게 궁금한 점을 첫 번째 말풍선에 적고, 그의 답변을 상상하여 두 번째 말풍선에 적어요. 이를 통해 아이들이 책 속 화가의 삶에 대해 더 깊이 이해하고 그의 작품에 대한 호기심을 가지고 작품에 담긴 의미에 대해 고민하는 깊은 감상을 경험할 수 있어요.

  "지금 살아있었다면 어떤 작품을 그렸을 것 같아요?"

  "책에 나와 있지 않아서 정말 궁금했어요! 화가가 되지 않았다면 어떤 일을 하고 싶으셨나요?"

  "당시에 얼마에 작품이 팔렸나요? 첫 번째 작품을 팔 때 기분이 어땠나요?"

  "그림이 돈으로 가치가 매겨질 수 있다고 생각하나요?"

  "작가님처럼 멋진 화가가 되려면 어떤 자질이 필요할까요?"

  "학교에서 몰래 그림 그린 적 있으신가요?"

• 화가의 입장에서 답변을 상상하며 글을 쓰는 과정에서 역사적, 문화적 배경에 자연스레 흥미를 느끼고 창의력과 논리적 사고력, 문제해결력을 발휘할 수 있어요. 자신만의 감상과 해석을 담아 글로 재미있게 표현해 보는 기회가 될 거예요.

화가 얼굴
그리기

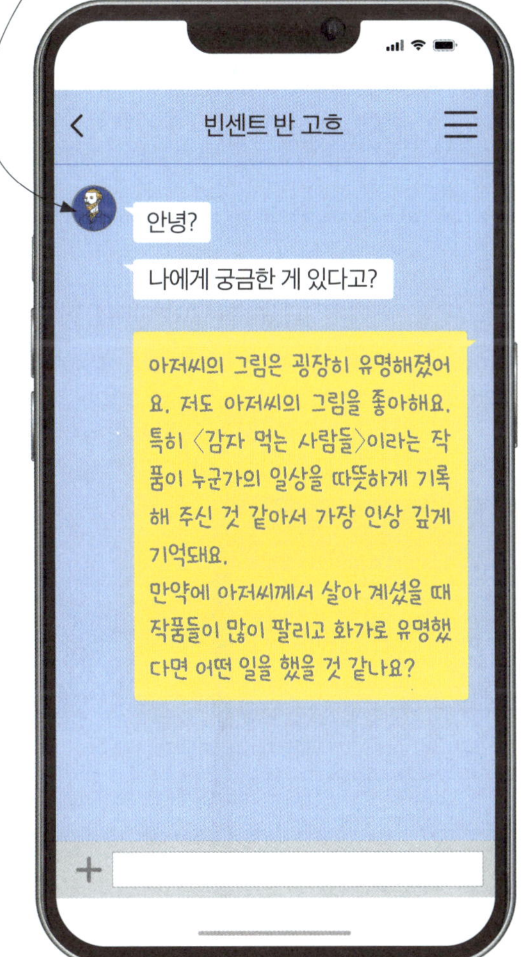
빈센트 반 고흐
안녕?
나에게 궁금한 게 있다고?
아저씨의 그림은 굉장히 유명해졌어요. 저도 아저씨의 그림을 좋아해요. 특히 〈감자 먹는 사람들〉이라는 작품이 누군가의 일상을 따뜻하게 기록해 주신 것 같아서 가장 인상 깊게 기억돼요.
만약에 아저씨께서 살아 계셨을 때 작품들이 많이 팔리고 화가로 유명했다면 어떤 일을 했을 것 같나요?

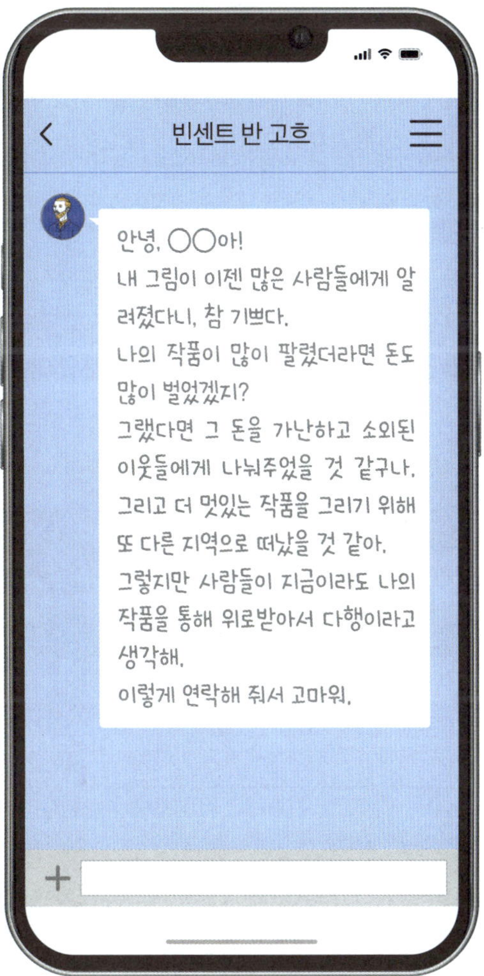
빈센트 반 고흐
안녕, ○○아!
내 그림이 이젠 많은 사람들에게 알려졌다니, 참 기쁘다.
나의 작품이 많이 팔렸더라면 돈도 많이 벌었겠지?
그랬다면 그 돈을 가난하고 소외된 이웃들에게 나눠주었을 것 같구나.
그리고 더 멋있는 작품을 그리기 위해 또 다른 지역으로 떠났을 것 같아.
그렇지만 사람들이 지금이라도 나의 작품을 통해 위로받아서 다행이라고 생각해.
이렇게 연락해 줘서 고마워.

미술관에서 지켜야 할 약속

전시 관람 에티켓을 안내 팻말로 만들어 봐요.

- 미술관에서 그림을 감상할 때 지켜야 할 예절을 생각해 봐요. 에티켓을 안내 팻말로 만들면서 그 이유를 생각하는 과정에서 미술 감상 예절의 의미를 이해하고, 자신의 관람 태도를 점검하여 미술관 방문을 준비할 수 있어요. 팻말에 규칙 5가지를 작성하고 그렇게 생각하는 이유를 숨겨진 공간에 적어요. 규칙을 일방적으로 전해주기보다 아이가 스스로 충분히 고민할 수 있도록 도움을 주어 사고력을 키울 기회를 마련해요.

- **활동 순서**
  ❶ 미술관에서 지켜야 할 에티켓에 대해 함께 이야기해 보세요.
  ❷ 왼쪽 상자 다섯 칸에 미술관에서 지켜야 할 약속 5가지를 적고, 우측 상자에 각각의 규칙이 필요한 이유를 적어요.
  ❸ 안내판을 접어서 붙이면 미술관 에티켓 안내판이 완성돼요.

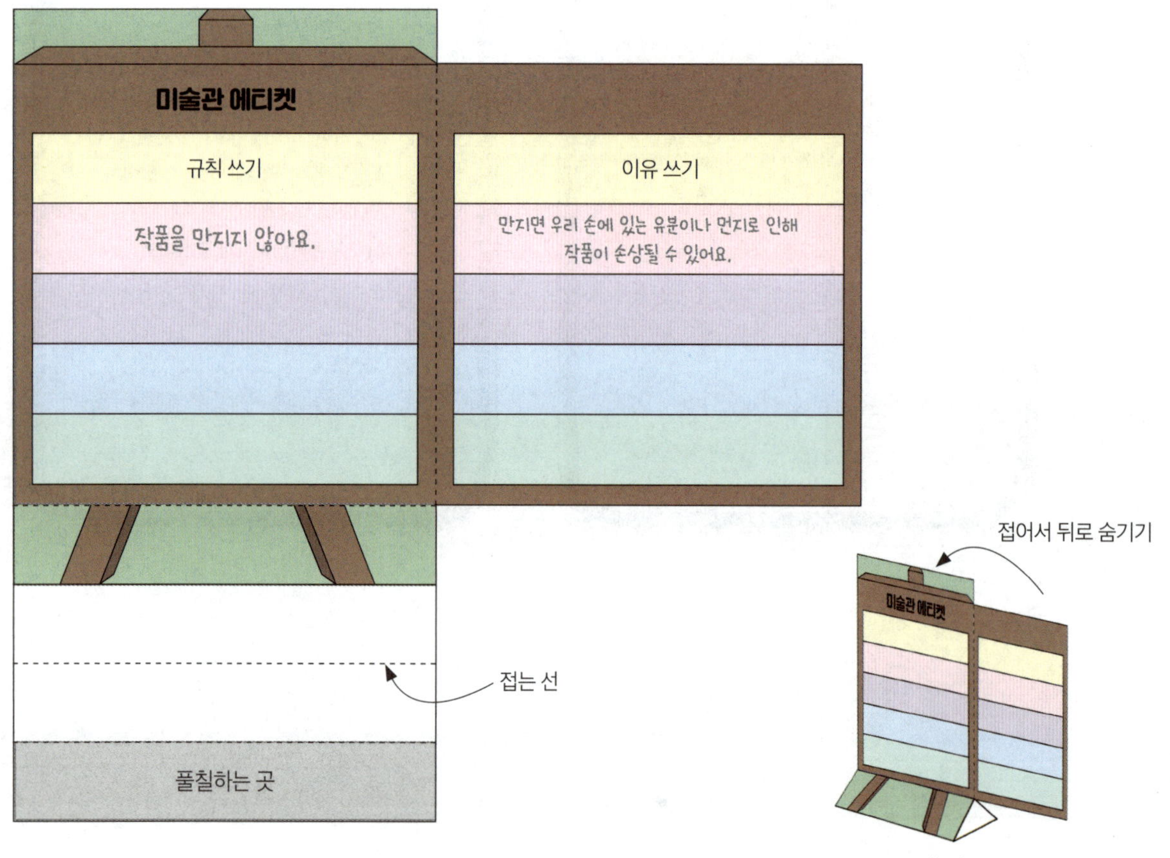

☆ 작고 아름다운 고흐의 미술수업 김미진 글·그림 | 열림원어린이 | 2024

『딱 한마디 미술사』에 소개된 화가 빈센트 반 고흐의 삶의 여정과 작품에 대해 보다 깊이 살펴볼 수 있는 책이에요. 그림을 통해 가난한 사람을 위로하고 싶었던 예술가 고흐의 성장 과정, 사랑, 가족, 감정 등이 이어진 하나의 이야기로 서술되어 있어요『작고 아름다운 미술수업』시리즈로 책에서 소개된 또 다른 화가 파블로 피카소에 대한 책도 있으니 함께 읽어 보길 추천해요.

☆ 옛 그림은 재미있다, 여기는 상상미술관 전영실 글·유설화 그림 | 토토북 | 2015

우리나라에도 멋진 화가들이 있어요. 고구려 시대 무덤에 그려진 벽화부터 조선시대 김홍도의 풍속화, 근대 이중섭의 서양화까지 우리나라 선조들의 아름다운 작품들이 담겨 있는 책이에요. 책의 머리말에는 아이들이 상상력을 가지고 이 책을 펼치길 권해요. 그림에 담긴 화가의 감정과 생각을 상상하며 화가와 이야기 나누는 시간을 가져 보세요. 특별히 책 중간마다 빈 액자가 있으니 이곳에 아이가 직접 드로잉을 하며 '상상미술관'을 완성해요.

☆ 나의 미술관 조안 리우 글·그림 | 단추 | 2018

미술관에 간 마루라는 아이의 시선을 따라가는 이야기예요. 사람들이 미술관에 전시된 작품을 감상하는 동안 아이는 미술관 곳곳을 다니며 다른 시각으로 미술관을 감상해요. 작품을 바라보는 사람들의 표정, 창밖의 모습, 창으로 들어오는 볕 든 마루를 따라가다 보면 예술은 언제나 주변에 있다는 것을 느낄 수 있어요. 이 책은 2018년 볼로냐 라가치상 예술 부문 우수상을 받은 글 없는 그림책이에요. 글이 없는 그림책을 통해 창의성을 자유롭게 펼치고, 스스로 의미를 발견하며 해석하는 경험을 누려 보세요.

☆ 어린이를 위한 미술관 안내서 김희경 글·안은진 그림 | 논장 | 2018

화가의 삶과 작품에 관심을 가지게 되었다면 미술관은 아름다움을 만나는 우주가 되어줄 거예요. 미술관에 가본 적이 없다면 미술관 체험의 좋은 입문서가 되어줄 것이며, 방문 경험이 있다면 자신의 감상 태도를 점검하고 적절하게 즐기는 방법을 배울 수 있어요. 아이가 미술관을 재미있게 활용할 수 있는 방법을 접할 수 있는 책이지요.

☆ 미술관에 대한 모든 것 온드르제이 크로바크 외 2 글·다비트 뵘 외 1 그림 | 한지희 옮김 | 주니어RHA | 2018

최초의 미술관을 포함한 미술관의 변화 과정부터 작품을 보호하고 전시하는 방법과 미술관 전문가 및 종사자들, 전시회의 준비 과정과 비평, 감상 등 미술관과 관련한 배경지식을 종합적으로 다룬 책이에요. 전시 관련 정보가 담긴 그림도 함께 살펴보며 문화가 살아 숨 쉬는 공간에 대해 자연스럽게 이해하고 친밀해질 수 있어요.

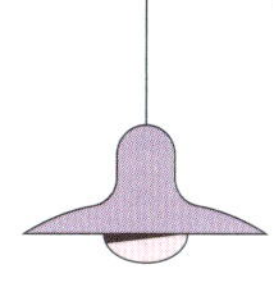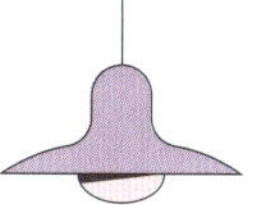

읽고 쓰고 말하고 생각하는 힘을 기르는
책 읽기의 비밀

세상에서 가장 쉬운 문해력 수업

초등
저학년편

워크북

로그인

차 례

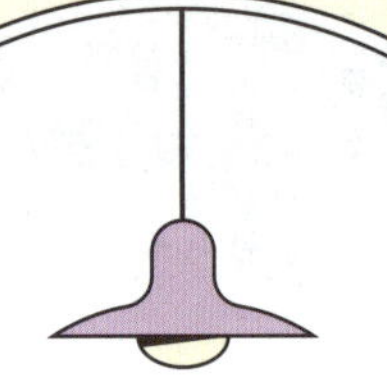

1학년을 위한 문해 활동

내 학교 알아보기

주인공이 다니는 학교와 내가 다니는 학교를 비교하며 현재 학교에 대해 생각해 봐요.

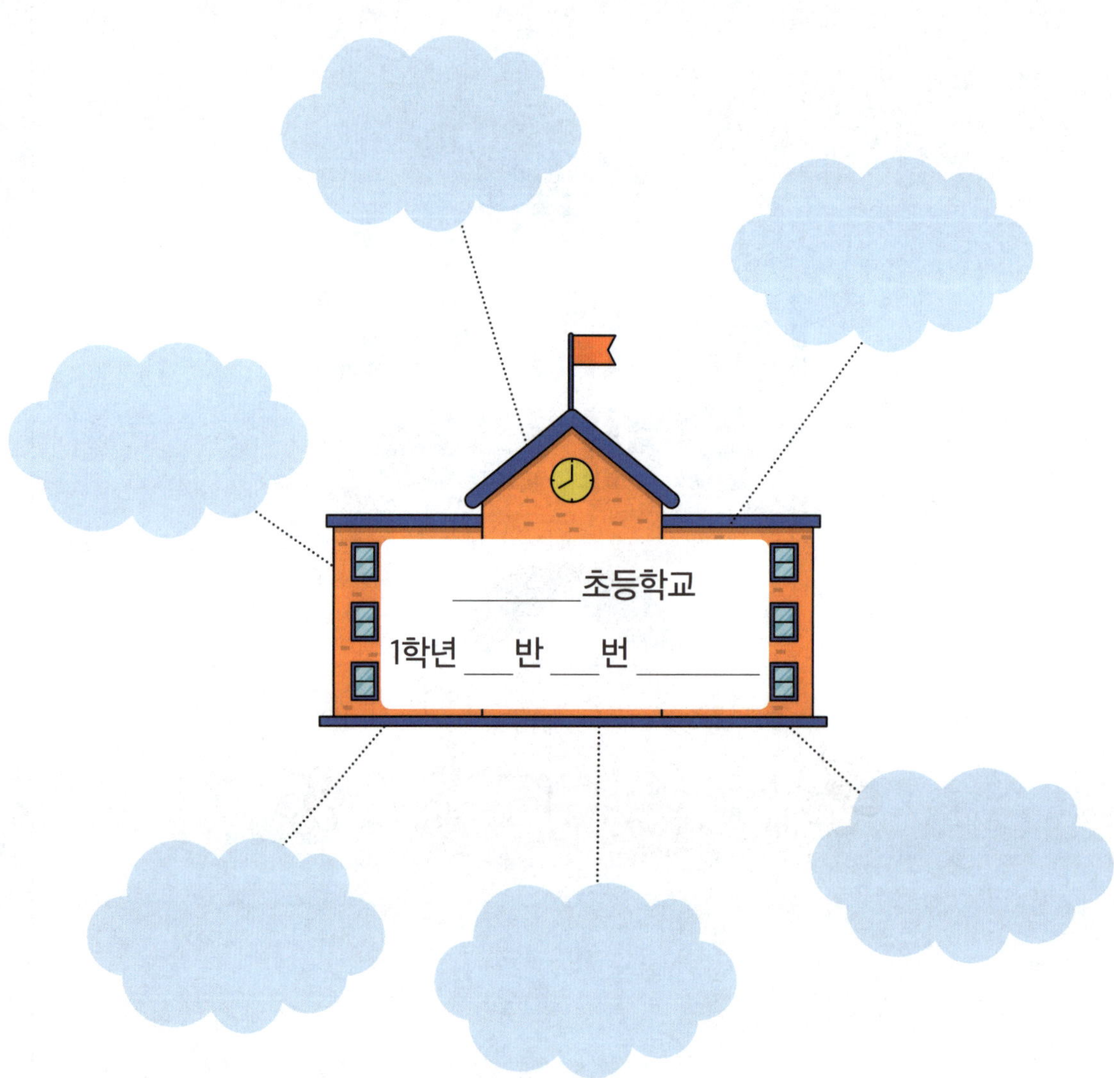

우리의 학교 알아보기

아이가 다니는 학교와 부모님이 다녔던 학교는 어떤 점이 비슷하고 다른지 알아봐요.

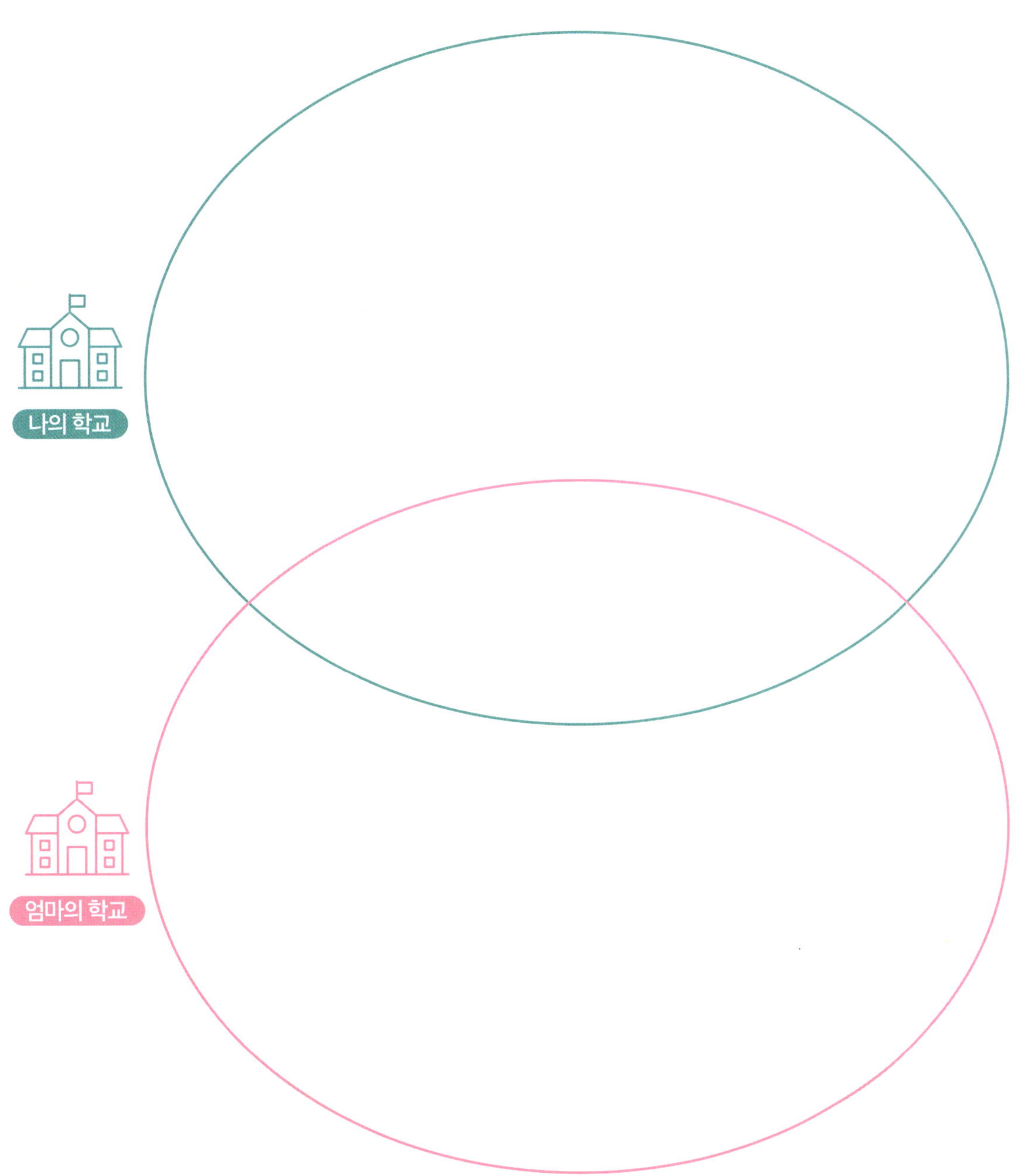

학교의 1년 생활 알기

1년 동안 학교에서는 어떤 일이 있는지 연간 계획표를 살펴보며 짐작해 봐요.

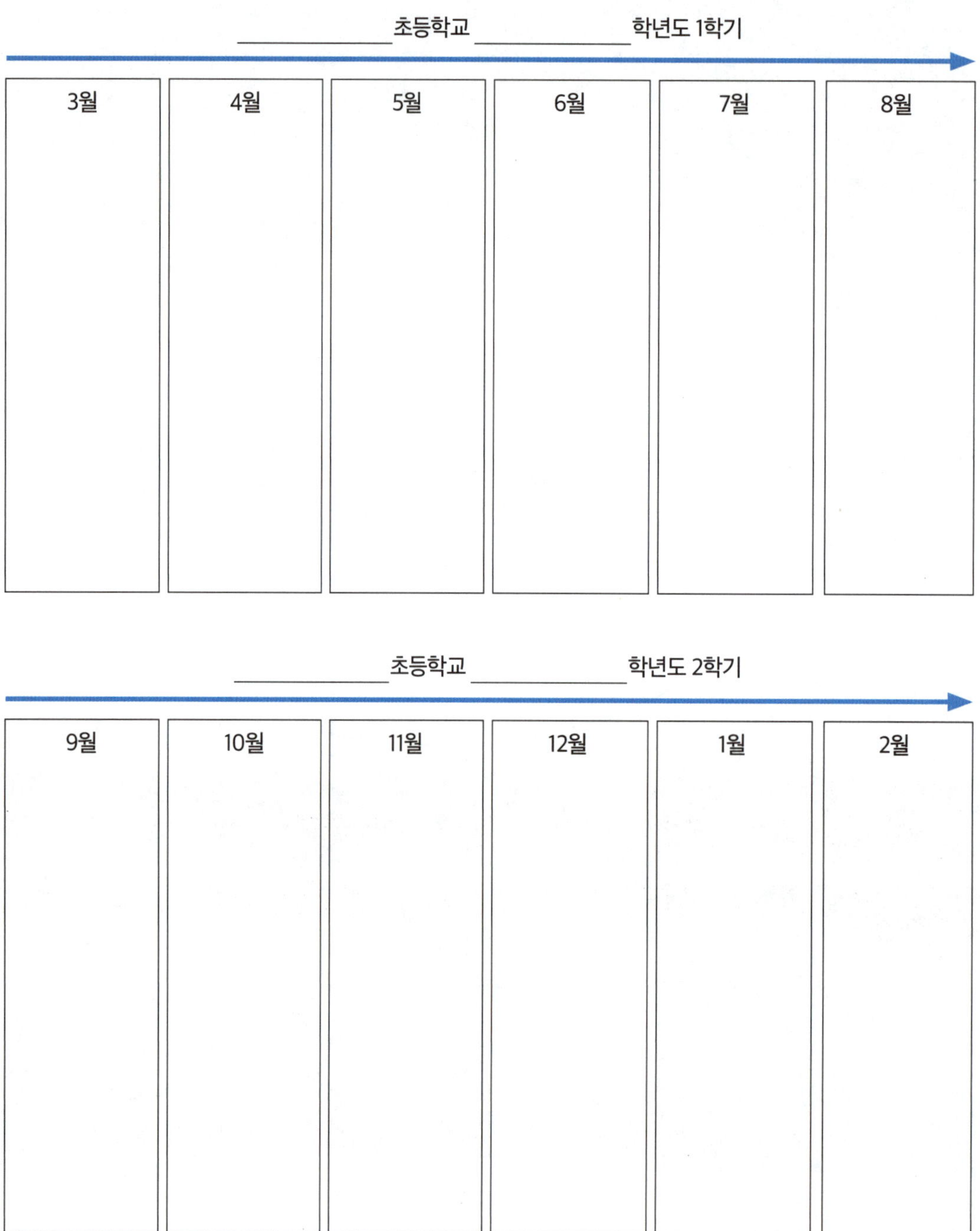

'우리 교실 찾아가기' 보드게임

학교에서 궁금한 장소 10곳을 선정하여 어떤 곳인지 알아보며 게임으로 익혀 봐요.

- 활동 순서

  ❶ 말이 될 작은 지우개 두 개, 게임판을 그릴 종이와 연필을 준비해요.

  ❷ 종이 위에 연결된 네모 칸을 스무 칸 이상 그려 넣어요(예시 참조). 칸의 개수는 더 많아도 좋아요.

  ❸ 첫 번째 칸에는 '교문'이라고 적고, 마지막 칸에는 '우리 교실'이라고 적어요.

  ❹ 나머지 칸 중 10개의 칸을 골라 내가 적고 싶은 학교의 장소를 하나씩 적어요. 어떤 장소가 있는지 잘 모르면
     학교 홈페이지를 참고해 보세요. 각각의 장소들은 무엇을 하는 곳인지, 우리 교실을 기준으로 어디에 위치하는
     지 등도 함께 이야기해요.

〈예시〉

책의 교훈과 어울리는 주제 찾기

책을 읽으며 느낀 교훈과 가장 어울리는 주제를 선택하고 이유를 적어 봐요.

예시

- 다름을 인정하기
- 매사에 용기를 가지고 당당해지기
- 나와 다른 친구의 상황에 공감하기
- 정직하고 신뢰 쌓기
- 자기 자신을 있는 그대로 받아들이기

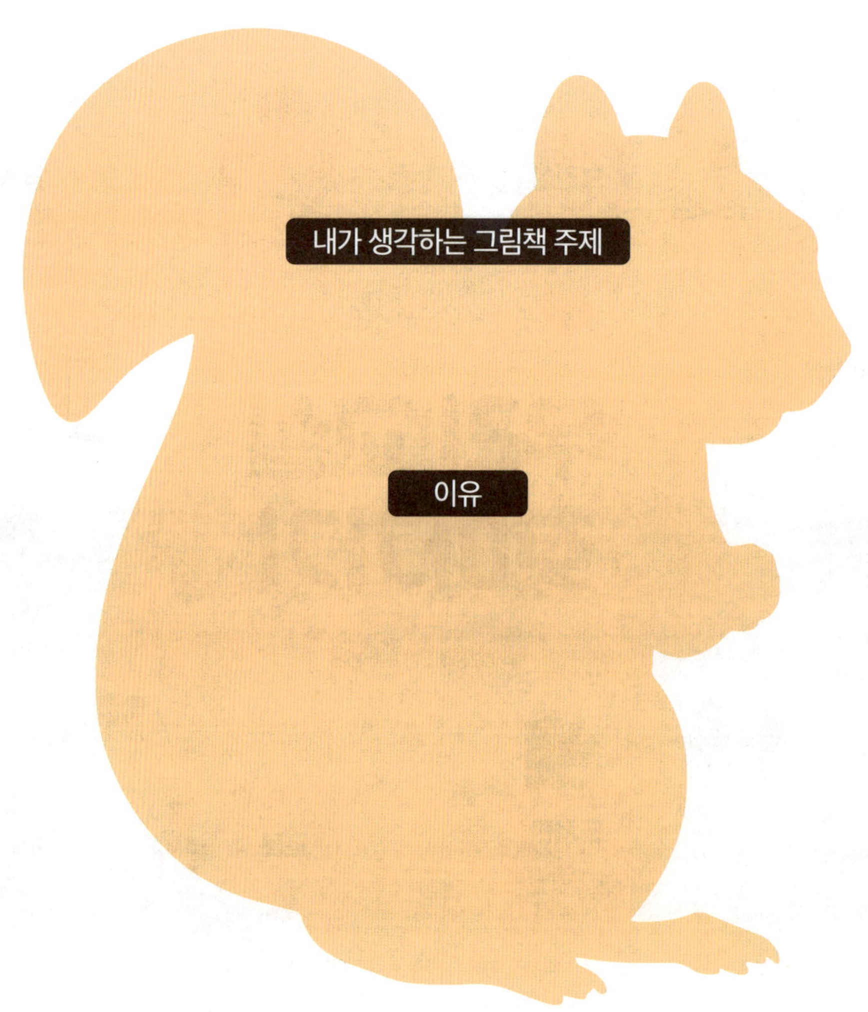

동물의 장단점 비교하기

책에 등장하는 동물들의 장점과 단점을 찾아 표를 완성해 봐요.

장단점 동물 이름	😀 장점	😞 단점

내가 생각하는 나의 장점 쓰기

내가 생각하는 나의 장점을 찾고 그 이유를 적어 봐요.

막대 인형으로 역할극 하기

등장 동물을 막대 인형으로 만들어 책 내용을 상황극으로 표현해 봐요.

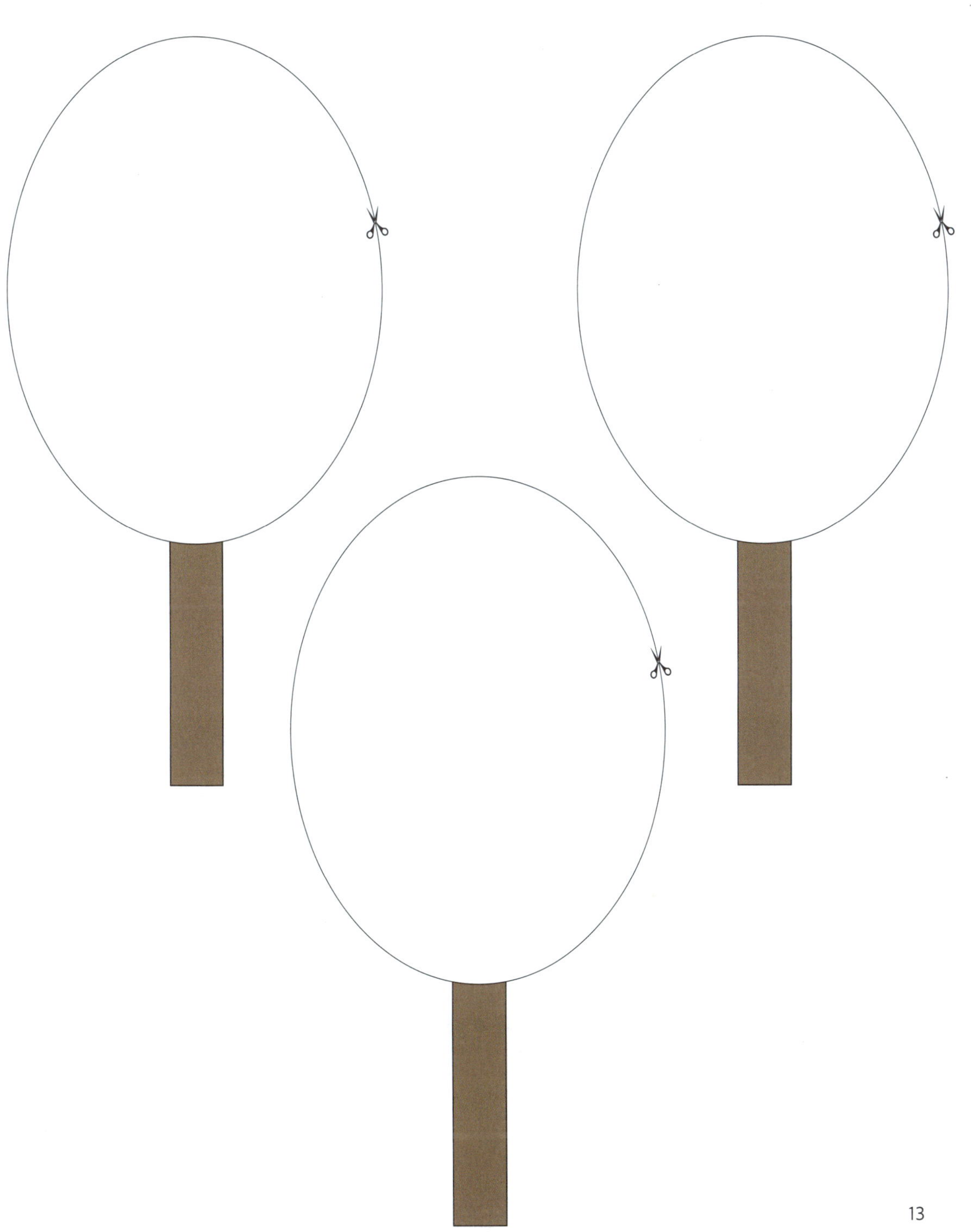

앞 장면 상상하기

고양이를 만나기 전 주인공의 아침-점심-저녁을 상상해 봐요.

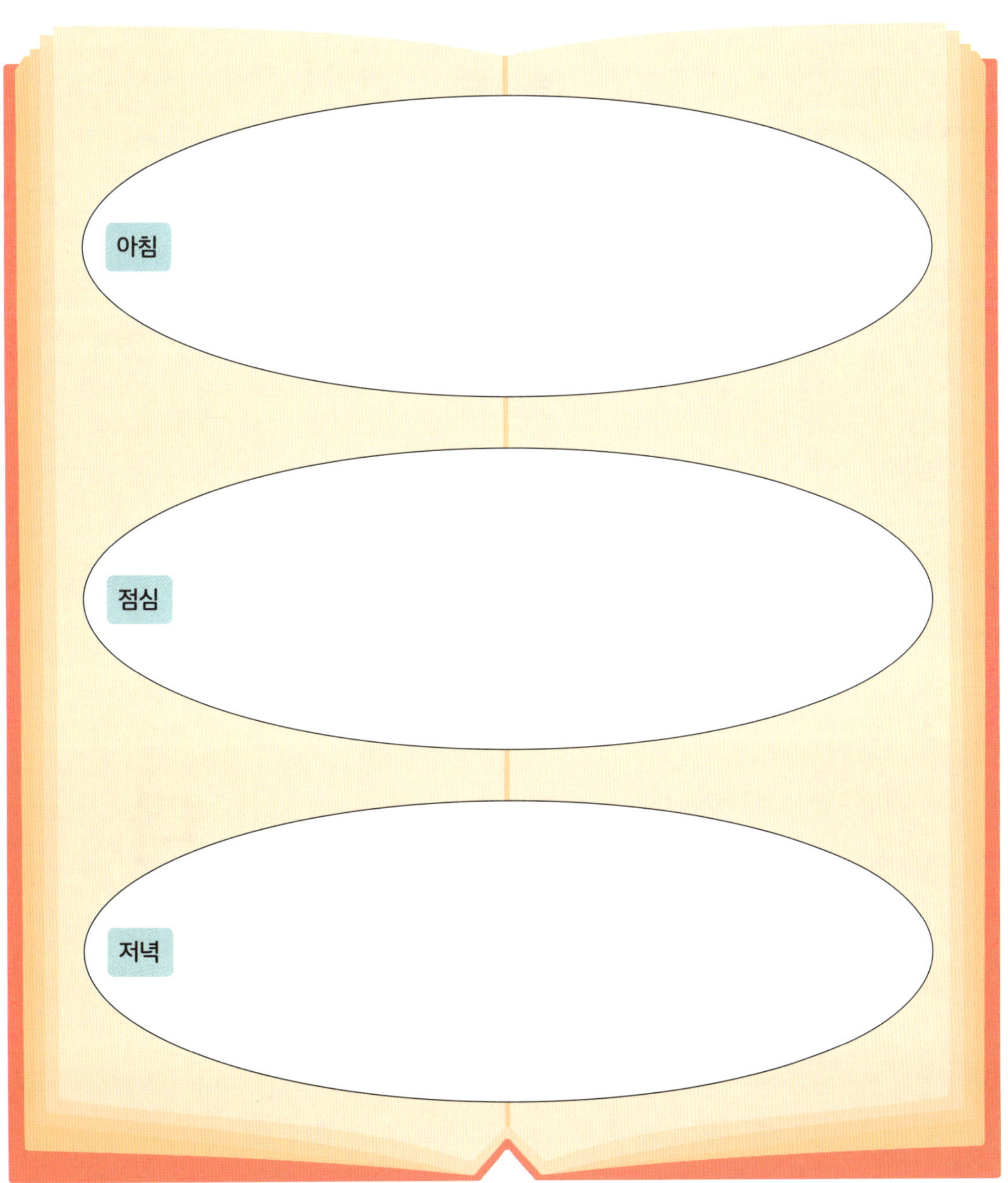

주인공에게 고양이란?

고양이는 주인공에게 어떤 존재로 표현할 수 있을지 다양한 단어로 표현해 봐요.

예시

- 예상치 못한 손님
- 주인공의 클라리넷 연주를 감상하는 청중
- 주인공의 베개/소파/의자/포근한 쿠션/이동 수단
- 하늘을 나는 존재
- 여행을 좋아하는 존재
- 비 오는 날 우산
- 클라리넷 연주장
- 주인공과 함께 있는 것이 가장 행복한 존재
- 주인공을 기다리는 존재
- 주인공이 준 음식을 배불리 먹는 존재 등

주인공에게 고양이란

_______________________________ 다.

내가 가장 듣고 싶은 소리

좋아하는 노래나 악기 혹은 듣고 싶은 말을 고양이 속에 가득 채워 봐요.

책 읽는 방법 비교하기

좋아하는 그림책과 이 책이 무엇이 다른지 비교해 봐요.

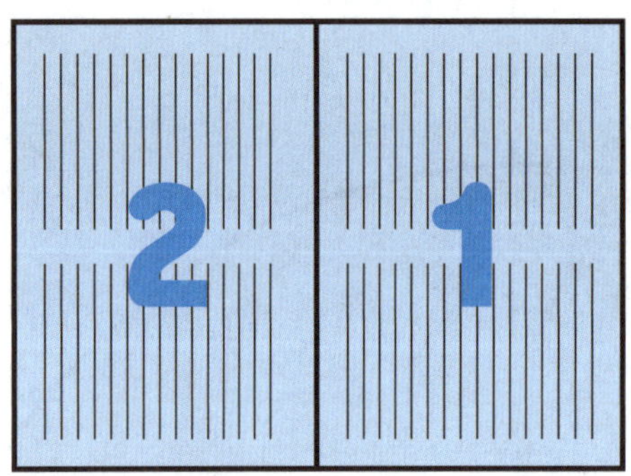

『행복을 부르는 고양이』읽기 방향

추측:

실제:

책의 재미있는 부분 소개하기

책을 다시 읽으면서 가장 재미있었던 부분을 골라 봐요.

모르는 단어 사전 찾아보기

사전에서 뜻을 찾아 쓰고, 동의어와 반대어도 찾아 기록하며, 그 단어를 써서 문장을 완성해 봐요.

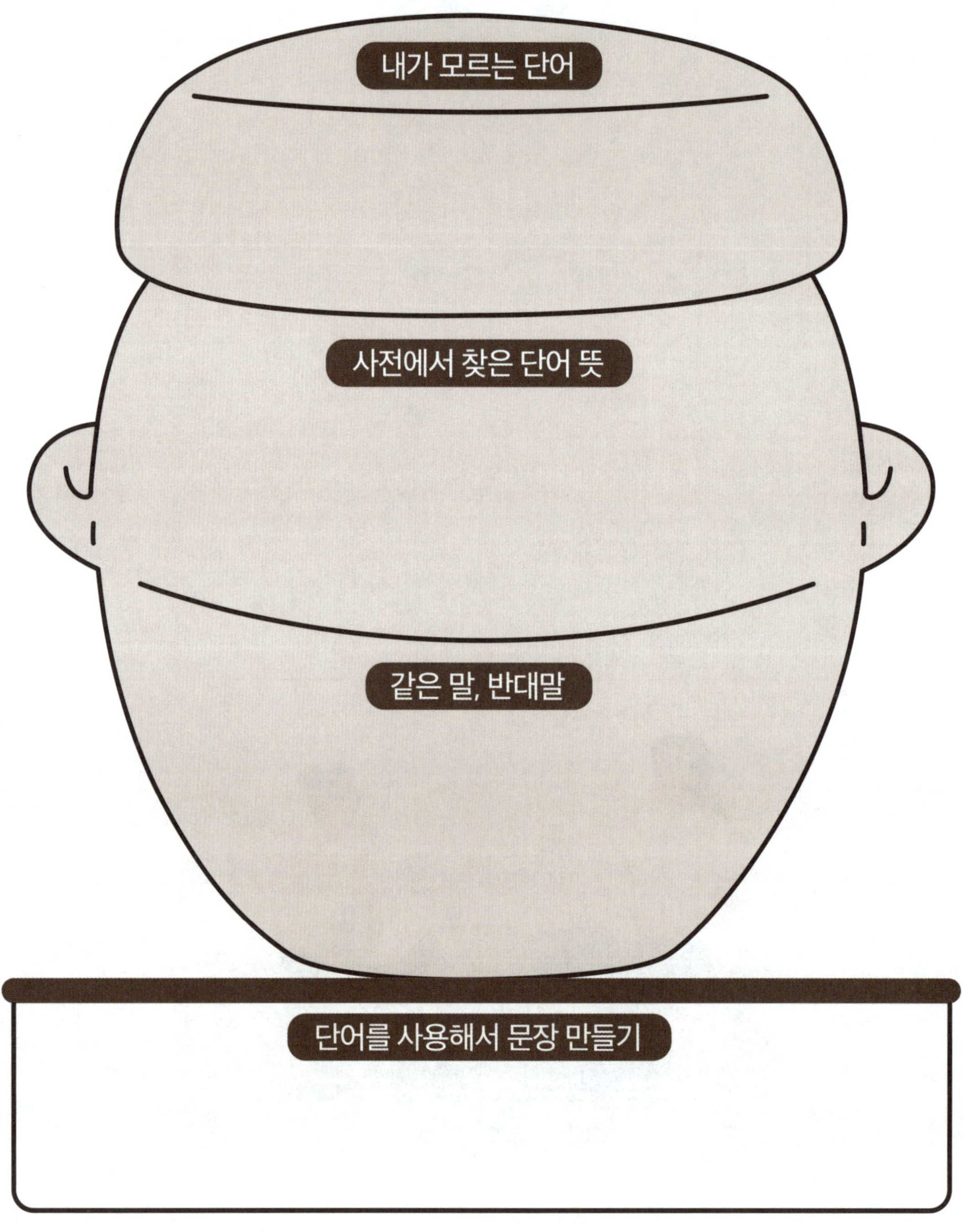

전통 장 만드는 법 작성하기

된장은 어떤 순서로 만드는지 순서대로 써 봐요.

작가의 다른 책과 비교해 보기

글 작가와 그림 작가의 다른 책을 읽어 보고 같은 점과 다른 점을 찾아 이야기해 봐요.

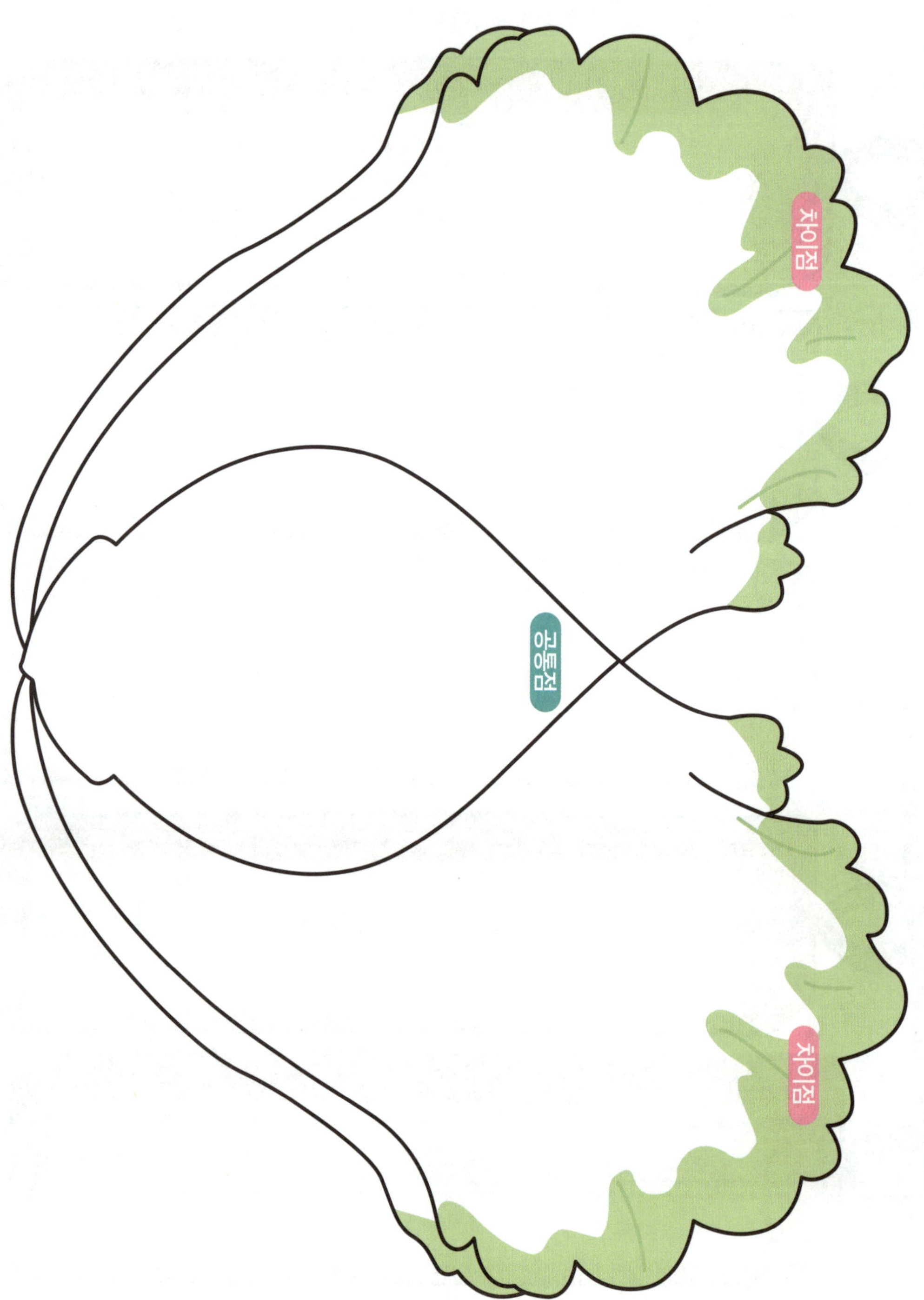

그림 속 방과 내 방 비교하기

그림책 첫 페이지에 나온 방의 모습과 현재의 방은 무엇이 다른지 내 방을 그려서 비교해 봐요.

〈나의 방 그리기〉

옛날 방	나의 방
명칭	명칭
비슷한 점	
다른 점	

누구를 부르는 말일까?

인물을 부르는 다양한 호칭 종류에 대해 알아보며 어휘를 확장해 봐요.

자 **부인**	정확한 뜻	
	호칭을 쓸 수 있는 인물	

바늘/홍실 **각시**	정확한 뜻	
	호칭을 쓸 수 있는 인물	

인두 **낭자**	정확한 뜻	
	호칭을 쓸 수 있는 인물	

가위 **색시**	정확한 뜻	
	호칭을 쓸 수 있는 인물	

골무 **할미**	정확한 뜻	
	호칭을 쓸 수 있는 인물	

다리미 **소저**	정확한 뜻	
	호칭을 쓸 수 있는 인물	

같은 내용, 다른 표현

『규중칠우쟁론기』 이야기를 담은 책과 연극을 비교해 봐요.

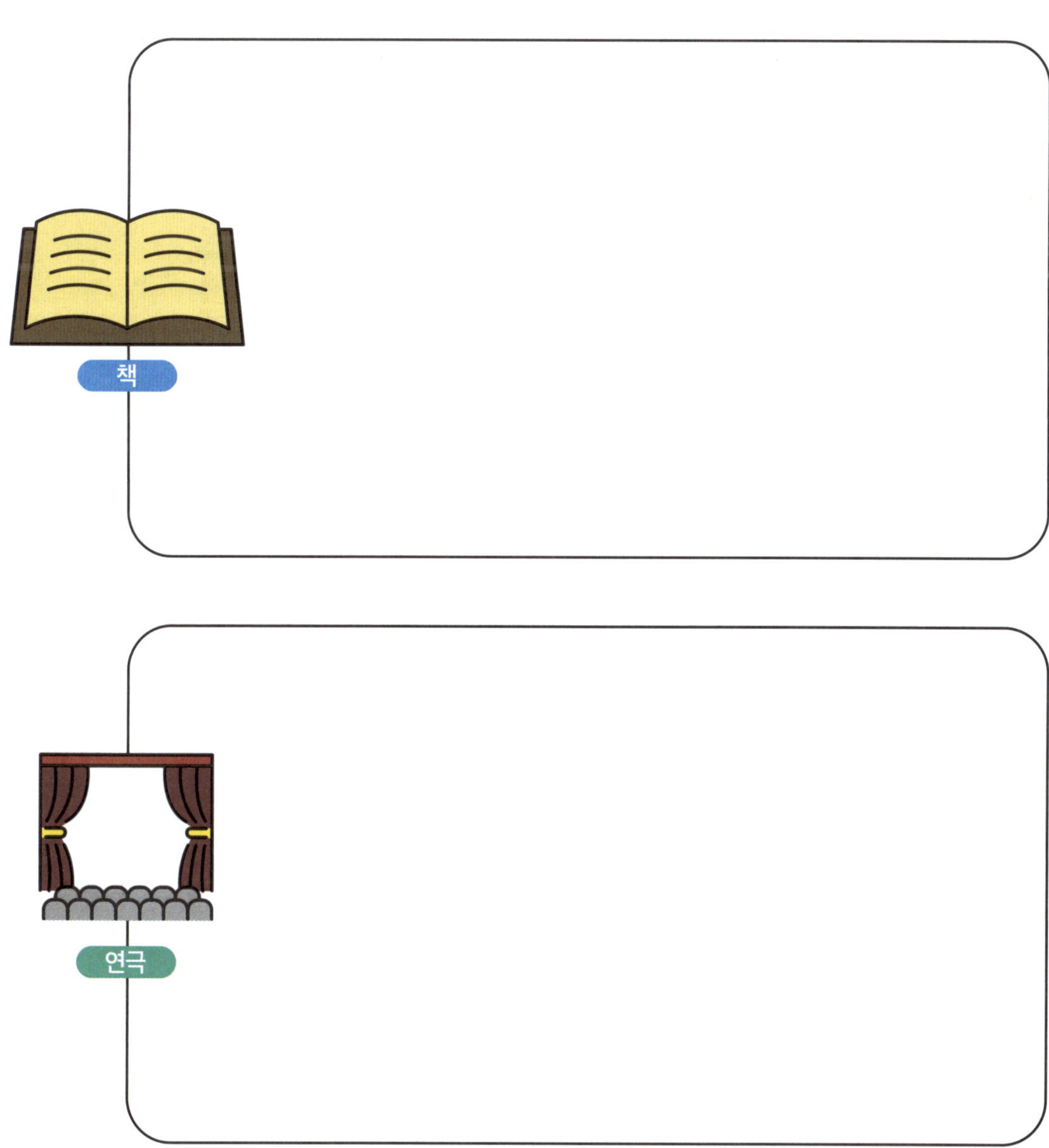

일곱 동무의 역사 찾기

바느질 도구가 옛날에는 어떤 모양이었고, 어떤 재료로 만들었는지 찾아봐요.

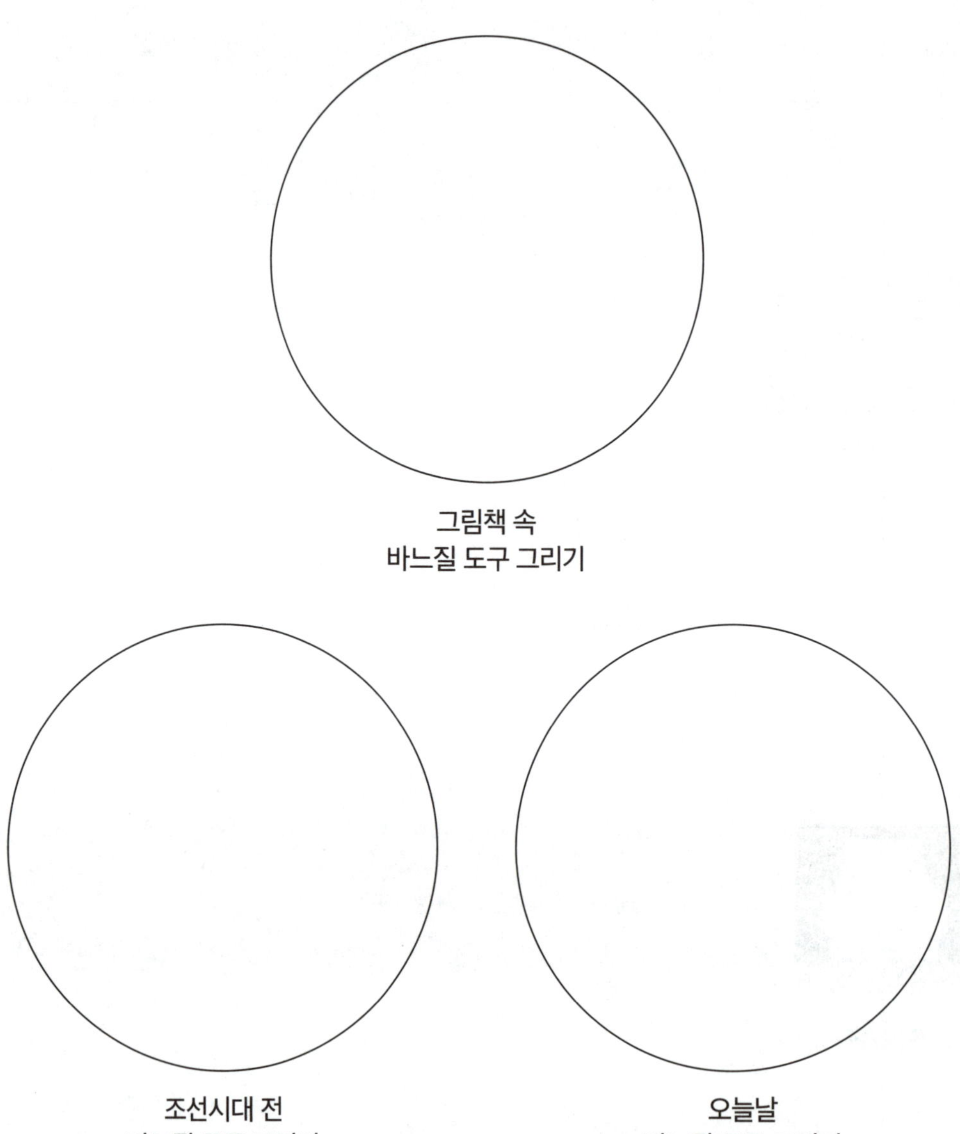

그림책 속
바느질 도구 그리기

조선시대 전
바느질 도구 그리기

오늘날
바느질 도구 그리기

이야기 단서 찾기

산신령의 신통방통한 세 가지 말에 대한 이유 또는 단서를 찾아봐요.

단서	이유

산신령에게 감사 편지 쓰기

편지 쓰는 방법에 대해 아이와 이야기 나눈 후 숯장수가 되어 산신령에게 편지를 써 봐요.

의성어, 의태어 빙고 게임

책에 나온 의성어, 의태어를 찾아 빙고 게임을 만들어 봐요.

세 가지 말에 어울리는 장단 찾기

신통방통 세 가지 말에 어울리는 장단을 찾아 장단에 맞춰 세 가지 말을 읊어 봐요.

가장 잘 어울리는 장단은?

그 이유는?

1. 자진모리장단

덩		덕	쿵	덕		쿵		덕	쿵	덕	

2. 세마치장단

덩			덩		덕	쿵	덕	

3. 굿거리장단

덩		기덕	쿵	더러러러	쿵		기덕	쿵	더러러러

4. 중중모리장단

덩		덕	쿵	덕	덕	쿵	쿵	덕	쿵		쿵

3-2-1 내용 정리법

그림책을 읽고 나서 3가지 배운 내용, 2가지 재미있었던 사실, 1가지 궁금한 점을 작성해 봐요.

3가지 배운 내용

2가지 재미있었던 사실

1가지 궁금한 점

북극곰의 특징 정리하기

책을 바탕으로 북극곰의 움직임, 먹이, 잠자는 곳을 써 봐요.

북극곰의 특징 정리하기

북극곰을 설명하는 짧은 글 쓰기

작성한 마인드맵으로 북극곰을 설명하는 글을 쓰고, 마인드맵 가지를 활용해 문단과 문장을 완성해 봐요.

『북극곰』

북극곰 만들기

책 내용을 바탕으로 북극곰을 꾸미고, 어떠한 사실을 활용해 꾸몄는지 설명해 봐요.

북극곰 만들기

북극곰 설명하기

북극곰 만들기

한 고개, 두 고개, 세 고개 넘기

주인공 백고미가 고개를 넘는 동안 누구를 만나 무엇을 했는지 내용을 되짚어 봐요.

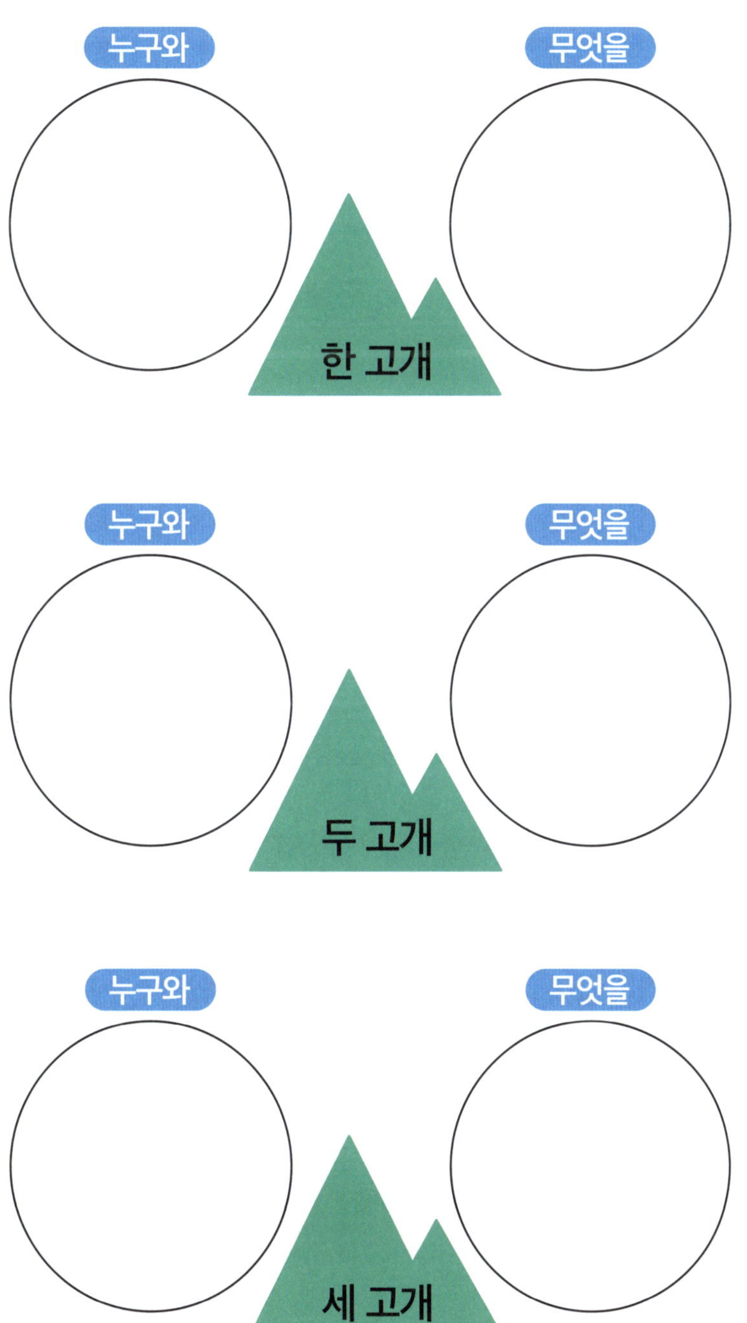

사투리로 낭독하기

사투리 어감을 살려 실감 나게 읽어 봐요.

책 46-47쪽

꼬부랑 할머니가 고미한테 주머니를 쥐어 주었어.

"이게 뭐에유?"

"아까 니가 맛본 떡인디, 바로 요것이 사람 맹글어 주는 쑥떡이구먼. 요즘은 사

람 겉지 않은 사람이 많아서 내가 백 일 동안 기도하며 만들었다니께."

꼬부할 할머니가 고미 귀에 바짝 대고 쑥떡쑥떡 속삭였어.

"예에?"

놀란 고미를 보며 꼬부랑 할머니가 키득키득 웃었어.

"난 인저 사람 맹글어 주는 마늘빵을 맹글어야겠구먼. 퍼뜩 맹글어서 우리 영감

먼저 맛보여 줘야 겠다."

고미는 꼬부랑 할머니 말이 알쏭달쏭했지만 더 묻지 않았어.

"낭중에 빵 사 묵으러 올게유."

출저: 백점 백곰, 김유, 책읽는곰, 2023

주인공에게 위로의 쪽지 쓰기

백 점을 맞지 못해 힘들어하는 백고미에게 어떤 말을 건넬지 쪽지를 써 봐요.

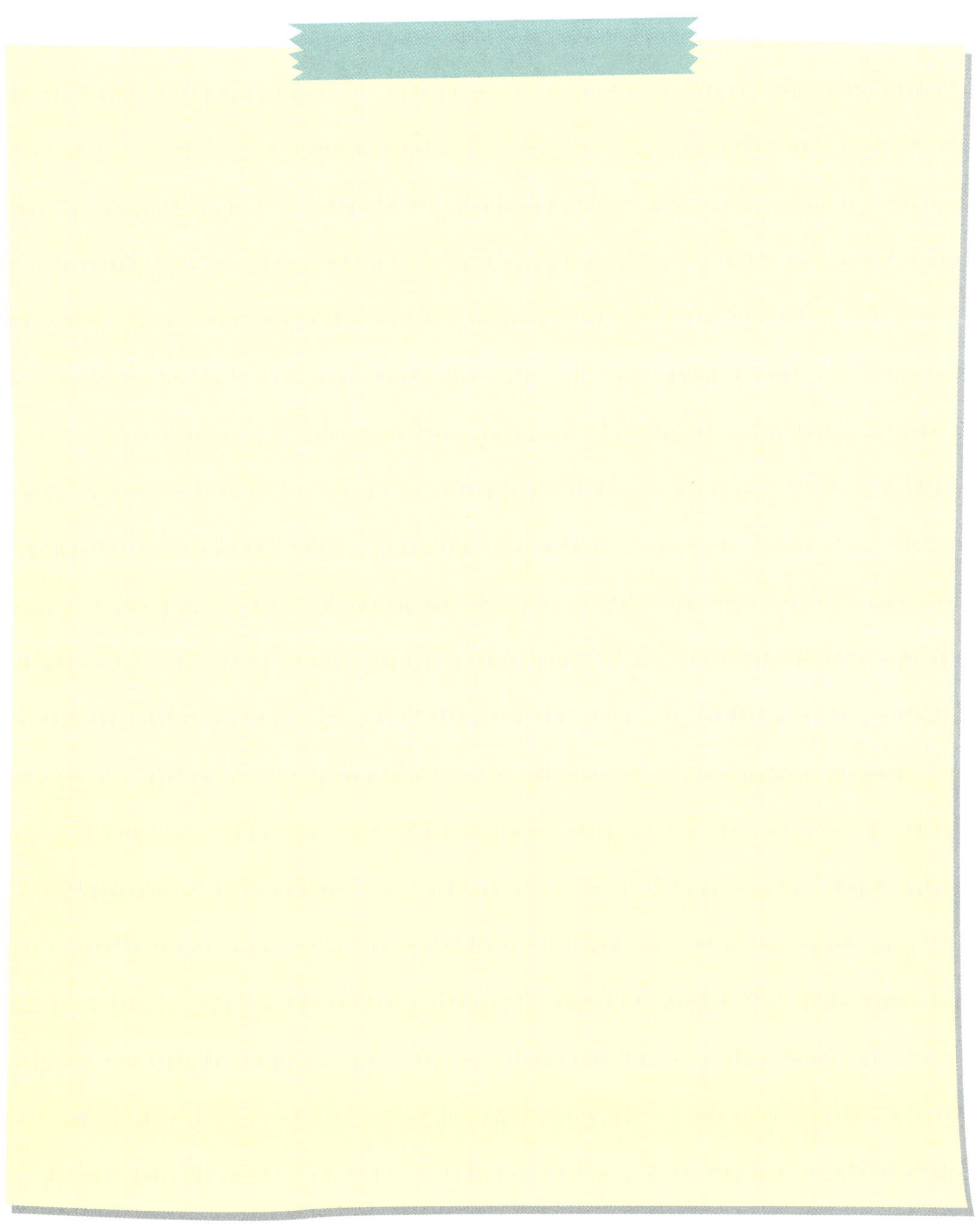

백 점짜리 문제 내기

백고미가 무조건 맞출 수 있게 백고미 관점에서 알고 있는 것을 떠올려 봐요.

문제지

출제자 ______________

정답 :

새로운 책 사용법 찾아보기

책에 소개되지 않은 책 사용 방법을 생각해 봐요.

줄거리 요약하기

줄거리를 발단, 전개, 위기, 해결, 결론으로 나누어 작성해 봐요.

등장인물 성격 살펴보기

책을 다시 읽으며 등장인물의 성격을 보여주는 생각이나 감정 그리고 이와 관련된 행동을 찾아봐요.

확장활동 +++

우리 동네 도서관 가는 길

집에서 동네 도서관까지 가는 방법을 지도로 그리고, 도서관이 필요한 이유에 대해 생각해 봐요.

우리 동네 도서관 그리기

우리 동네 도서관 가는 길 그리기

어떻게 일어난 일이냐옹?

사건의 원인과 결과를 파악하며 줄거리의 흐름을 이해해 봐요.

예시

- (원인) 마법 조개껍데기를 주웠어요. → (결과) 바닷속을 마음대로 돌아다니게 되었어요.
- (원인) 바닷속을 마음대로 돌아다니게 되었어요. → (결과) 물고기를 마구 잡아먹었어요.

이게 무슨 뜻이냐옹?

낱말 뜻을 추측하고 정확한 뜻과 비교하며 어휘를 확장해 봐요.

"야옹이들은 **귀가 솔깃해** 소라게 말대로 해 보았어요."

나의 추측

정확한 뜻

"벗이란 **증표**로 언제든지 나를 만나러 올 수 있도록 말이다."

나의 추측

정확한 뜻

"**대합**은 눈 깜짝할 사이에 커다랗게 부풀어 오르더니 껍데기가 떡 벌어졌어요."

나의 추측

정확한 뜻

"정신을 차려보니 양 떼가 야옹이들을 **에워싸고** 있었어요."

나의 추측

정확한 뜻

"온통 **깎아지른 벼랑**뿐이라 배를 댈 곳도 보이지 않았어요."

나의 추측

정확한 뜻

"대왕 문어는 온몸에 그물이 휘감겨 **옴짝달싹 못했어요**."

나의 추측

정확한 뜻

"그 틈에 대합 배는 **부리나케** 도망쳤어요."

나의 추측

정확한 뜻

"먹물이 **장대비**처럼 쏟아지는 바람에 새들은 날개가 젖어 바다에 떨어지고 말았어요."

나의 추측

정확한 뜻

우당탕탕 야옹이와 (   )

우당탕탕 야옹이들의 다음 모험을 직접 상상해 봐요.

우당탕탕 야옹이와 ________________________

책 표지 만들기

아이가 상상한 내용에 맞는 책 표지를 직접 그려 봐요.

2학년을 위한 문해 활동

삽화로 내용 추측하기

이야기를 읽기 전, 삽화를 먼저 보며 어떤 이야기가 펼쳐질지 상상해 봐요.

내가 생각한 이야기

삽화로 내용 추측하기

내용에 맞게 삽화 그리기

내용을 먼저 읽고 적절한 삽화를 직접 그려 봐요.

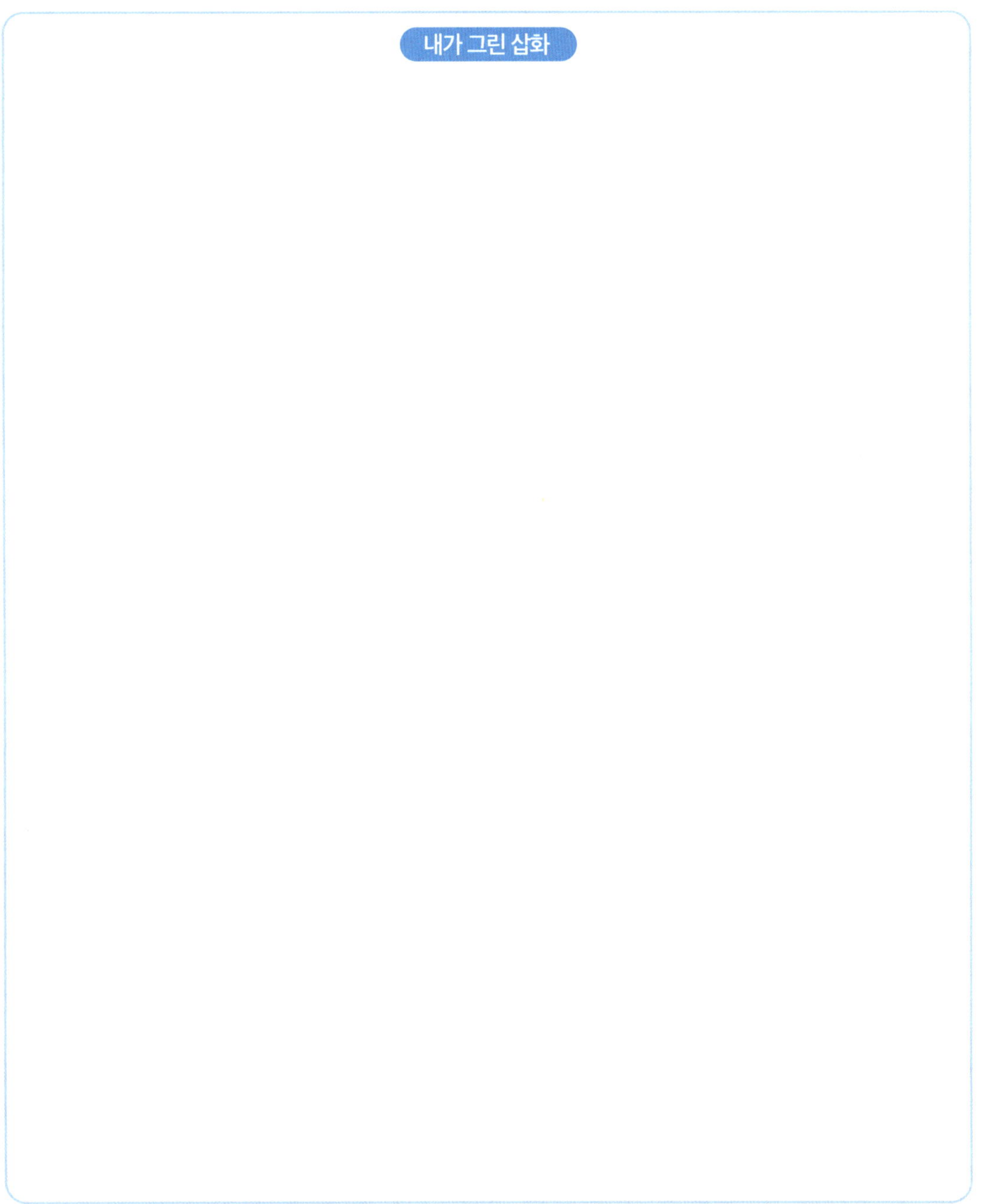

이야기에 맞는 속담·사자성어 찾기

각 이야기의 내용과 어울리는 속담 또는 사자성어를 찾아봐요.

보기

- 콩 심은 데 콩 나고 팥 심은 데 팥 난다.
- 평안 감사도 저 싫으면 그만이다.
- 가랑잎이 솔잎 더러 바스락거린다고 한다.
- 젊어서 고생은 사서도 한다.
- 발 없는 말이 천 리 간다.
- 구슬이 서 말이라도 꿰어야 보배.

- 과유불급(過猶不及)
- 안분지족(安分知足)
- 일석이조(一石二鳥)
- 호사다마(好事多魔)
- 일사천리(一瀉千里)
- 시시비비(是是非非)

〈말썽꾸러기 캥거루〉	속담/사자성어: 뜻:
〈아빠 코끼리와 아들 코끼리〉	속담/사자성어: 뜻:
〈식당에 혼자 남은 하마〉	속담/사자성어: 뜻:
〈춤추는 낙타〉	속담/사자성어: 뜻:

칼데콧 상 알아보기

아놀드 로벨이 수상한 상인 '칼데콧 상'에 대해 알아봐요.

세 작품의 공통점은 무엇일까요?	
칼데콧 상은 어떤 그림책에 주는 상인가요?	칼데콧 상은 어느 나라에 사는 사람이 받을 수 있나요?
내가 읽어 본 칼데콧 수상작은 어떤 작품인가요?	수상작 중 읽어 보고 싶은 작품은 무엇인가요?

대도시, 중소도시, 농촌의 특징 정리하기

책의 내용을 다시 보면서 지역 규모에 따른 특징을 표로 정리해 봐요.

지역 책 내용	대도시	중소도시	농촌 마을
사는 친구			
많이 보이는 것			
교통수단			
그밖에 볼 수 있는 것			

지도에 도시 규모별로 표시하기

우리나라의 대도시, 중소도시, 농촌의 분포를 지도에서 직접 확인해 봐요.

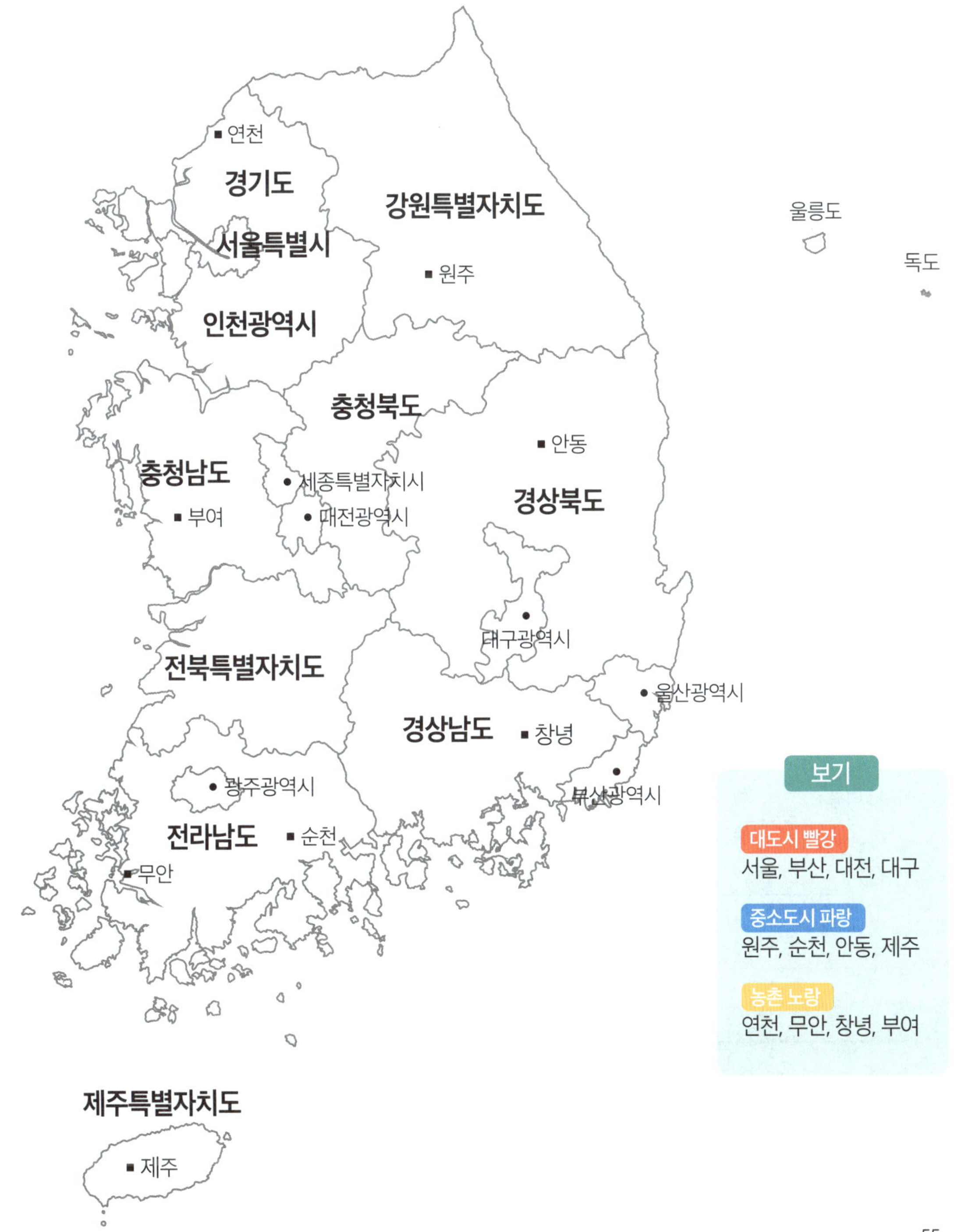

내가 살고 싶은 도시 그리기

내가 살아보고 싶은 도시를 상상하며 그림으로 그려 봐요.

도시 이름 : _______________________________

특징 : _______________________________

____

____

____

'내 친구가 사는 곳'으로 여행 계획 짜기

실제 내 친구가 사는 다른 지역으로 여행을 계획해 봐요.

___________ 이의 여행 계획

여행 갈 곳

여행 시기

이용할 교통수단

구경할 것

먹어 볼 것

기타

나무늘보 아가씨의 전략 쓰기

가게를 운영하기 위해 문제점을 파악하고 새롭게 세웠던 전략을 한눈에 보이게 정리하여 다시 짚어 봐요.

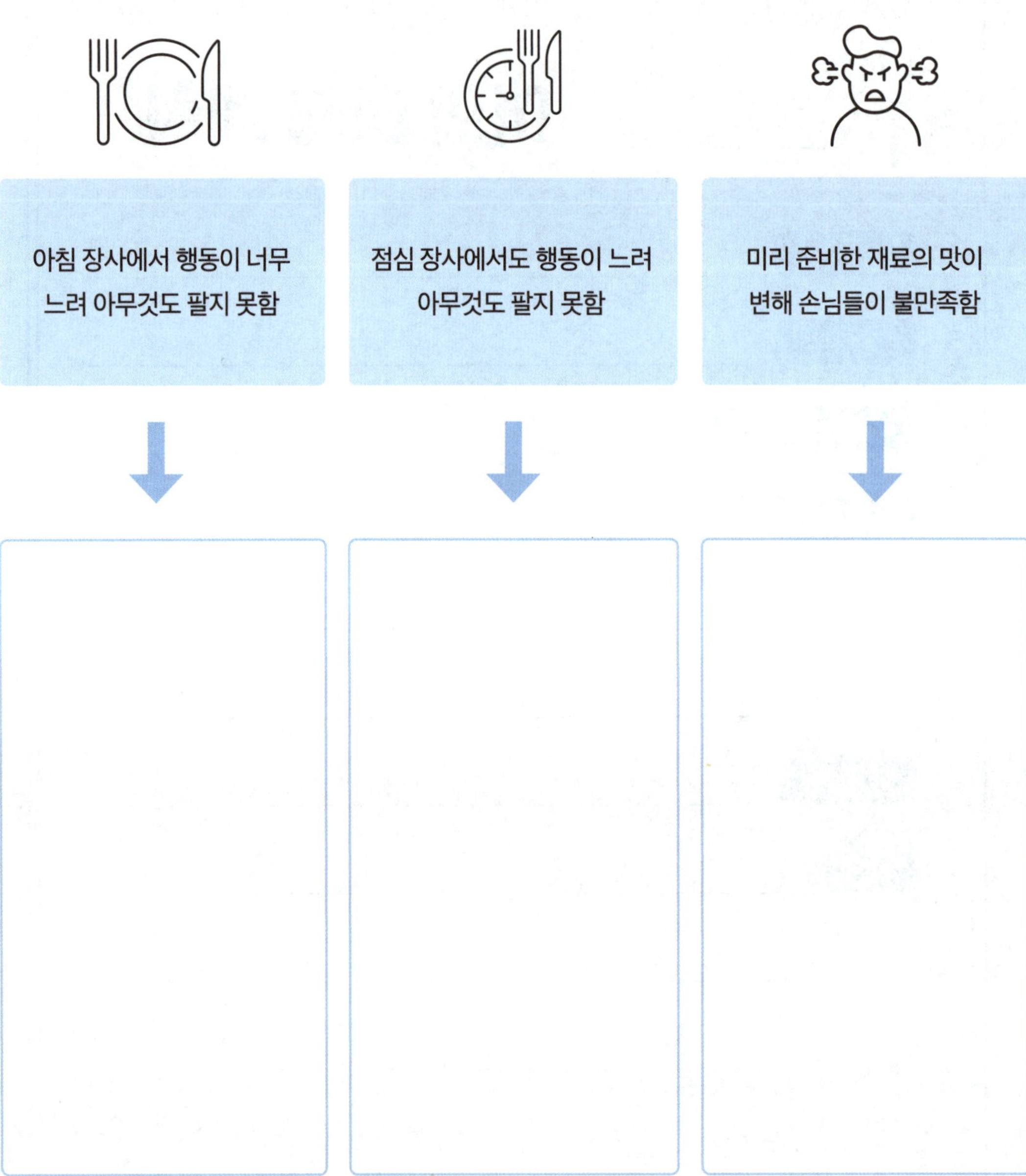

느리고 느린 가게의 신메뉴 만들기

사람들이 지나가다 볼 수 있는 게시판에 신메뉴를 적고 그림을 그려 봐요.

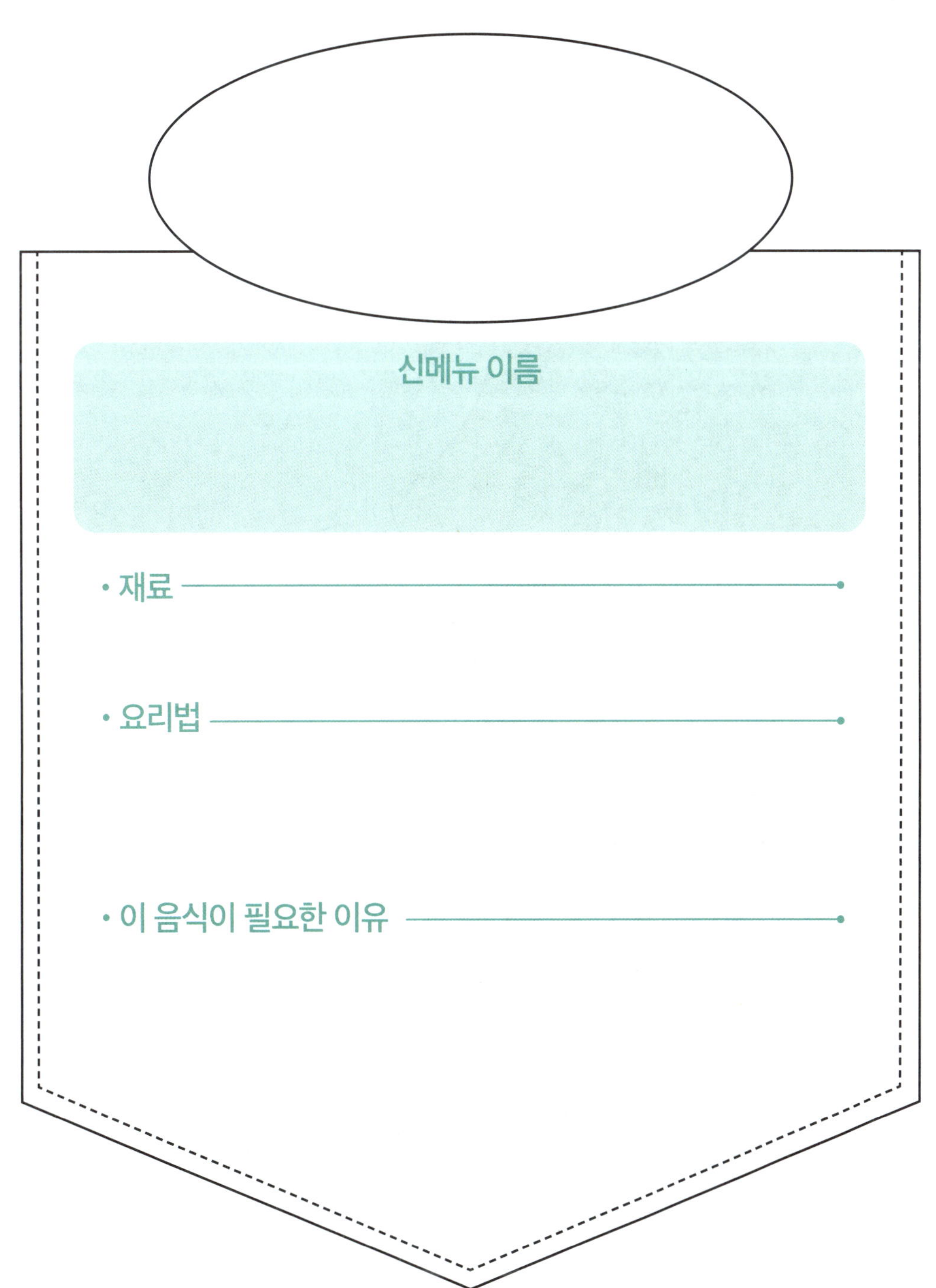

물사슴의 마지막 대사 쓰기

마지막에 등장하는 물사슴의 한마디를 상상해 적고 실감 나게 읽어 봐요.

읽은 이의 말 남기기

책을 읽고 나서 읽은 이로서 읽은 이의 말을 남겨 봐요.

숨어 있는 등장인물 정보 추론하기

등장인물에 대한 정보를 바탕으로 추론할 수 있는 숨겨진 정보를 찾아 표로 정리해 봐요.

추론 인물	드러난 정보	유추한 내용
우봉		
할아버지		
주은		

우봉이의 선택 예측하기

우봉이는 주은이와의 대결에서 질까요? 이길까요? 결말을 예측해 보고, 이 배경에 관해 설명해 봐요.

질문

1. "우봉이가 친구들을 이기고 '젓가락 달인'이 되고 싶다고 했을 때 할아버지는 뭐라고 했나요?
   그 말을 듣고 우봉이는 무엇을 깨달았을까요?"
2. "주은이는 왜 일기에 "엄마 때문에라도 잘해야 할 것 같다"라고 썼을까요?
   우봉이는 주은이의 일기를 보고 어떤 생각을 했을까요?"
3. "우봉이에게 달인은 어떤 의미일까요?"

우봉이는 어떤 선택을 할까요?

나만의 이야기 만들어 보기

내가 글을 쓴다면 어떤 주제와 줄거리로 이야기를 꾸며보고 싶은지 상상해 봐요.

1. 내가 요즘 가장 관심 있는 주제는 무엇인가요? 이 주제가 왜 흥미롭고 중요한가요?

2. 이야기의 주인공은 어떤 성격인가요? 주인공에게 특별한 능력, 비밀, 부족한 점이 있나요?

3. 이야기가 펼쳐질 장소는 어디인가요? 그곳에서 어떤 일이 일어나나요?

4. 주인공은 어떤 문제나 어려움에 직면하나요? 그 갈등을 어떻게 해결하나요?

5. 이야기를 통해 독자에게 어떤 교훈이나 메시지를 전달하고 싶나요?

젓가락 액자 만들기

젓가락으로 할 수 있는 다른 활동에 관해 이야기 나누고 젓가락 액자를 만들어 봐요.

- **젓가락 액자 만드는 방법**
  - ❶ 젓가락 준비하기: 나무젓가락을 깨끗이 닦고 원하는 색상으로 칠하거나 그대로 사용해요.
  - ❷ 액자 틀 만들기: 젓가락 1~4개를 원하는 모양으로 배치해요. 글루건이나 목공용 풀을 사용해서 각 젓가락의 끝 부분을 고정해 틀을 만들어요.
  - ❸ 사진 부착하기: 액자 틀 뒷면에 사진이나 그림을 붙여요. 사진을 고정하기 위해 젓가락 틀에 테이프나 풀을 이용하세요.
  - ❹ 꾸미기: 리본, 스티커, 나뭇잎 등을 붙여 액자의 앞면에 꾸미기 재료를 사용해 장식해요. 액자를 벽에 걸고 싶다면 뒷면 상단에 끈이나 리본을 글루건으로 부착해요.

〈예시〉

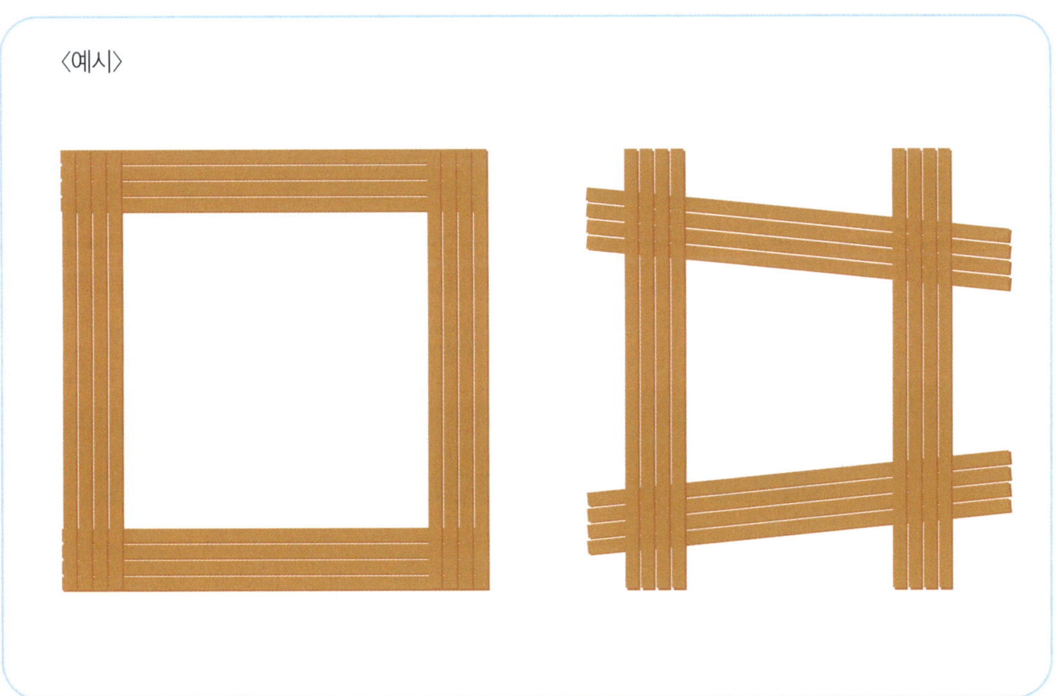

사건의 흐름에 따른 마음 변화 알기

사건이 전개되면서 변화하는 주인공의 심리 변화에 관해 탐구해 봐요.

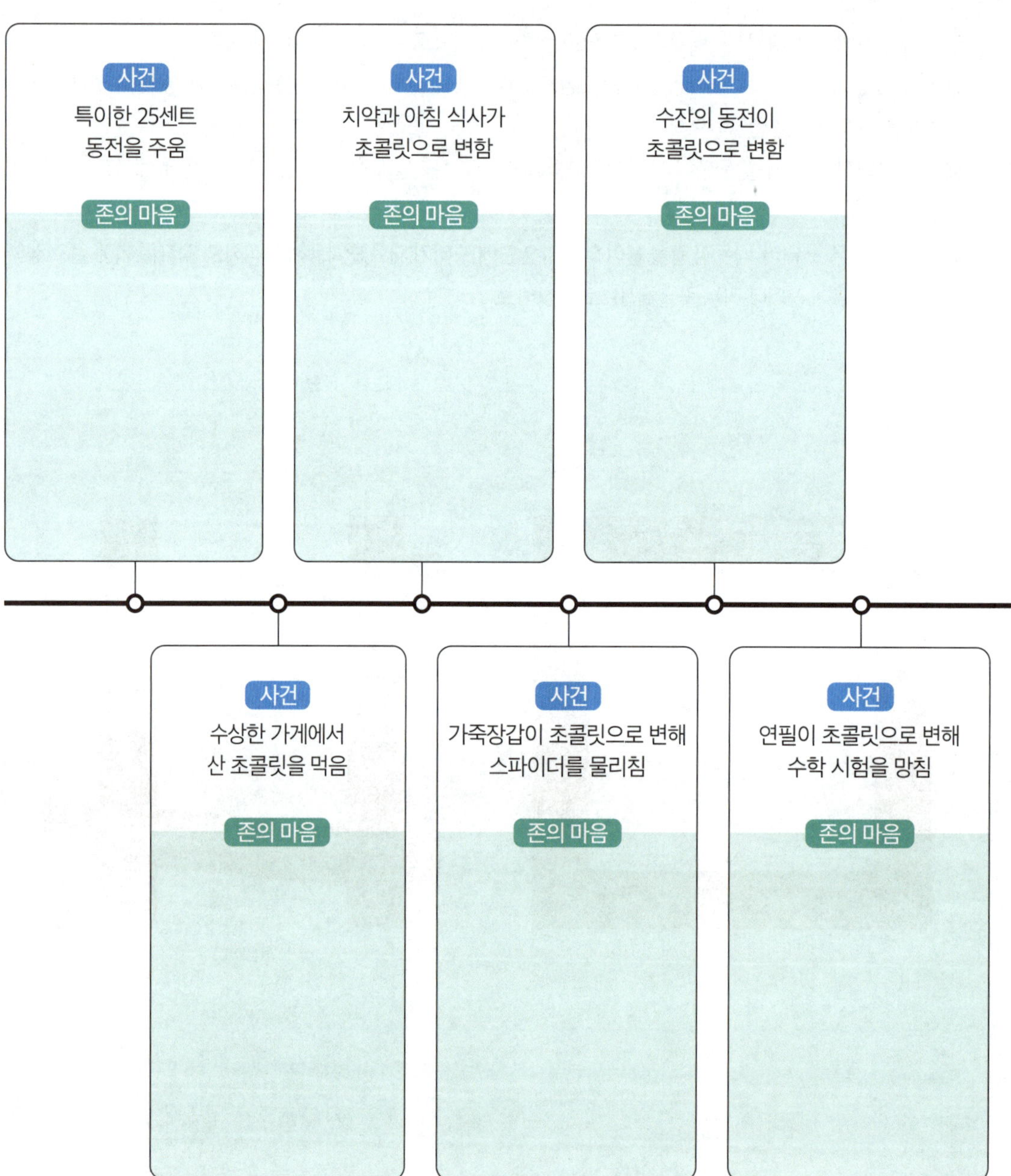

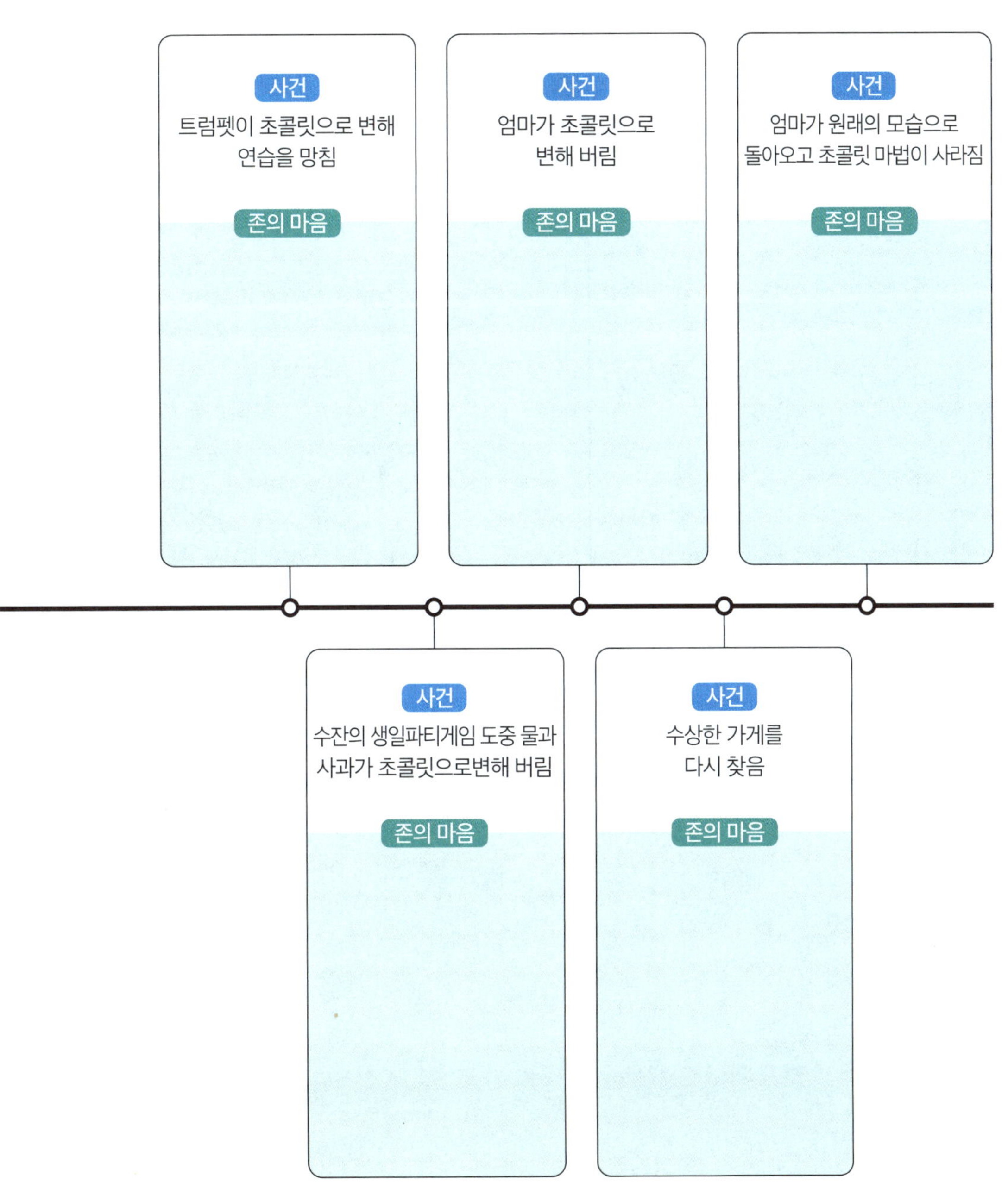
사건
트럼펫이 초콜릿으로 변해 연습을 망침
존의 마음

사건
엄마가 초콜릿으로 변해 버림
존의 마음

사건
엄마가 원래의 모습으로 돌아오고 초콜릿 마법이 사라짐
존의 마음

사건
수잔의 생일파티게임 도중 물과 사과가 초콜릿으로변해 버림
존의 마음

사건
수상한 가게를 다시 찾음
존의 마음

인상적인 사건으로 네 컷 만화 그리기

주인공이 겪은 사건 하나를 선택하여 네 컷 만화로 그려 봐요.

①

②

③

④

존 미다스의 일기 쓰기

내가 주인공이 되었다고 상상하고 일기를 써 봐요.

	년	월	일	요일	날씨	
제목 :						

미다스 왕 이야기와 비교하기

이 책의 모티프가 된 그리스 로마 신화의 미다스 왕 이야기와 비교하며 읽어 봐요.

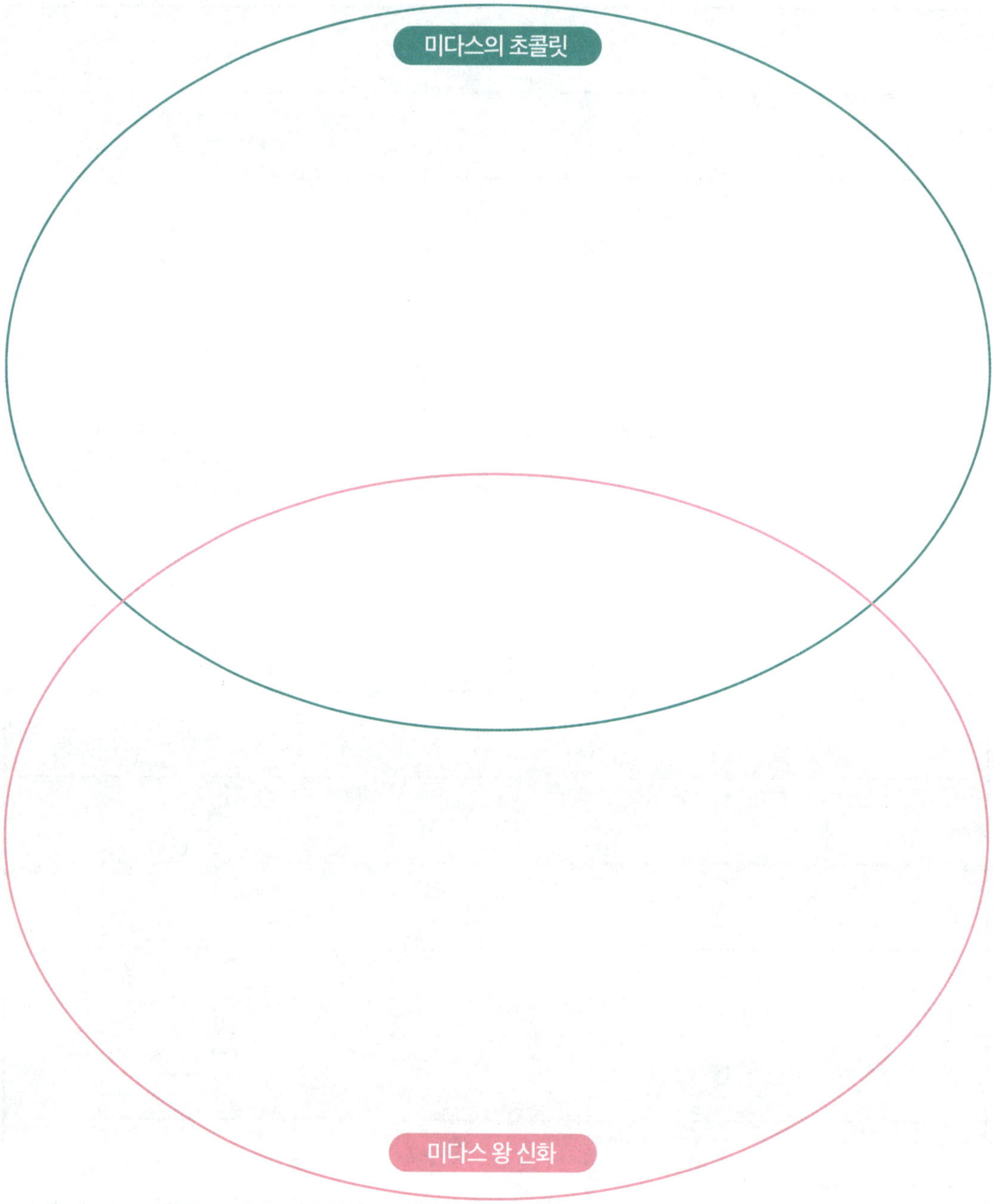

초능력 카드 만들기

가장 인상적이거나 갖고 싶은 초능력을 글과 그림으로 표현하여 초능력 카드를 만들어 봐요.

초능력 목록 채우기

수많은 초능력 중에 직접 드러나지 않은 열 가지의 초능력 목록을 채워 봐요.

④ ______________________________

⑤ ______________________________

⑥ ______________________________

⑦ ______________________________

⑧ ______________________________

⑨ ______________________________

⑩ ______________________________

⑪ ______________________________

⑫ ______________________________

⑬ ______________________________

초능력 목록 채우기

히어로의 고충 들어주기

주인공이 초능력을 쓰게 되면서 어떤 어려움을 겪는지 살펴보고, 응원의 메시지를 보내 봐요.

히어로의 고충	
자신이 겪는 어려움	
친구가 겪는 어려움	
가족이 겪는 어려움	

확장활동 +++

초능력 사용 규칙 만들기

초능력을 이롭게 사용하려면 어떤 규칙이 필요할지 이야기하고 규칙을 만들어 봐요.

초능력의 장점과 단점

장점	
단점	

초능력 사용 규칙

☑ ___________________________

☑ ___________________________

☑ ___________________________

☑ ___________________________

☑ ___________________________

☑ ___________________________

액자식 구성 알기

'책 속의 책'인 액자식 구성에 대해 알아봐요.

의 이야기

'나'는 누구? ____________________________

____

언제 일어난 일인가요? ____________________________

____

어디서 일어난 일인가요? ____________________________

____

'나'와 '브누아'는 어떤 사이인가요? ____________________________

____

중요한 내용 이해하기

핵심 내용을 꼼꼼하게 파악하며 읽는 연습을 해 봐요.

1. 사진 속 브누아가 윙크하고 있던 이유는 무엇인가요?

2. 주인 할머니의 침대가 늘 젖어있던 까닭은 무엇일까요?

3. 브누아와 루시는 어떻게 개가 되었나요?

4. 마녀는 왜 브누아와 루시를 찾아왔을까요?

5. 이모는 블랙이 브누아라는 사실을 어떻게 알아냈나요?

6. 왜 루시는 언제나 개의 모습이지만 브누아는 밤에는 사람으로 변할 수 있었나요?

이모에게 질문하기

열린 결말을 음미하고 이후의 내용을 상상해 봐요.

샌드위치로 액자식 구성 이해하기

직접 고른 재료로 샌드위치를 만들어 먹으며 액자식 구성에 대해 생각해 봐요.

샌드위치

액자식 구성과 어떤 점이 비슷한가요?

인물 관계도 만들기

등장인물 간의 관계도를 작성하고 특성을 파악해 봐요.

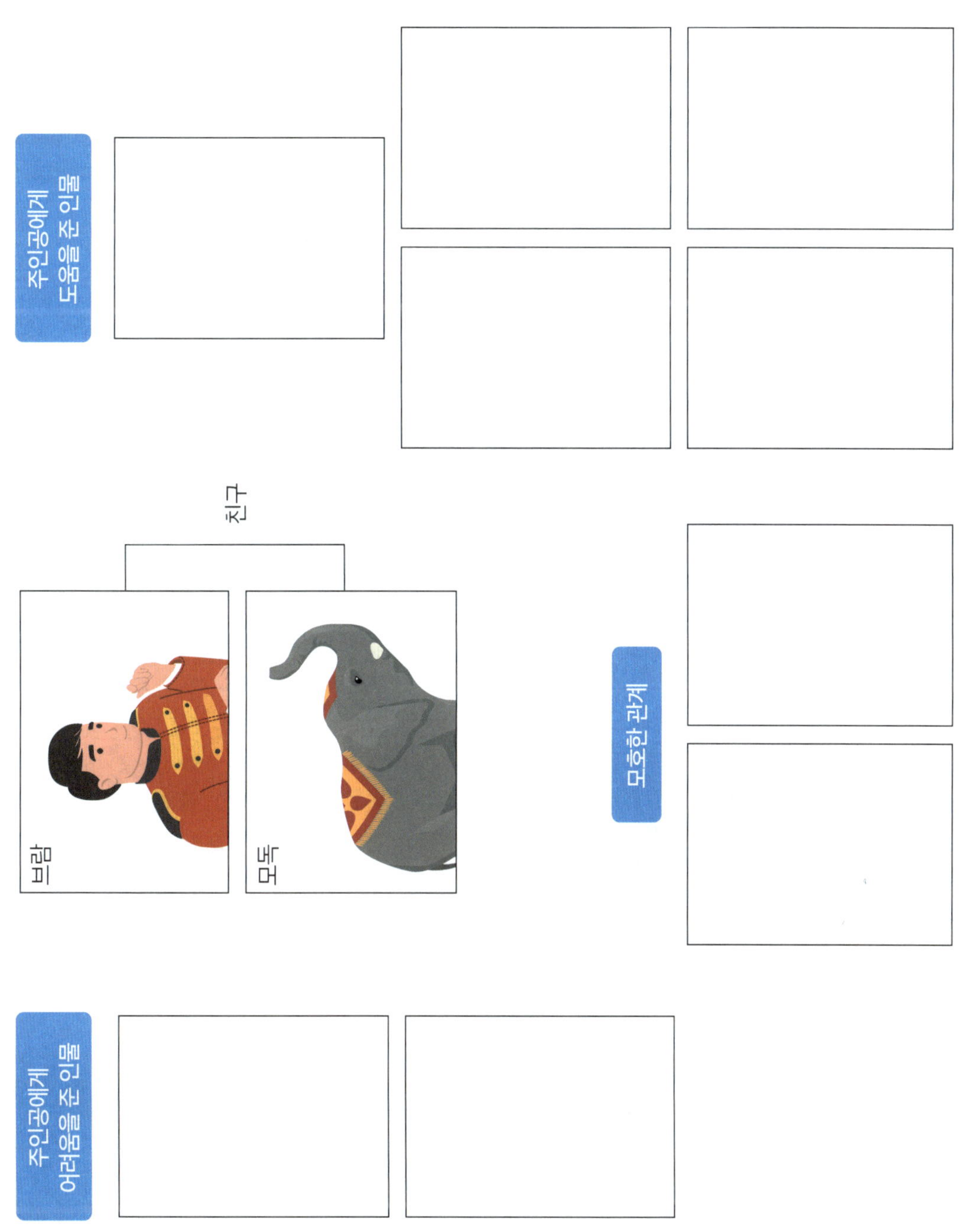

브람과 모독의 여정 따라가기

주인공 브람과 모독이 이동한 경로를 따라가며 공간적 배경을 살펴봐요.

그림 사전 만들기

생소한 어휘의 정의를 그림으로 표현해 봐요.

앞장

뒷장

나만의 반려동물에게 편지 쓰기

소중한 동물 친구에게 마음을 전하는 편지를 써 봐요.

책 읽으며 웃음 참기 게임하기

가장 재미있었던 이야기를 꼽아 한두 문장씩 번갈아 가며 읽어 봐요.

예 보리밥 장군

A: 보리밥 장군이 한참 서 있으려니까 저 산 위에서 집채만 한 호랑이가 냅다 달려온다.

B: 아, 이 허깨비 장군이 뭐 어떻게 해. 그만 죽을 것 같아서 옆에 있는 나무 위로 용을 쓰고 올라갔지.

A: 그런데 이걸 어째. 호랑이란 놈이 그걸 보고 입맛을 쩍쩍 다시면서 나무 위로 기어 올라오네.

B: 보리밥 장군이 그만 혼이 다 빠져서 죽을힘으로 냅다 소리를 질렀어.

A: "아이고, 보리밥 장군 죽는다!"

B: 얼마나 크게 소리를 질렀는지, 호랑이란 놈이 나무 위로 기어오르다가 깜짝 놀라서 그만 나뭇가지에 코가 꿰었어.

A: 그래서 꼼짝도 못 하고 매달려 있다가 죽어 버렸지. (중략)

B: "장군님, 어떻게 저 큰 호랑이를 잡았습니까?"

A: "어떻게 잡긴. 그까짓 것 한 손으로 모가지를 잡고 빙빙 돌리다가 내던졌더니 저 나뭇가지에 걸려 죽던데 뭐."

출저: 박박 바가지, 서정오, 보리, 2016

구전 이야기 만들기

'옛날 옛적에'라는 말로 시작해 서로의 이야기에 한마디씩 덧붙여 우리만의 이야기를 완성해 봐요.

우리가 만든 이야기

의성어 직접 만들어보기

책에 나온 사물의 의성어를 자유롭게 창작해 봐요.

사물 이름	의성어

옛말 그림 사전 만들기

처음에 잘 몰랐던 옛말 세 가지를 선택해 적고 그 단어를 그림으로 그려 봐요.

윌리의 모험을 지도로 표현하기

'윌리의 호주머니'와 '윌리의 산책' 중 하나를 선택해 이야기의 흐름에 따라 윌리의 모험을 지도로 그려 봐요.

윌리의 모험 지도 그리기

SWBS로 줄거리 요약하기

SWBS 방법을 이용해 책의 주요 내용을 요약해 봐요.

	Somebody	Wanted	But	So
1				
2				
3				
4				
5				

월리의 다음 모험 상상하기

월리의 다음 모험을 상상하고 짧은 글을 써 봐요.

언제		무엇을	
어디서		어떻게	
누구와		왜	
짧은 글 완성하기			

인공지능으로 윌리의 모험 그리기

인공지능 그리기 앱을 활용해 책의 내용을 그려 봐요.

- **활동 순서**

  ❶ 태블릿(또는 스마트폰, 노트북, 컴퓨터 등)을 준비하세요.

  ❷ 오토드로우 사이트(https://www.autodraw.com)에 접속하세요.

  ❸ 아이와 함께 윌리의 모험 속 장면을 상상하며 그림을 그려요.

  ❹ 오토드로우가 제시하는 아이콘 중에서 원하는 그림을 선택해 완성하세요.

  ❺ 완성된 그림을 보며 윌리의 모험을 이야기 나눠요.

〈예시〉

내가 그린 그림

인공지능이 보여준 그림

3학년을 위한 문해 활동

가장 기억에 남는 부분 소개하기

목차를 살펴보며 가장 인상 깊었던 에피소드를 써 봐요.

가장 기억에 남는 에피소드

기억에 남는 이유

역할극 해 보기

이야기 속 에피소드 중 하나의 장면을 골라 역할극을 해 봐요.

작가에게 질문하기

작가님께 궁금한 점 세 가지를 정리해서 적어 봐요.

주제

알고 있는 것

알게 된 것

알고 싶은 것

질문 목록

야생 동물에 대한 정보 찾고 공유하기

평소 알고 싶었던 야생 동물에 대한 정보를 찾아보고 소개장을 만든 후 이야기 나눠 봐요.

야생 동물 그리기

❶ 이름:

❷ 생김새:

❸ 특징:

❹ 좋아하는 것:

❺ 싫어하는 것:

❻ 친한 동물:

❼ 천적:

❽ 현재 서식지:

인물 카드 만들기

두 명의 주요 인물의 인물 카드를 만들어 봐요.

현재	준모
❶ 성격:	❶ 성격:
❷ 잘하는 것:	❷ 잘하는 것:
❸ 부족한 것:	❸ 부족한 것:
❹ 하고 싶은 것:	❹ 하고 싶은 것:

현재가 되어 그림일기 쓰기

이야기 속 주인공이 되어 그림일기를 써 봐요.

❶ 언제:

❷ 어디서:

❸ 일어난 일:

❹ 감정과 생각:

❺ 알게 된 점:

년   월   일   요일   날씨

일기 퍼즐 맞추기

앞선 문해 활동에서 그린 그림일기의 그림을 12개의 조각으로 잘라 퍼즐을 만들어 봐요.

〈예시〉

내 삶의 보물 지도 만들기

자신이 꿈꾸는 미래를 이미지와 단어로 표현해 봐요.

〈예시〉

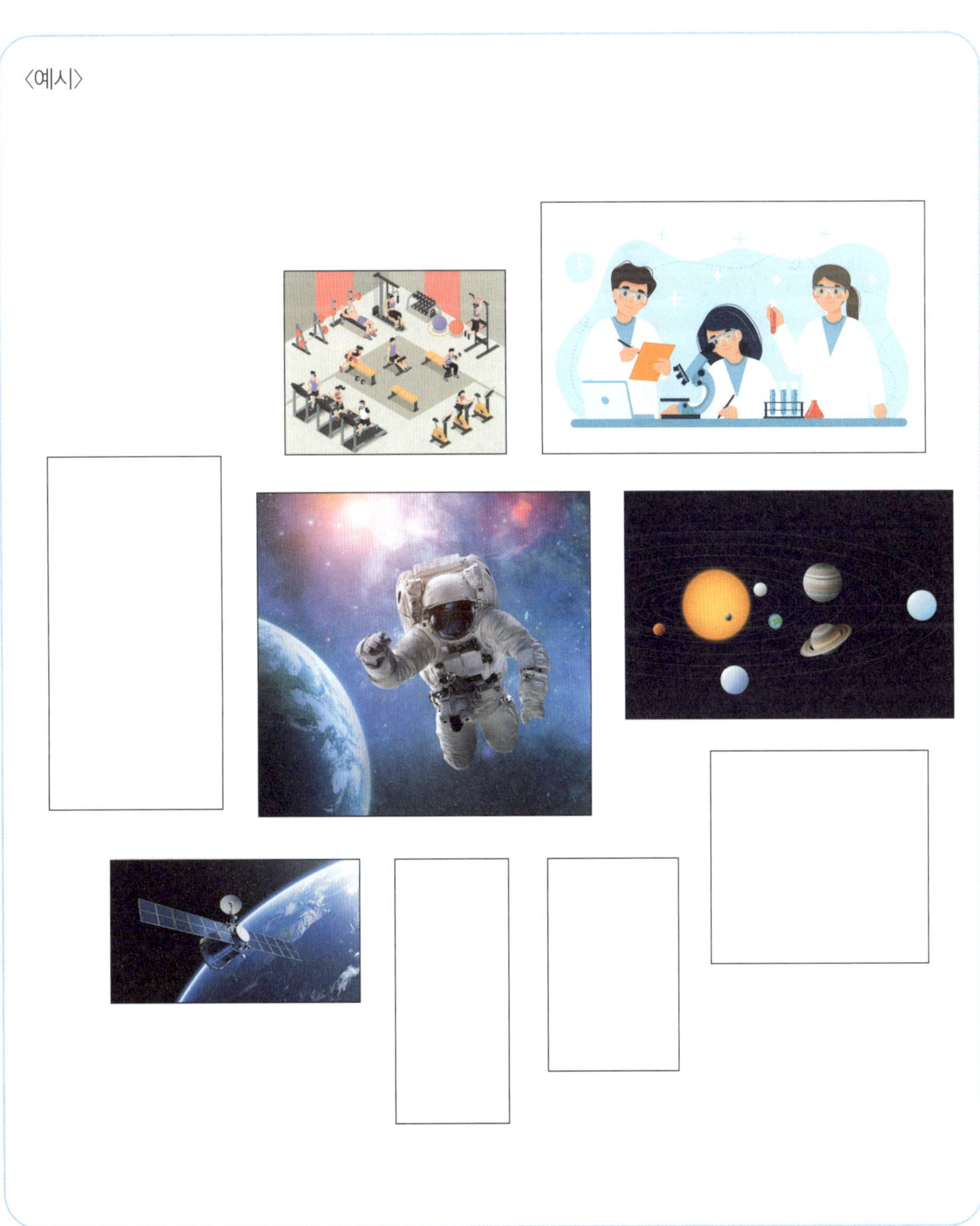

한 단어로 표현하기

책을 읽은 후, 내가 느낀 감정을 한 단어로 표현해 봐요.

책을 읽은 후, 나는

이야기 흐름에 따른 감정 변화 이해하기

주인공이 난민 수용소에 도착하기까지의 여정을 따라가면서 각 장소에서 어떤 감정을 느꼈는지 살펴봐요.

장소 \ 감정	탈리아의 감정	배경 / 이유
집 앞		
택시와 트럭		
바닷가		
배		
난민수용소		
부둣가		

나와 탈리아의 생활 비교하기

탈리아의 일상과 나의 일상을 비교하며 비슷한 점과 다른 점을 찾아봐요.

1. 탈리아의 가족이 갑자기 집을 떠나야 했던 이유가 무엇인가요?

2. 탈리아의 가족이 비행기를 타지 않은 이유는 무엇일까요?

3. 탈리아는 왜 엄마처럼 보이려고 스카프를 머리에 둘렀을까요?

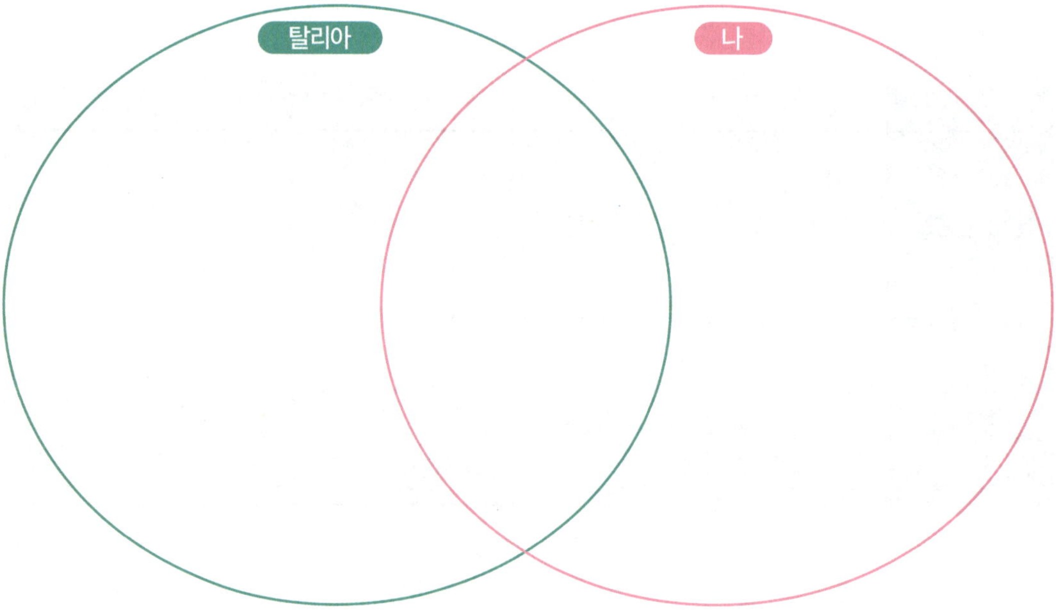

나만의 결말 더하기

탈리아 가족이 새로운 나라에 정착한 이후 어떤 일들이 펼쳐질지 상상해 봐요.

읽지 않은 부분에 대해 생각하기

가출하고 싶다는 재우의 일기를 본 부모님의 입장을 깊이 생각하며 이야기 나눠 봐요.

1. 부모님께서 재우와 일기에 대해 이야기하기 전에 평소와 다르게 행동했어요. 왜 그랬을까요?

2. 부모님께서 방학 동안 재우가 다니던 학원을 모두 그만두게 했어요. 왜 그랬을까요?

3. 부모님은 왜 재우를 산속에 있는 집으로 데려갔을까요?

4. 재우는 아빠의 이야기를 듣고 어떤 기분이 들었을까요?

갈등 해결법 찾기

아빠가 겪은 갈등 상황을 분석한 후, 내가 아빠라면 어떻게 해결했을지 생각해 봐요.

갈등 상황 분석

나만의 해결 방법

우리의 해결 방법

결과 비교

이야기 속 결과

상상 속 결과

인터뷰 질문 구성해 보기

부모님의 어린 시절에 대해 상상하고 궁금한 점을 질문 목록으로 만들어 봐요.

인터뷰 질문지

부모님의 추억 장소 함께 가보기

부모님의 추억 속 장소 중 한 곳을 골라 함께 방문하고, 그곳에서 새로운 경험을 하며 일기를 써 봐요.

________ 년 ____ 월 ____ 일

나침판 전략으로 책 정리하기

나침반 전략을 사용하여 민주주의에 관한 생각을 정리하고 줄거리를 요약해 봐요.

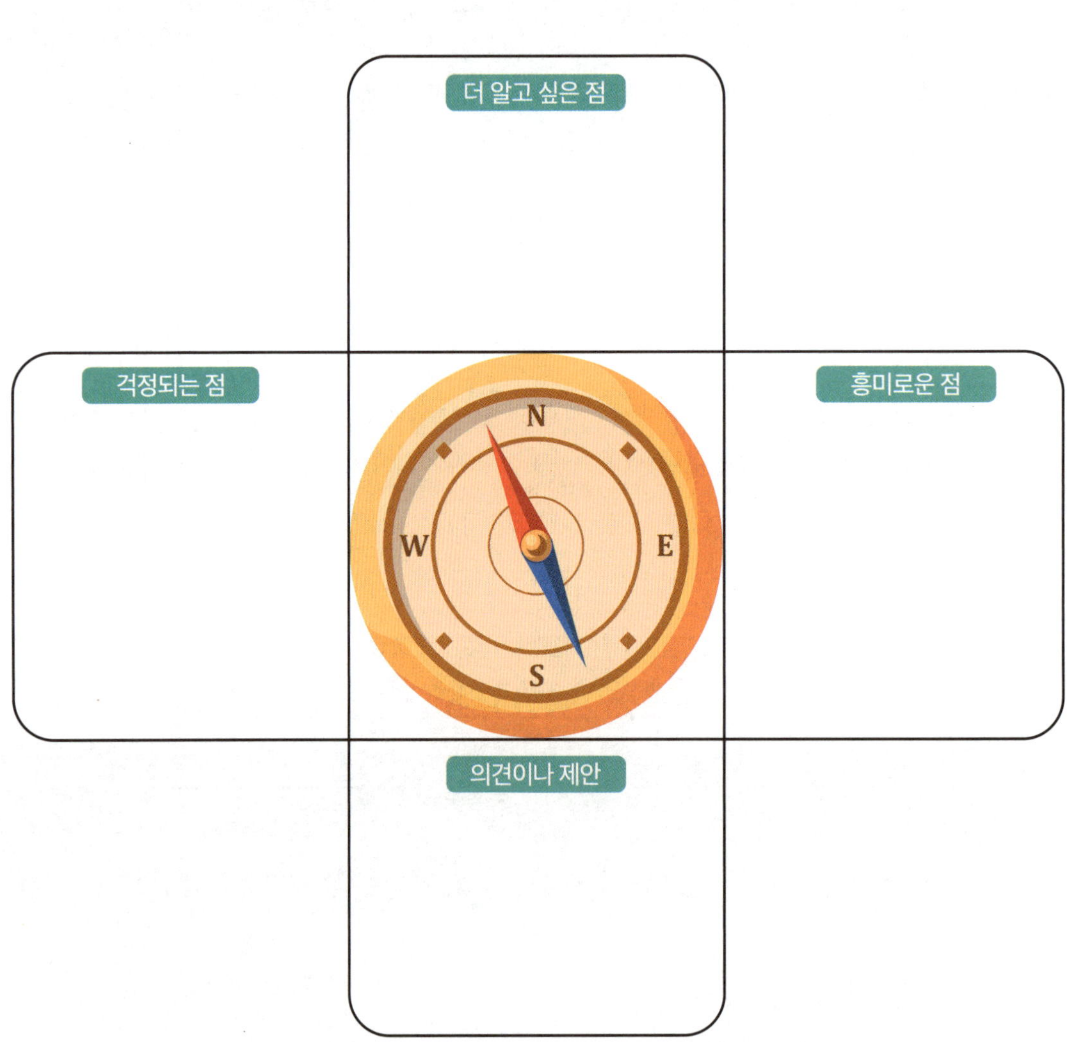

중요 문장을 골라 의미 설명하기

책에서 중요하다고 생각하는 문장을 골라 문장의 의미를 설명해 봐요.

내가 생각하는 중요한 문장	문장의 의미	중요한 이유

의미 있는 그림을 골라 전시하기

가장 의미 있다고 생각하는 그림을 골라 제목을 붙이고, 왜 중요한지 이야기해 봐요.

제목 :

그림 설명:

우리나라 민주주의 콜라주 완성하기

민주주의의 개념과 원리를 바탕으로 우리나라의 민주주의를 콜라주로 완성해 봐요.

제목 :

그림 설명:

다양한 가족 모양 그리기

우리 가족만의 특별한 모양을 만들어 봐요.

- 활동 순서

  ❶ 우리 가족 구성원의 수만큼 점을 찍고, 각 구성원의 얼굴을 그려요.

  ❷ 점을 이어 모양을 만들고 색연필로 색칠해 우리 가족의 개성을 표현해요.

  ❸ 친구 가족 모양을 직접 그려보거나, 친구와 함께 활동할 때에는 함께 가족 모양을 공유해요.

  ❹ 다큐멘터리나 책 속에서 발견할 수 있는 여러 가족의 구성원을 관찰하고 가족 모양을 그려요.

  〈예시〉

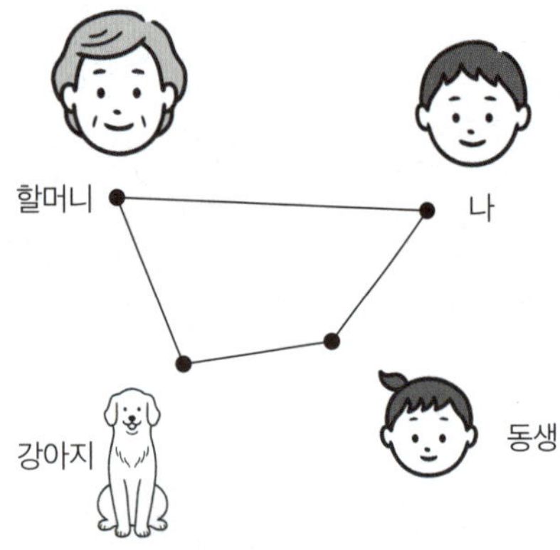

추상적인 개념 이해하기

'사랑, 진심, 자유'와 비슷한 단어들을 적어 그림을 완성해 봐요.

가시가 돋게 하는 것, 사라지게 하는 것

나의 마음에 가시가 돋게 하는 것과 떨어져 나가게 하는 것을 적어 봐요.

나를 소개하는 열 손가락

'나'에 대한 열 가지 정보를 열 손가락에 적고 다양성을 이해해 봐요.

- 활동 순서

❶ 준비한 도화지에 손바닥을 펼치고 색연필로 따라 그려요.

❷ 양 손바닥 그림을 가위로 오려요.

❸ 각 손가락에 어떤 정보를 적을지 친구와 이야기 나눠요.

　예: 머리 스타일, 좋아하는 색깔, 싫어하는 색깔, 특기, 잘하고 싶은 것, 좋아하는 음식, 싫어하는 음식, 좌우명,
　여행하고 싶은 나라, 가족 구성원 등

❹ 열 손가락에 모든 정보를 적고 친구와 종이를 함께 펼쳐요.

❺ 다른 정보가 적힌 종이 손가락은 펼쳐두고, 같은 정보가 적힌 종이 손가락은 접어요.

❻ 완전히 같은 사람이 있을지 이야기 나눠요.

❼ 세상에 각기 다른 다양한 사람들이 모여 살기에 좋은 점은 무엇일지 이야기 나눠요.

〈예시〉

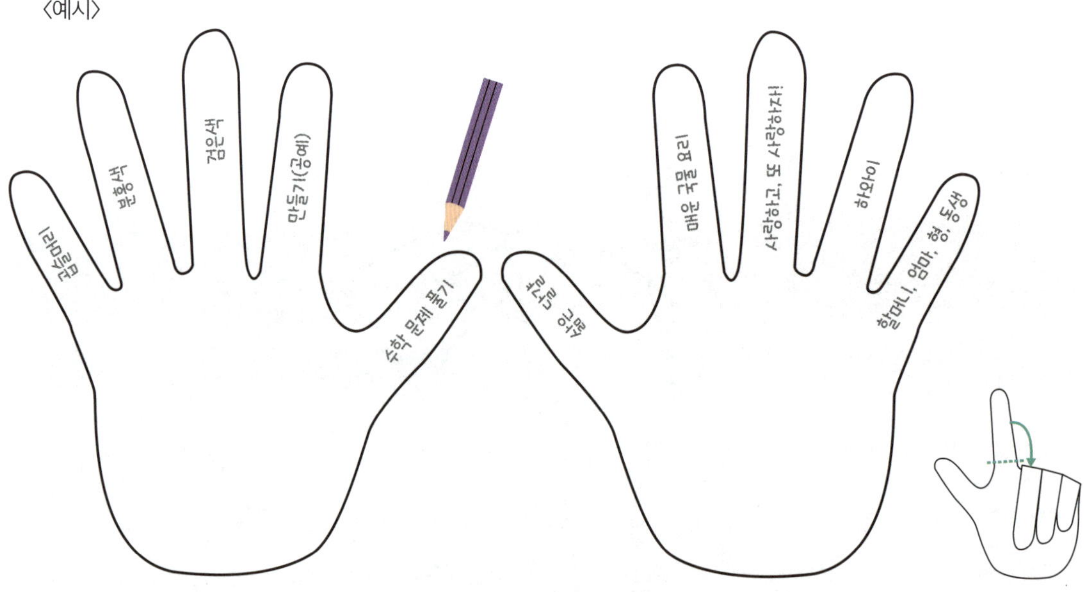

나의 반려동물 소개하기

키우고 있거나 키우고 싶은 동물을 인터넷에 검색하고 그림으로 표현해 봐요.

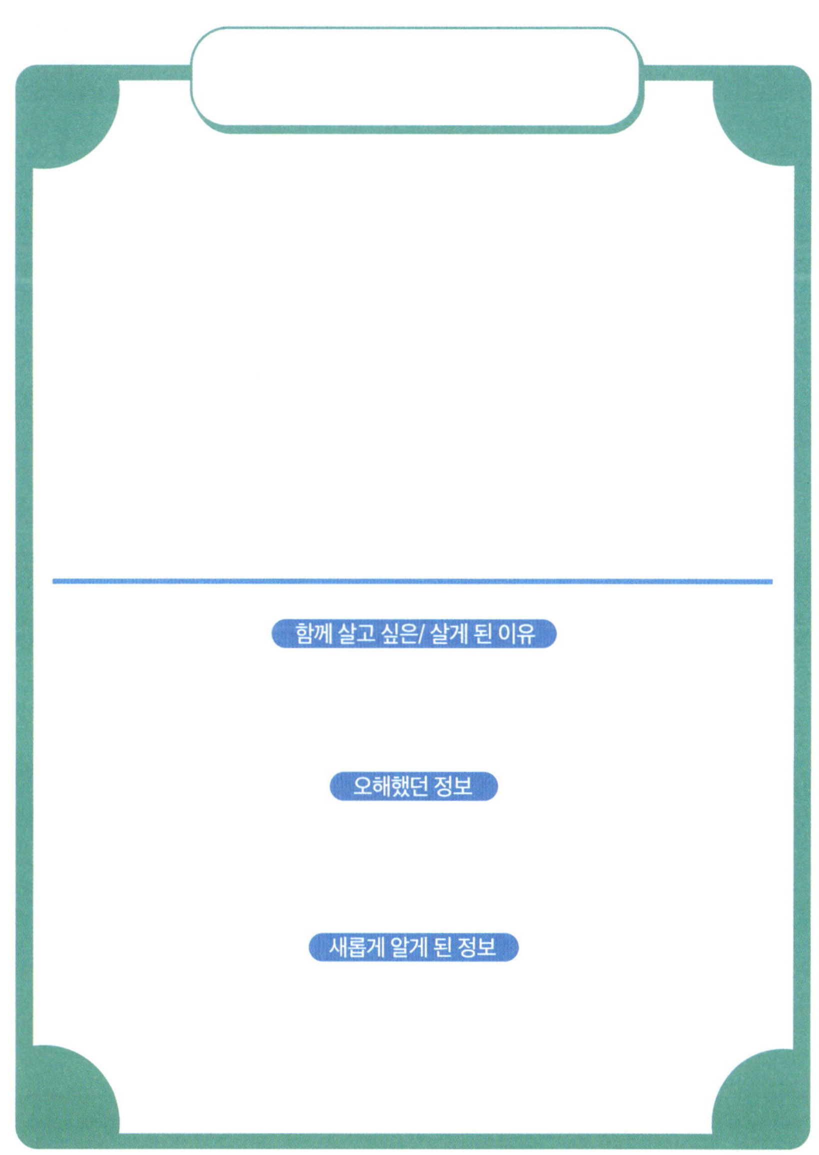

초록이의 마음 톺아보기

초록이의 감정이 어떻게 변했는지 살펴봐요.

은솔이를 처음 만났을 때	은솔이를 졸졸 따라다닐 때	집안에서 '말썽꾸러기'로 불리던 때
처음으로 날았을 때	윙컷을 하고 날지 못하게 되었을 때	날개가 자라 다시 날아올랐을 때

반려동물과 야생 동물 비교하기

집 안의 반려동물과 밖에서 사는 동물을 떠올리고 차이점과 공통점을 이야기해 봐요.

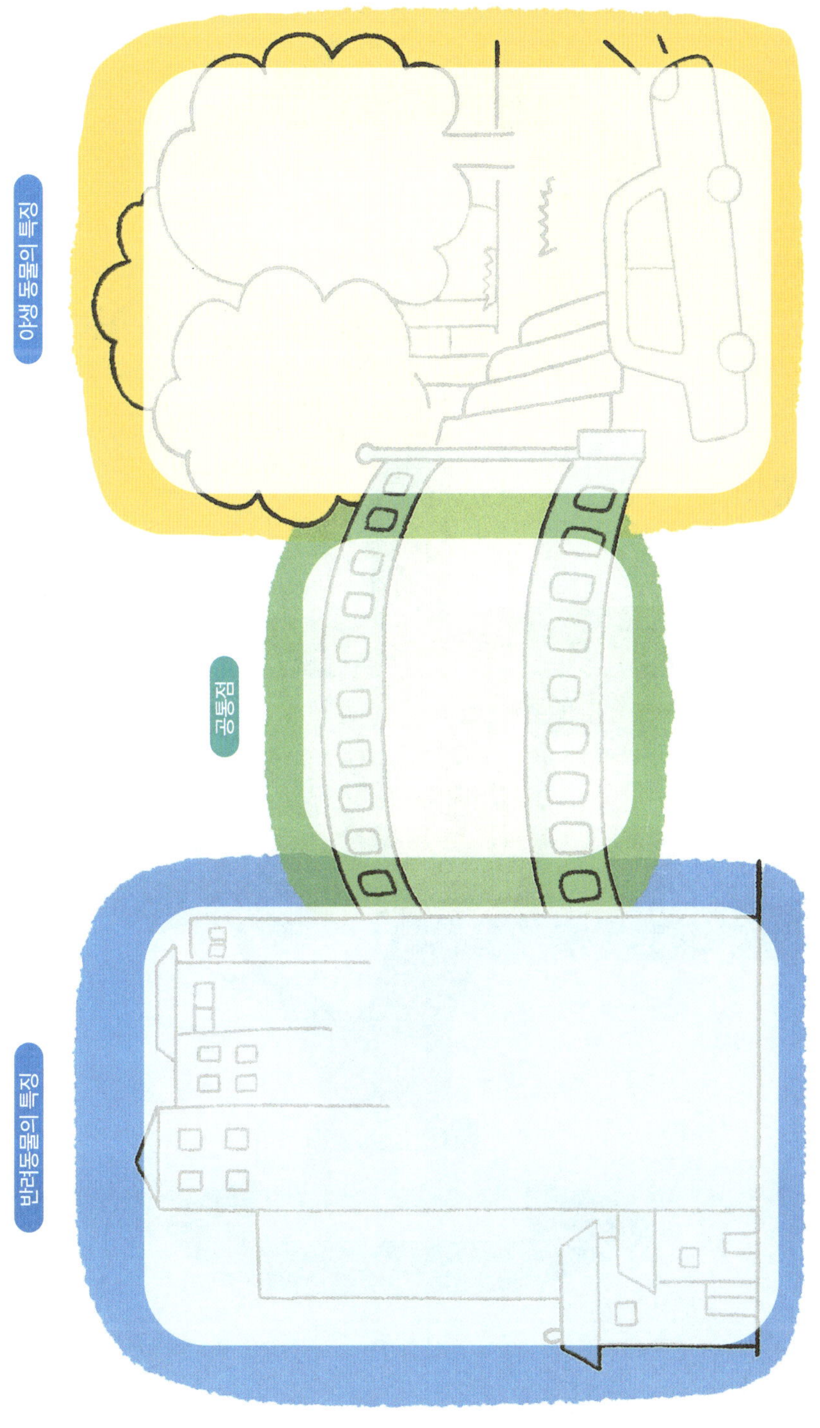

동호회 만들기

좋아하는 것을 공유할 수 있는 동호회를 떠올리고, 타인을 존중하며 소통할 수 있는 규칙을 만들어 봐요.

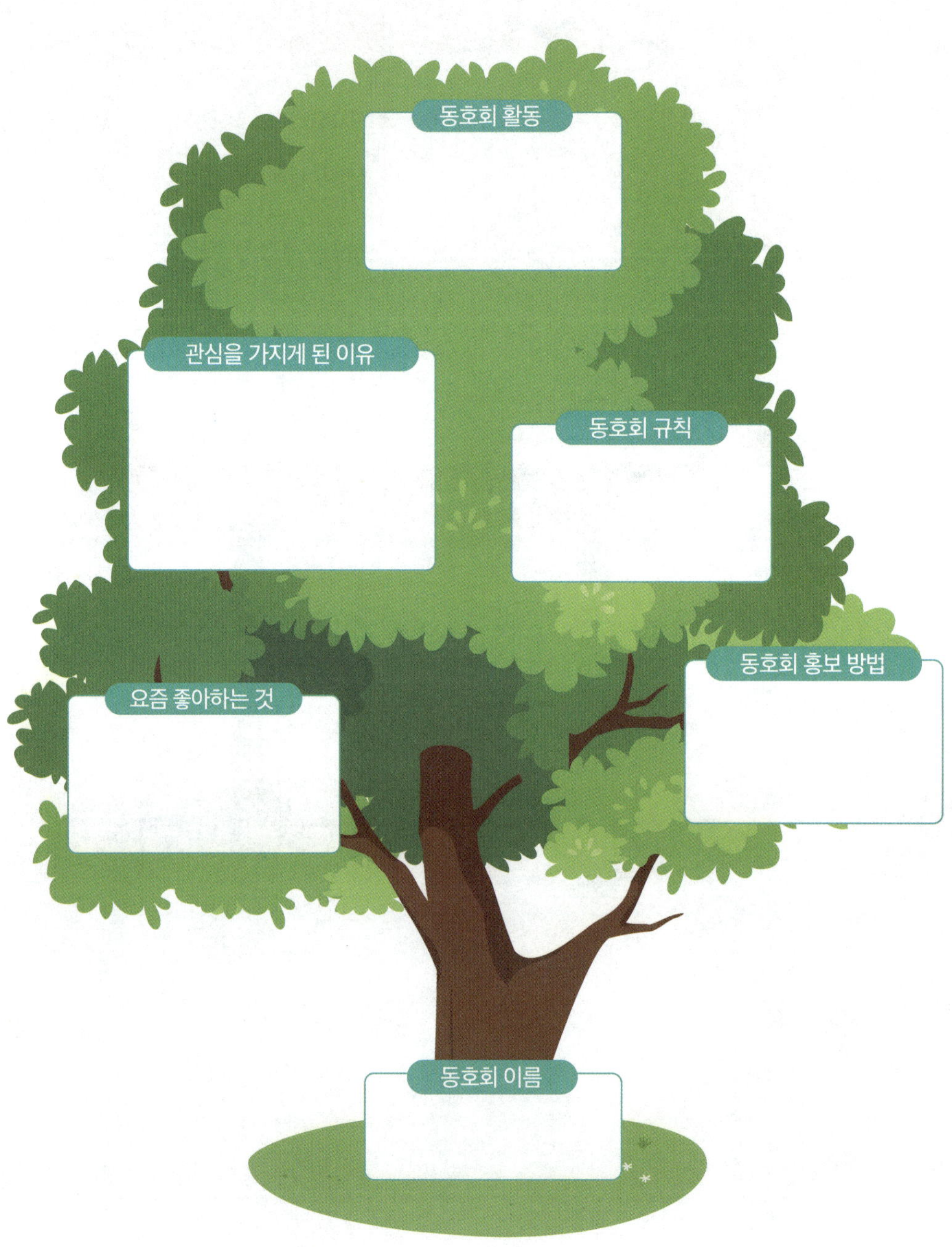

다양한 전개 상상하기

책 속에서 하나의 이야기를 선택하고 희곡 형식에 맞추어 이어지는 이야기를 창작해 봐요.

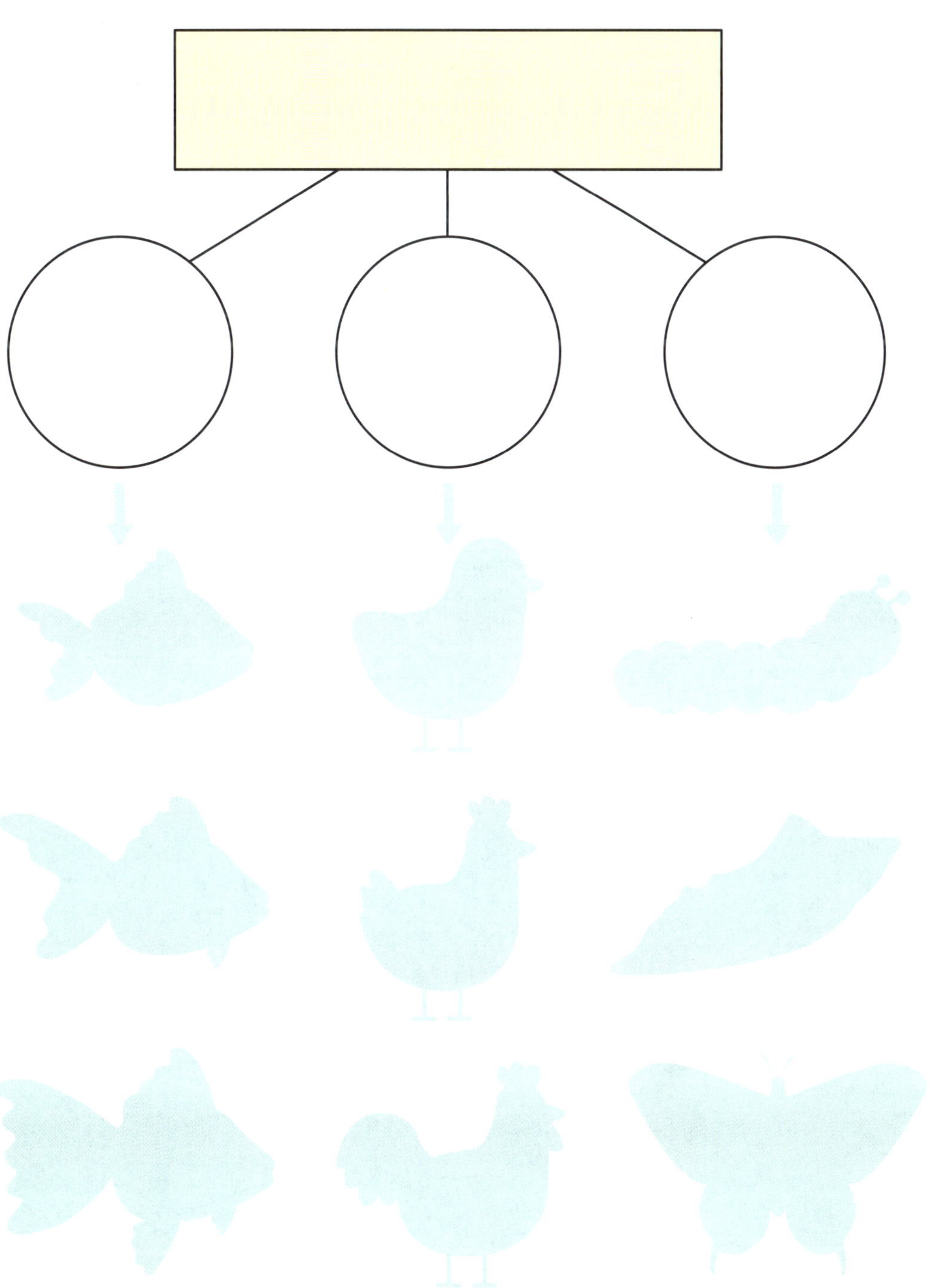

작은 극장 만들기

책에 담긴 희곡을 바탕으로 작은 무대를 연출하고, 배역을 연기하여 극을 표현해 봐요.

※ 종이, 가위, 풀, 칼을 준비해 극장을 만들어 보세요.

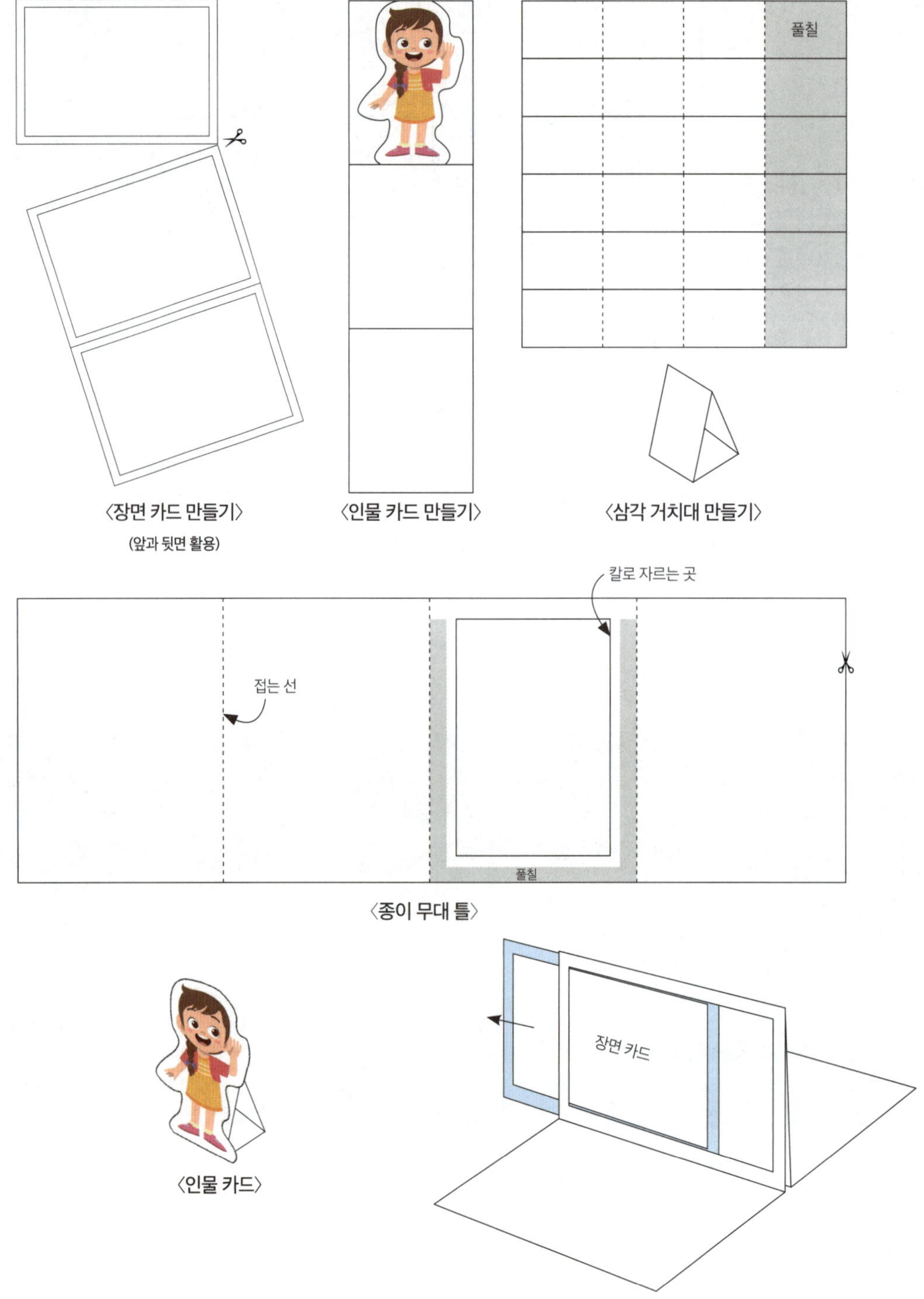

일기를 희곡으로 바꾸기

일기를 희곡 형식으로 바꿔 두 가지 형식의 글을 비교해 봐요.

                    (이)의 일기

년   월   일

제목 :

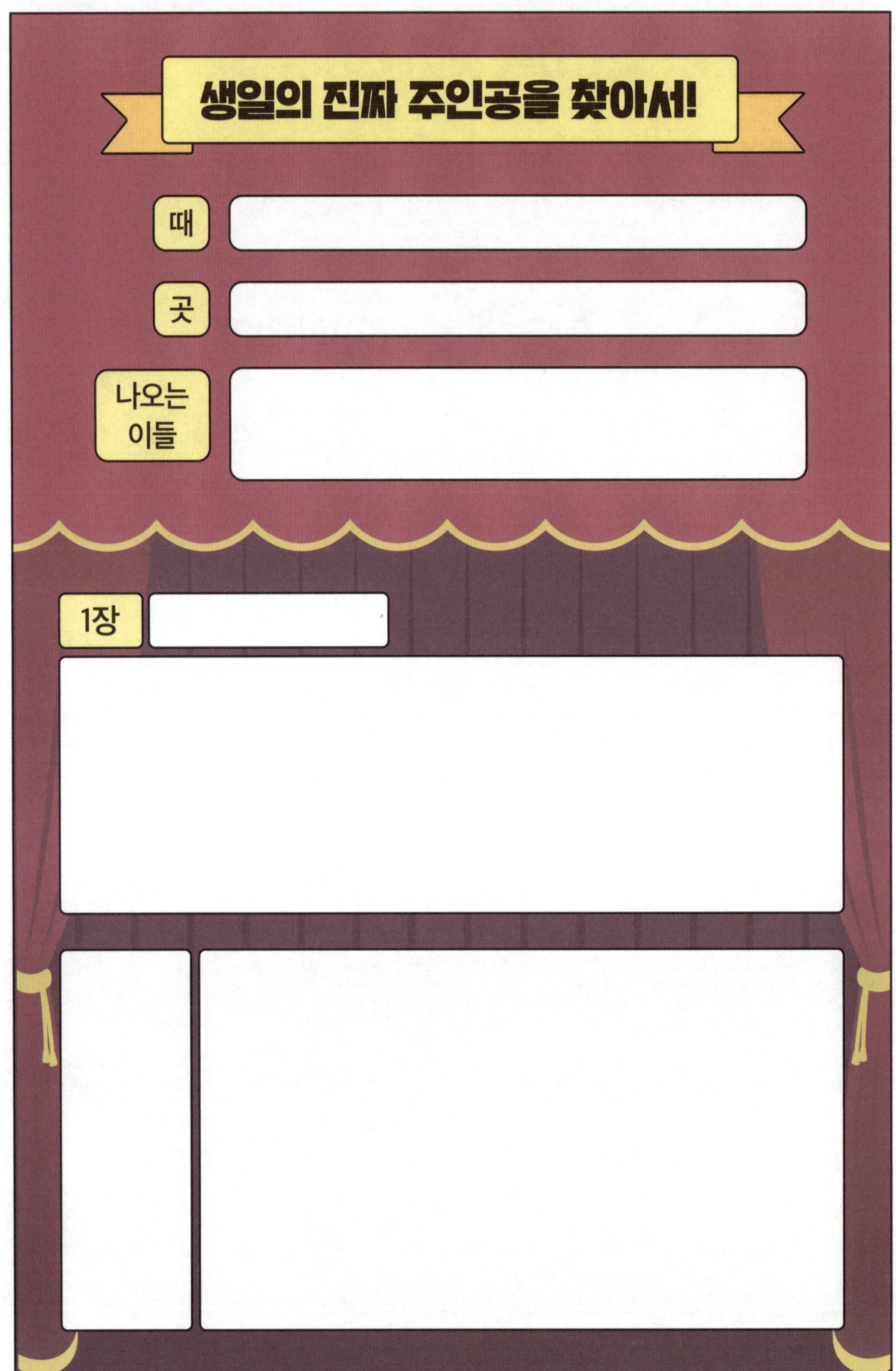

생일의 진짜 주인공을 찾아서!
때
곳
나오는 이들
1장

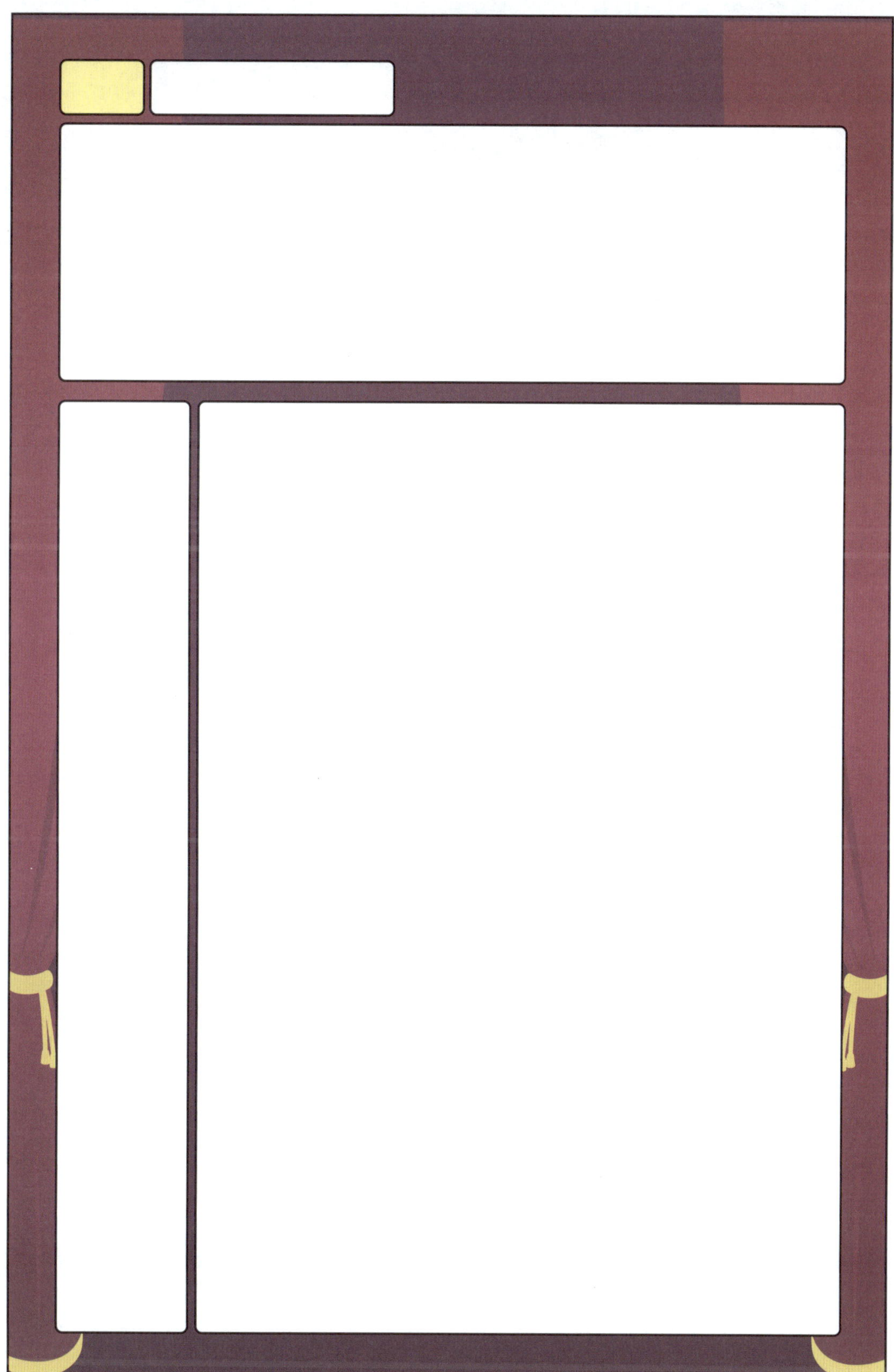

동화집과 비교하기

동화집 『돌 씹어 먹는 아이』를 읽고, 동화의 특징과 희곡의 특징을 비교해 봐요.

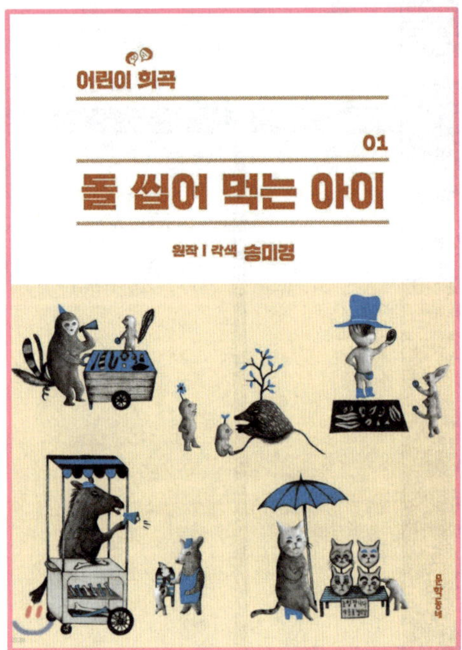

인물 이야기를 써 보기

내가 잘 아는 사람, 나에게 의미 있는 사람, 혹은 존경하는 사람에 대한 전기를 작성해 봐요.

행복 그래프 그리기

윌리엄 플레이페어가 만든 선 그래프, 막대그래프를 활용하여 인생 그래프를 만들어 봐요.

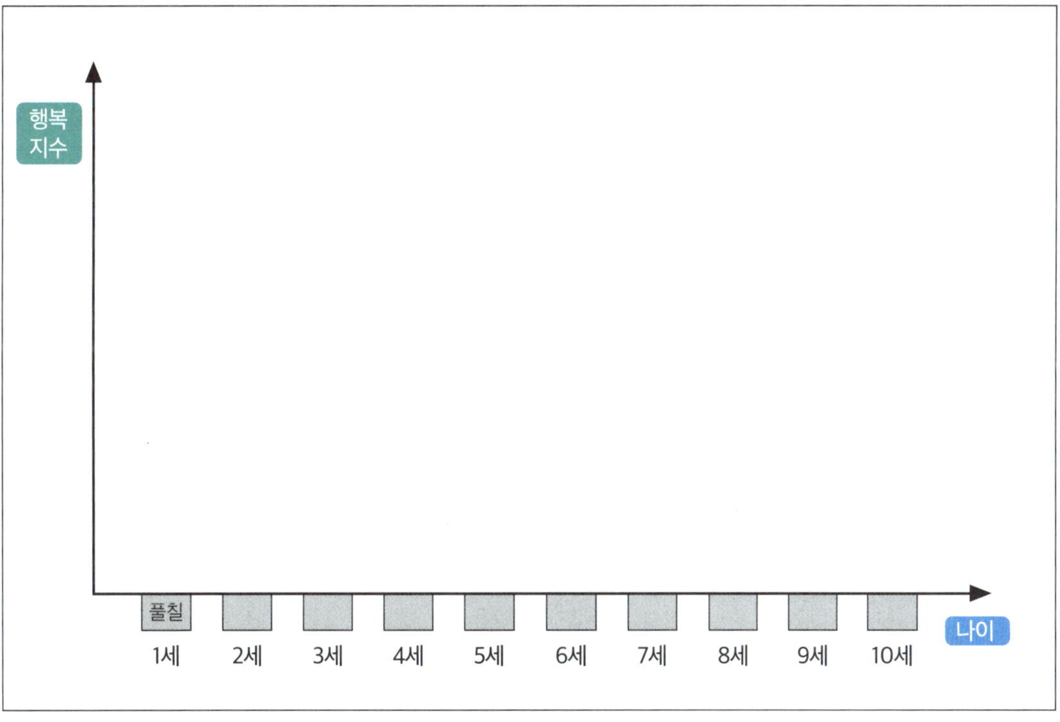

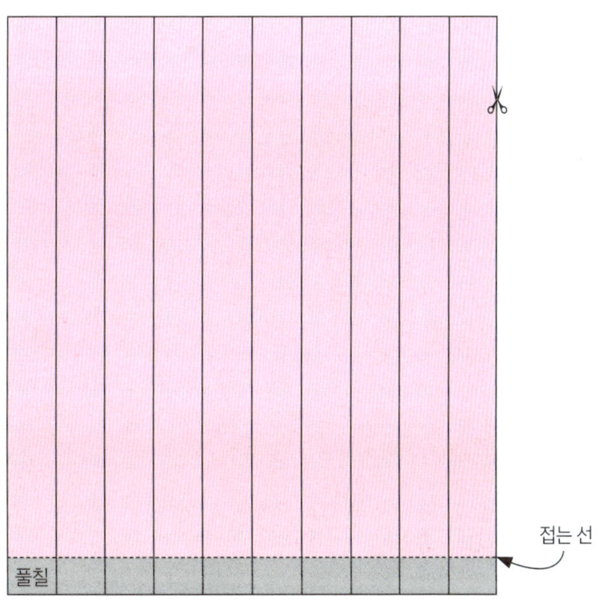

발명품 소개하기

발명품을 구상하고 발명품의 이름과 용도, 사용 방법 등을 소개해 봐요.

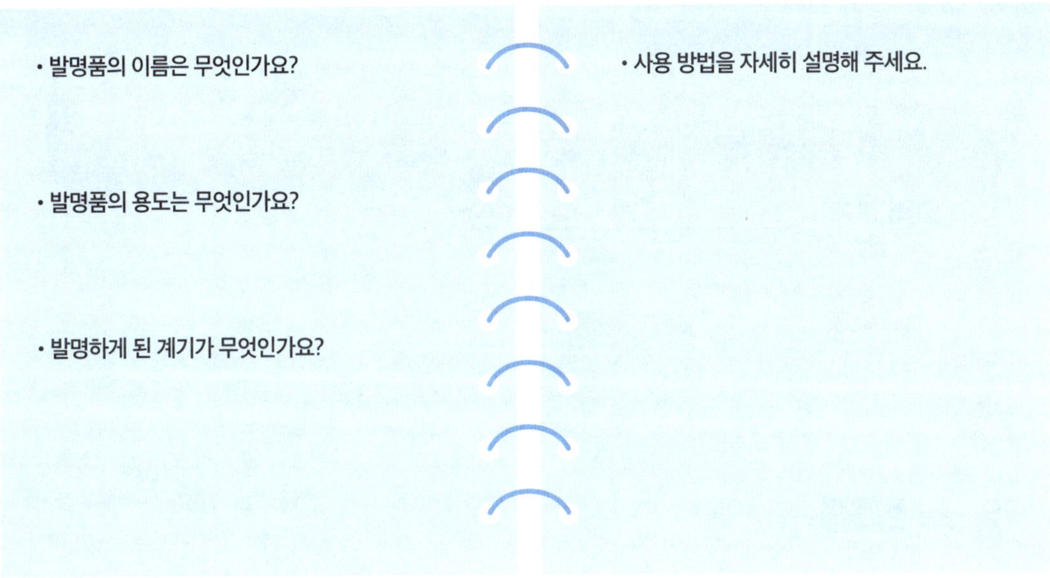

- 발명품의 이름은 무엇인가요?

- 발명품의 용도는 무엇인가요?

- 발명하게 된 계기가 무엇인가요?

- 사용 방법을 자세히 설명해 주세요.

미래를 내다보는 자서전 작성하기

나의 미래를 상상하여 자서전을 미리 작성해 봐요.

그리고 저 ________________ 은(는)

15살

20살

30살

40살

나는 ________________ 과(와) ________________ 과(와)

________________ 을 중요하게 생각하던 사람이었습니다.

딱 한마디 내 작품

관심 있는 것을 주제로 그림을 그리고, 나와 작품을 나타낼 수 있는 '딱 한마디'를 써 봐요.

"

____

"

____

__________________ (,   )

책에 나온 작품 전시하기

책 속 작품 중 인상적인 5개의 작품을 큐레이션 해 봐요.

책 속 작품 중 인상적인 5개의 작품을 큐레이션 해 봐요.

화가와의 대화 상상하기

작가에게 궁금한 점을 메시지로 보내고, 답변을 상상하여 적어 봐요.

미술관에서 지켜야 할 약속

전시 관람 에티켓을 안내 팻말로 만들어 봐요.